JN085095

はじめに

本書を手に取った人は，数学ⅢCの基礎に不安がある人が多いでしょう．本書はそんな人のための本です．これから数ⅢCの入試対策をしようという人を対象とし，基本事項を理解し入試の基本問題が解けるようになることを目標にしています．

講義編と演習編を用意しました．講義編で押さえておくべき重要事項を解説したうえで，演習編に取り組んでもらう構成です．

本書の演習編のレベルについて説明しましょう．

小社で発行している演習書として，

「1対1対応の演習」シリーズ

「数学ⅢCスタンダード演習」

（「ⅢCスタ」と略す）

「新数学演習」　（「新数演」と略す）

がありますが，これらは入試の標準レベル，あるいは発展レベルの問題を中心に構成されています．

それに対して，本書の演習編は，

入試の基本レベルの問題を精選

して，構成しました．

問題のレベルについて，上記の演習書と比較できるように，もう少し具体的に述べておきましょう．入試問題を1から10の10段階に分け，易しい方を1として，

1～5の問題……A（基本）

6～7の問題……B（標準）

8～9の問題……C（発展）

10の問題………D（難問）

とします．この基準で本書と，本書の後に位置する上記の演習書のレベルを示すと，次のようになります．濃い網目の問題を主に採用し，網目部が右側にあるほど難し目であることを表すイメージ図です．

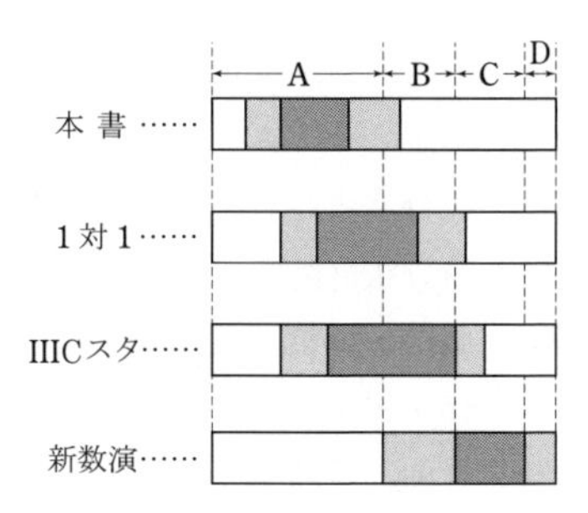

さて，本書は，月刊「大学への数学」に連載した記事をまとめたものに講義編の0章と5章を加えるなどしたものです．

さらに巻末に，定理・公式など（精選集）をつけました．

本書で基本事項のチェックをし，基本を固めていって下さい．数ⅢCの入試の基礎固めにお役に立てれば幸いです．

追伸　本書を終えた後，「1対1対応の演習」シリーズで，さらに力をつけていって下さい．

本書の構成と利用法

本書は，大きく講義編と演習編の２つから構成されています．

講義編：

章立てを

0章　分数関数，無理関数など
1章　極限
2章　微分法
3章　積分法（計算問題）
4章　面積・体積・弧長
5章　ベクトル
6章　平面上の曲線
7章　複素数平面

としました．

各分野の入試の基本問題を解く際に，必要となる定理や公式の使い方を例題を通して解説しました．また，間違えやすいポイントなども取り上げました．

各分野について，講義編を学習した後，演習編に取り組みましょう．

演習編：

各分野２セットずつの構成になっています．

入試の基本レベルの問題を精選しました．

問題文の直後に，問題の難易と目標時間を表の形で明記しました．難易については前ページで述べたA〜Dで表し，目標時間は，＊，○で表しました．＊は１つにつき10分，○は５分です．５分もかからず解いて欲しい問題は無印です．

解答は，**解**から始まる部分ですが，解答の前文で，各問を解く際のポイントなどを書きました．もしも解答の方針が立たなかったり途中でつまずいたりしたら，ここをヒントに解いてみましょう．

演習編の使い方は自由です．例えば，まずセット１だけやる；不得意分野から２セットずつやる，など各自で工夫して活用してください．

なお，講義編の０章に対応する演習編はありませんが，その代わりに講義編に練習問題を８題掲載しました．

ミニ講座：　教科書で取り上げている「近似式」を解説しました．

定理・公式など：　巻末に，定理・公式など（精選集）をつけました．詳しい証明などは省略しましたが，公式の確認などに活用してください．

本書で使う記号・用語など：

⇨**注**　すべての人のための注意事項
➡**注**　意欲的な人のための注意事項
▨　関連する事項の補足説明など
∴　ゆえに
∵　なぜならば
パラメータ　媒介変数の意味

数学ⅢCの入試基礎 講義と演習 増補版

目次

講義編

講義 0

分数関数，無理関数など

▶ここでは，分数関数，無理関数，逆関数，合成関数を扱います．◀

§1．平行移動の公式

曲線 C：$y=f(x)$ を x 軸の正方向に a，y 軸の正方向に b だけ平行移動させて得られる曲線 D の方程式は，

$$\boldsymbol{y-b=f(x-a)}\text{（つまり，}\boldsymbol{y=f(x-a)+b}\text{）}$$

解説． この移動で C 上の点 $(x,\ y)$ が D 上の点 $(X,\ Y)$ に移るとすると，$x+a=X$，$y+b=Y$．よって，点 $(X,\ Y)$ が D 上にある条件は $(x,\ y)=(X-a,\ Y-b)$ が C 上にあることであるから，$Y-b=f(X-a)$　//

同様に，曲線 $f(x,\ y)=0$ を上のように平行移動して得られる曲線は，$f(x-a,\ y-b)=0$ です．

§2．分数関数

$\dfrac{\text{多項式}}{\text{多項式}}$ の形で表される関数を分数関数といいます．定義域は，特に指示がなければ，分母が 0 にならない範囲です．分数関数のうち，分母・分子とも 1 次式である $y=\dfrac{ax+b}{cx+d}$ $(c\neq 0)$ を 1 次分数関数といいます．分子を分母で割ることにより，

$$y=\frac{k}{x-p}+q$$

の形に直すことができ，このグラフは $k>0$ のとき右図のようになります．

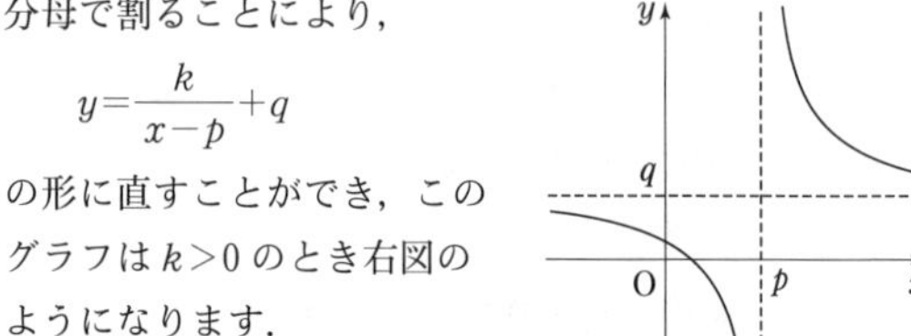

直線 $x=p$，$y=q$ を漸近線といいます（$|x|\to\infty$ or $|y|\to\infty$ のとき，曲線が近づく直線）．1 次分数関数のグラフは，漸近線が直交する双曲線であり，直角双曲線と呼ばれています．

1．（1） $y=\dfrac{2x+1}{x-2}$ のグラフは，$y=\dfrac{\boxed{}}{x}$ のグラフを x 軸の正の方向に $\boxed{}$，y 軸の正の方向に $\boxed{}$ だけ平行移動したものである．

（2） 関数 $y=\dfrac{ax+2}{3x+b}$ のグラフの漸近線が $x=1$ および $y=2$ であるとき，a，b の値を求めよ．

分子を分母で割って（多項式の割り算），分子を分母より低次な形に直しましょう．

（2） y 軸に平行な漸近線は，分母＝0 のときです．

解 （1） ［右の計算を使って，$2x+1$ を商と余りを使って表すと］

$$\begin{array}{r} 2 \\ x-2\,\overline{)\,2x+1} \\ \underline{2x-4} \\ 5 \end{array}$$

$2x+1=2(x-2)+5$ なので，

$$y=\frac{2x+1}{x-2}=\frac{2(x-2)+5}{x-2}=2+\frac{5}{x-2}$$

よって，このグラフは，$y=\dfrac{\boldsymbol{5}}{x}$ のグラフを x 軸方向に **2**，y 軸方向に **2** だけ平行移動したものである．

（2） $ax+2=\dfrac{a}{3}(3x+b)+2-\dfrac{ab}{3}$ であるから，

$$y=\frac{ax+2}{3x+b}=\frac{a}{3}+\left(2-\frac{ab}{3}\right)\frac{1}{3x+b}$$

このグラフの漸近線は，$x=-\dfrac{b}{3}$，$y=\dfrac{a}{3}$ であるから，

$$-\frac{b}{3}=1,\ \frac{a}{3}=2\qquad\therefore\ \boldsymbol{a=6,\ b=-3}$$

§3．無理関数

$y=\sqrt{\text{多項式}}$（または $y=-\sqrt{\text{多項式}}$）の形で表される関数を無理関数といいます．定義域は，特に指示がなければ，ルートの中が 0 以上になる範囲です．

まずは，$y=\sqrt{1\text{次式}}$ を考えましょう．

$y=\sqrt{ax+b}$ $(a\neq 0)$ のグラフは，放物線の一部です．（図は $a>0$，$b>0$ の場合）．

これは，

$$y=\sqrt{ax+b}$$
$$\Longleftrightarrow y\geqq 0\text{ かつ }y^2=ax+b$$
$$\Longleftrightarrow y\geqq 0\text{ かつ }x=\frac{y^2}{a}-\frac{b}{a}$$

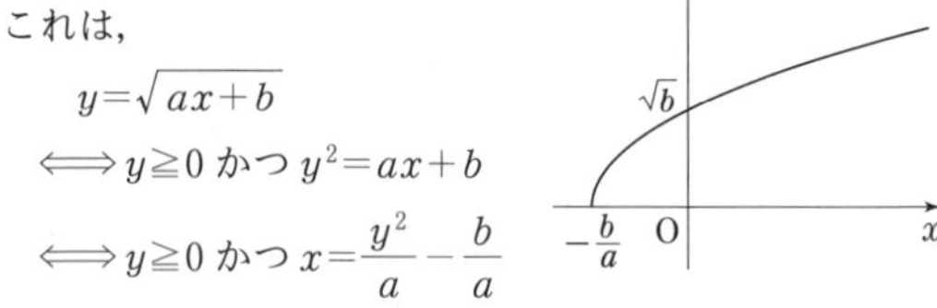

とすれば分かります（横に寝た放物線の $y\geqq 0$ の部分）．

グラフは，ルートを含む方程式，不等式を解くときにも活用できます（解を視覚化できる）．

なお，$y=\sqrt{2\text{次式}}$ では，$y=\sqrt{a^2-x^2}$ $(a>0)$ …① が頻出です．① $\Longleftrightarrow y\geqq 0$ かつ $y^2=a^2-x^2$

$\Longleftrightarrow y\geqq 0$ かつ $x^2+y^2=a^2$

ですから，①は半円を表します．

---

2. (1)　不等式$\sqrt{5-x}<x+1$を解け.

(龍谷大・理工／推薦)

(2)　不等式$\sqrt{4x-x^2}>3-x$を満たすxの範囲を求めよ.

(学習院大・理)

不等式を同値変形することで解けますが，ここではグラフを利用して解くことにします．$y=\sqrt{-x^2+ax+b}$のグラフは半円です.

解　(1)　$y=\sqrt{5-x}$のグラフは右図のような放物線の一部である．このグラフが直線$y=x+1$の下側にあるような範囲を求めればよい.

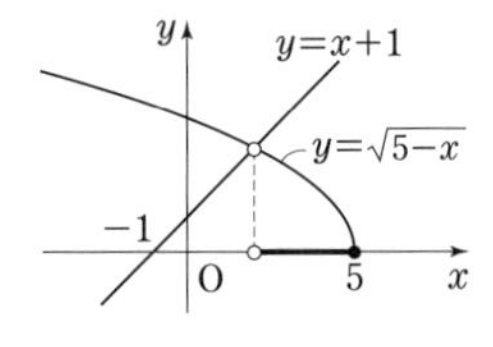

交点のx座標は，$\sqrt{5-x}=x+1$ ……① の解である.

両辺を2乗して，$5-x=x^2+2x+1$

$\therefore\ x^2+3x-4=0$　　$\therefore\ (x+4)(x-1)=0$

①のとき$x+1\geqq 0$であり，これを満たす解は，$x=1$

上図から，$\boldsymbol{1<x\leqq 5}$

(2)　$y=\sqrt{4x-x^2}\iff y\geqq 0$ かつ $y^2=4x-x^2$　…②

$\iff y\geqq 0$ かつ $(x-2)^2+y^2=2^2$

このグラフは右図のような半円である．この半円が直線$y=3-x$の上側にあるような範囲を求めればよい．交点のx座標は，②に$y=3-x$を代入して得られる.

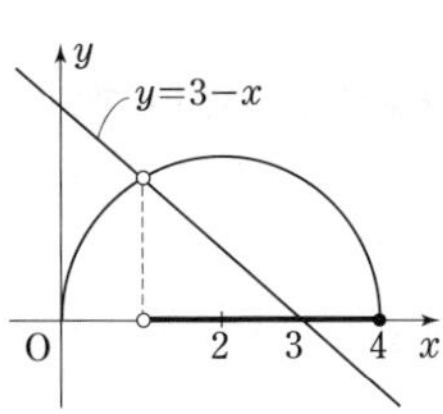

$(3-x)^2=4x-x^2$　　$\therefore\ 2x^2-10x+9=0$

を満たす．上図から，$x<3$を満たす解を求めて，

$x=\dfrac{5-\sqrt{7}}{2}$．よって答えは，$\boldsymbol{\dfrac{5-\sqrt{7}}{2}<x\leqq 4}$

§4．逆関数

一般に，関数$f(x)$について，

$f(x)$の値域に含まれるどのような値aについても

$f(x)=a$を満たすxの値がただ1つ決まる　…☆

とき，$f(x)$は逆関数をもつといいます．上記の値aに，$f(x)=a$を満たすxの値を対応させる関数を$f(x)$の**逆関数**といい，$\boldsymbol{f^{-1}(x)}$と表します．なお，☆は「$x_1\neq x_2$ならば$f(x_1)\neq f(x_2)$」つまり，xの値が違えば$f(x)$の値も違う，と同じことです.

逆関数$f^{-1}(x)$の定義域は$f(x)$の値域と同じ．また，$f^{-1}(x)$の値域は$f(x)$の定義域と同じです.

逆関数を具体的に求めるときは，まず$f(x)$をyとおき，これをxについて解きます．つまり$y=f(x)$を$x=$(yの式)にします．この(yの式)が逆関数，つまり，(yの式)のyをxにかえたものが$f^{-1}(x)$です.

逆関数のグラフについて，定義より，$y=f(x)$上に$(a,\ b)$があるとき，$y=f^{-1}(x)$上に$(b,\ a)$がある，が成り立ちます($b=f(a)$と$a=f^{-1}(b)$が同値であるから).

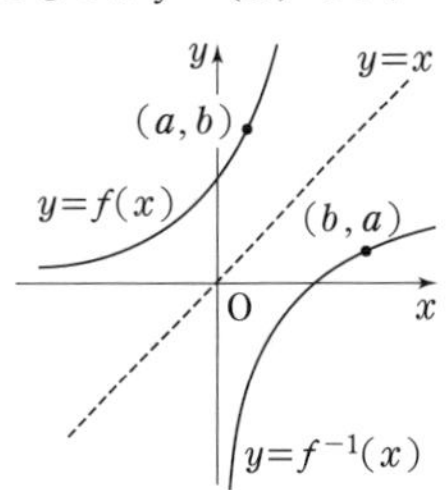

$(a,\ b)$と$(b,\ a)$は直線$y=x$に関して対称ですから，**$y=f(x)$のグラフと$y=f^{-1}(x)$のグラフは直線$y=x$に関して対称**です.

---

3. (1)　関数$y=\dfrac{x+2}{2x-3}$の逆関数を求めよ.

(九州産大・情報科学，工)

(2)　関数$f(x)=\sqrt{4-3x}+4$に対して$f(x)$の逆関数$f^{-1}(x)$は，$x\geqq$□で定義されていて$f^{-1}(x)=$□である.

(関東学院大・工)

逆関数を求めるには，xをyで表します．逆関数$f^{-1}(x)$の定義域は$f(x)$の値域と同じです.

解　(1)　$y=\dfrac{x+2}{2x-3}$のとき，$y(2x-3)=x+2$

xについて整理して，$(2y-1)x=3y+2$

xについて解くと，$x=\dfrac{3y+2}{2y-1}$．xとyを入れかえて，

求める逆関数は，$\boldsymbol{y=\dfrac{3x+2}{2x-1}}$

(2)　$\sqrt{4-3x}\geqq 0$により，$f(x)=\sqrt{4-3x}+4\geqq 4$

よって，$f^{-1}(x)$は$\boldsymbol{x\geqq 4}$で定義されている.

$f(x)$をyとおくと，$y-4=\sqrt{4-3x}$

両辺を2乗して，$(y-4)^2=4-3x$

$\therefore\ x=\dfrac{4-(y-4)^2}{3}$　　$\therefore\ \boldsymbol{f^{-1}(x)=-\dfrac{1}{3}(x-4)^2+\dfrac{4}{3}}$

§5．合成関数

2つの関数$f(x)$と$g(x)$があるとき，

xの値に$g(f(x))$を対応させる関数

(ただし，$g(f(x))$は，$g(x)$のxに$f(x)$の値を代入したもの)

を$f(x)$と$g(x)$の**合成関数**といい，$\boldsymbol{(g\circ f)(x)}$と表します(($g\circ f$)が関数を表す記号)．カッコを省略して$g\circ f(x)$と書くこともあります．合成関数では，計算

の順番に注意しましょう．$(g\circ f)(x)$ において，先に計算するのは $f(x)$ です（その値を $g(x)$ の x に代入する）．

定義域は，特に指示がなければ，$f(x)$ の値が $g(x)$ の定義域に含まれるような x の値全体です．

合成関数において，$(g\circ f)(x)$ と $(f\circ g)(x)$ は，一般には一致しません．

---

4. $f(x)=x+1$，$g(x)=\dfrac{1}{x}$ のとき，$f(f(x))$，$f(g(x))$，$g(f(x))$，$g(f^{-1}(x))$ を求めよ．

（大阪工大／一部追加）

合成関数を，計算の順番に注意して，実際に求めてみましょう．

解 $\boldsymbol{f(f(x))}=f(x+1)=(x+1)+1=\boldsymbol{x+2}$

$\boldsymbol{f(g(x))}=f\left(\dfrac{1}{x}\right)=\boldsymbol{\dfrac{1}{x}+1}$

$\boldsymbol{g(f(x))}=g(x+1)=\boldsymbol{\dfrac{1}{x+1}}$

$f(x)$ を y とおくと，$x+1=y$ $\quad\therefore\ x=y-1$

x と y を入れかえて $y=x-1$ $\quad\therefore\ f^{-1}(x)=x-1$

$\boldsymbol{g(f^{-1}(x))}=g(x-1)=\boldsymbol{\dfrac{1}{x-1}}$

⇨注 本問では，$f(g(x))$ と $g(f(x))$ は違う関数．

●練習問題

1. 関数 $y=-\dfrac{4x+3}{2x+5}$ のグラフを C で表す．

$-\dfrac{4x+3}{2x+5}=\boxed{}+\dfrac{7}{2\left(x+\dfrac{5}{2}\right)}$ と変形すると，C は

$y=\dfrac{7}{2x}$ のグラフを x 軸方向に $\boxed{}$ だけ，y 軸方向に $\boxed{}$ だけ平行移動したものであり，したがって，その漸近線は $\boxed{}$ と $\boxed{}$ であることがわかる．

（同志社大・工／一部）

2. 関数 $f(x)=\dfrac{3-2x}{x-4}$ がある．方程式 $f(x)=x$ の解を求めよ．また，不等式 $f(x)\leqq x$ を解け．

（南山大・経）

3. 関数 $f(x)=4+\dfrac{5}{x}$ $(x>0)$ の逆関数 $g(x)$ を求めると，$g(x)=\boxed{}$ $(x>4)$ である．$y=g(x)$ のグラフは，$y=f(x)$ のグラフを x 軸方向に a，y 軸方向に b だけ平行移動した曲線である．このとき，a，b の値の組は $(a,\ b)=\boxed{}$ である．

（芝浦工大）

4. 関数 $y=\dfrac{2x+5}{x+2}$ $(0\leqq x\leqq 2)$ の逆関数を求めよ．また，その定義域を求めよ．

（広島市立大）

5. 関数 $f(x)=\sqrt{7x-3}-1$ について考える．

（1） $f(x)$ の逆関数は $f^{-1}(x)=\boxed{}$ $(x\geqq\boxed{})$ である．

（2） 曲線 $y=f(x)$ と直線 $y=x$ の交点の座標は $\boxed{}$，$\boxed{}$ である．

（3） 不等式 $f^{-1}(x)\leqq f(x)$ の解は $\boxed{}$ である．

（金沢工大）

6. 関数 $y=\dfrac{1}{2}\left(x-\dfrac{1}{x}\right)$ $(x>0)$ の逆関数を求めよ．

（東京電機大）

7. $f(x)=x+x^2$，$g(x)=-x+x^3$ に対し，$f(g(x))-g(f(x))$ を計算せよ．

（東京都市大・工，知識工）

8. 関数 $f(x)=\dfrac{2x-3}{x-2}$ に対し，合成関数 $f(f(f(x)))$ を求めよ．

（東京都市大・工，知識工）

◆練習問題の解答

1. 最初の空欄は，分子を分母より低次にせよ，ということです．

解 $-\dfrac{4x+3}{2x+5}=-\dfrac{2(2x+5)-7}{2x+5}=\boldsymbol{-2}+\dfrac{7}{2\left(x+\dfrac{5}{2}\right)}$

よって C は，$y=\dfrac{7}{2x}$ のグラフを x 軸方向に $\boldsymbol{-\dfrac{5}{2}}$ だけ，y 軸方向に $\boldsymbol{-2}$ だけ平行移動したものであり，漸近線は

$\boldsymbol{x=-\dfrac{5}{2}}$ と $\boldsymbol{y=-2}$

2. 後半はグラフを利用できます（曲線 $y=f(x)$ が直線 $y=x$ の下側にある部分を考える）．

解 $f(x)=x$ のとき，$\dfrac{3-2x}{x-4}=x$

$\therefore\ 3-2x=(x-4)x$ $\quad\therefore\ x^2-2x-3=0$

$\therefore\ (x+1)(x-3)=0$

$\therefore\ \boldsymbol{x=-1,\ 3}$

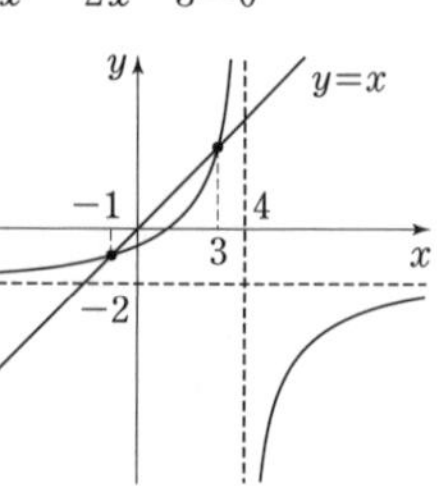

$f(x)=\dfrac{-2(x-4)-5}{x-4}$

$=-2-\dfrac{5}{x-4}$

であることにも注意すると，

グラフは左下図のようになる．

よって，$f(x) \leqq x$ の解は，$\boldsymbol{-1 \leqq x \leqq 3,\ 4 < x}$

3. 逆関数を，$f(x)$ を y とおき，x を y で表し，x と y を入れかえて求める練習をしましょう．

解 $f(x)$ を y とおくと，$y=4+\dfrac{5}{x}$

$\therefore\ y-4=\dfrac{5}{x}$　　$\therefore\ x=\dfrac{5}{y-4}$

x と y を入れかえて，$y=\dfrac{5}{x-4}$　　$\therefore\ \boldsymbol{g(x)=\dfrac{5}{x-4}}$

これは $y=f(x)$ のグラフを x 軸方向に 4，y 軸方向に -4 だけ平行移動したものである．よって，

$$\boldsymbol{(a,\ b)=(4,\ -4)}$$

4. 逆関数の定義域は，元の関数の値域です．グラフをかけばとらえられます．分子を分母より低次の形に直しましょう．

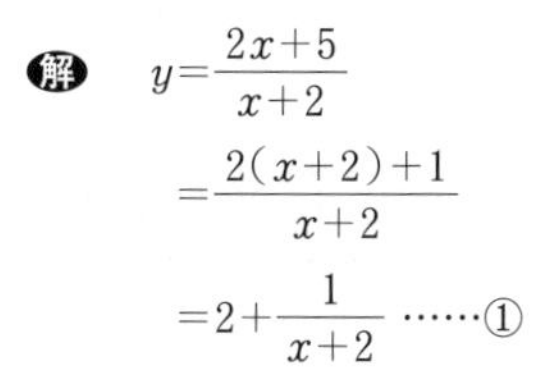

解 $y=\dfrac{2x+5}{x+2}$

$=\dfrac{2(x+2)+1}{x+2}$

$=2+\dfrac{1}{x+2}$ ……①

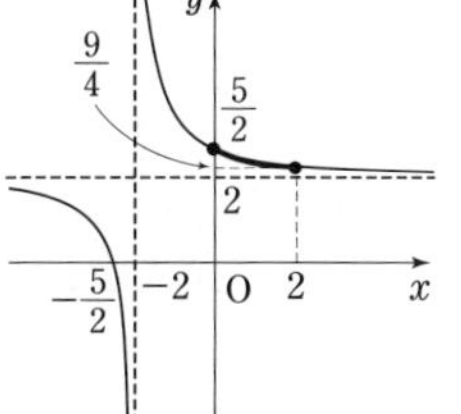

よって，このグラフは図のようになり，$0 \leqq x \leqq 2$ のとき，$\dfrac{9}{4} \leqq y \leqq \dfrac{5}{2}$．**逆関数の定義域は** $\boldsymbol{\dfrac{9}{4} \leqq x \leqq \dfrac{5}{2}}$

①から x を y で表す．①により，$y-2=\dfrac{1}{x+2}$

$\therefore\ x+2=\dfrac{1}{y-2}$　　$\therefore\ x=\dfrac{1}{y-2}-2$

x と y を入れかえて，**逆関数は，**$\boldsymbol{y=\dfrac{1}{x-2}-2}$

5. (3) $y=f(x)$ と $y=f^{-1}(x)$ のグラフは，直線 $y=x$ に関して対称であることを使います．

解 (1) $y=\sqrt{7x-3}-1$ ……① のとき，

$\sqrt{7x-3}=y+1$　　$\therefore\ 7x-3=(y+1)^2$ …………②

$\therefore\ x=\dfrac{(y+1)^2+3}{7}$

$\therefore\ \boldsymbol{f^{-1}(x)=\dfrac{1}{7}(x+1)^2+\dfrac{3}{7}}$ …………③

$\sqrt{7x-3} \geqq 0$ であるから，①の y の値域は $y \geqq -1$

よって，$f^{-1}(x)$ の定義域は，$\boldsymbol{x \geqq -1}$

(2) $f(x)=x$ のとき，②で $y=x$ のときで，

$7x-3=(x+1)^2$　　$\therefore\ x^2-5x+4=0$

$\therefore\ (x-1)(x-4)=0$　　$\therefore\ x=1,\ 4$

よって，求める交点の座標は

$\boldsymbol{(1,\ 1),\ (4,\ 4)}$ ……………………………④

(3) $y=f(x)$ と $y=f^{-1}(x)$ $(x \geqq -1)$ のグラフは，放物線の一部であり，①，③，④により，右図のようになる．右図から，$f^{-1}(x) \leqq f(x)$ となる x の範囲は，$\boldsymbol{1 \leqq x \leqq 4}$

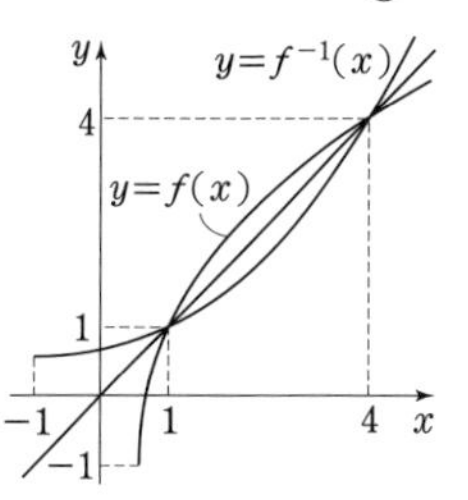

6. x を y で表す際に，x の 2 次方程式になりますが，$x>0$ の条件から，解の一方に決まります．

解 $y=\dfrac{1}{2}\left(x-\dfrac{1}{x}\right)$ $(x>0$ ……①$)$ のとき，両辺を $2x$ 倍して，$2xy=x^2-1$

$\therefore\ x^2-2yx-1=0$

x について解くと，$x=y\pm\sqrt{y^2+1}$

$\sqrt{y^2+1}>y$ であるから，①により，$x=y+\sqrt{y^2+1}$

x と y を入れかえて，逆関数は，$\boldsymbol{y=x+\sqrt{x^2+1}}$

7. 答えは 0 とは限りません．

解 $f(x)=x+x^2$，$g(x)=-x+x^3$ のとき，

$f(g(x))=f(-x+x^3)=(-x+x^3)+(-x+x^3)^2$

$=-x+x^3+x^2-2x^4+x^6$

$=x^6-2x^4+x^3+x^2-x$

$g(f(x))=g(x+x^2)=-(x+x^2)+(x+x^2)^3$

$=-x-x^2+x^3+3x^4+3x^5+x^6$

$=x^6+3x^5+3x^4+x^3-x^2-x$

よって，

$$\boldsymbol{f(g(x))-g(f(x))=-3x^5-5x^4+2x^2}$$

8. 分子を分母より低次な形に直して計算した方が，合成関数 $f(f(x))$ を計算する際に $f(x)$ を代入する箇所が減るぶん少し楽になります．

解 $f(x)=\dfrac{2x-3}{x-2}=\dfrac{2(x-2)+1}{x-2}$

$=2+\dfrac{1}{x-2}$

のとき，

$f(f(x))=2+\dfrac{1}{f(x)-2}=2+\dfrac{1}{2+\dfrac{1}{x-2}-2}$

$=2+(x-2)=x$

よって，$f(f(f(x)))=f(x)=\boldsymbol{\dfrac{2x-3}{x-2}}$

講義1

極限

§1. 極限の公式の使い方

1. 次の極限を求めよ.

（1） $\displaystyle\lim_{n\to\infty}\left(\frac{n}{4}-\frac{n^2}{4n+1}\right)$ （国士舘大・理工）

（2） $\displaystyle\lim_{n\to\infty}(\sqrt{n(n+3)}-n)$ （会津大）

（3） $\displaystyle\lim_{n\to\infty}\frac{2\cdot5^{n+1}-3^n}{5^n}$ （国士舘大・理工）

（4） $\displaystyle\lim_{n\to\infty}\frac{2^{2n+1}+3^n}{4^n+2^{n+1}}$ （東京電機大・理工）

【解説】 公式が使える塊を探す・作るが目標です.

(1) $\dfrac{n}{4}-\dfrac{n^2}{4n+1}$ ……① では，〰〰，═══は共に ∞ になり，このままでは極限がわかりません．通分してまとめると，整理した式

$$①=\frac{n(4n+1)-4n^2}{4(4n+1)}=\frac{n}{16n+4} \quad\cdots\cdots②$$

は分母・分子が多項式なので，$\displaystyle\lim_{n\to\infty}\frac{1}{n}=0$ を使うために $\dfrac{1}{n}$ の塊を作ります．②では，分母・分子を n で割り，

$$②=\frac{1}{16+4\cdot\frac{1}{n}}\xrightarrow{n\to\infty}\frac{1}{16+4\cdot0}=\mathbf{\frac{1}{16}}$$

(2) $\sqrt{A}-\sqrt{B}$ ……(＊)タイプの極限です.

$\sqrt{n(n+3)}-n$ ……③ も，〰〰，═══は共に ∞ になり，極限がわかりませんし，今度は通分もできません．そこで次の“**分子の有理化**”を行います.

$$(＊)=\frac{\sqrt{A}-\sqrt{B}}{1}$$

と見て，分母・分子に $\sqrt{A}+\sqrt{B}$ をかけることで，

$$(＊)=\frac{\sqrt{A}-\sqrt{B}}{1}\times\frac{\sqrt{A}+\sqrt{B}}{\sqrt{A}+\sqrt{B}}=\frac{A-B}{\sqrt{A}+\sqrt{B}}$$

として，この形を利用します.

本問で見てみましょう（$n>0$ より，$n=\sqrt{n^2}$ です).

$$③=\frac{\sqrt{n(n+3)}-n}{1}\times\frac{\sqrt{n(n+3)}+n}{\sqrt{n(n+3)}+n}$$

$$=\frac{n(n+3)-n^2}{\sqrt{n(n+3)}+n}=\frac{3n}{\sqrt{n(n+3)}+n} \quad\cdots\cdots④$$

ここで分母の $\sqrt{n(n+3)}$ は，$n\to\infty$ で大雑把に見積もるとほとんど $\sqrt{n^2}=n$（n の1次式）とみなせます.

つまり，④は $\dfrac{1次式}{1次式}$ とみなせます.

これより(1)と同様に考え，分母・分子を n で割り，

$$④=\frac{3}{\sqrt{\frac{n^2+3n}{n^2}}+1}=\frac{3}{\sqrt{1+\frac{3}{n}}+1}\xrightarrow{n\to\infty}\mathbf{\frac{3}{2}}$$

⇨注 このように，$x\to\infty$ では $\sqrt{x^k+\cdots\cdots}$ を大雑把に見て $\sqrt{x^k}$ と解釈します．大雑把に見積もることが極限では大切です.

(3) ここでは，下の表を利用した，r^n 型の極限を扱います.

収束する r（$-1<r\leqq1$）

r	…	-1	…	1	…
$\displaystyle\lim_{n\to\infty}r^n$	$\pm\infty$ を振動	±1 を振動	0	1	$+\infty$

この表から，n の指数関数の極限での目標は，

(絶対値が1より小さい定数)^n の塊…♪を作る

ことです．本問では，分数を分けることで♪を作れて，

$$\frac{2\cdot5^{n+1}-3^n}{5^n}=2\cdot\frac{5^{n+1}}{5^n}-\frac{3^n}{5^n}=2\cdot5-\left(\frac{3}{5}\right)^n \quad\cdots\cdots⑤$$

上の表で $r=\dfrac{3}{5}$ のときは，$n\to\infty$ で〰〰が0に収束するので，⑤ $\xrightarrow{n\to\infty}2\cdot5-0=\mathbf{10}$

(4) まずは指数をそろえましょう.

$$\frac{2^{2n+1}+3^n}{4^n+2^{n+1}}=\frac{2\cdot4^n+3^n}{4^n+2\cdot2^n} \quad\cdots\cdots⑥$$

ここから，♪を作るために，**●^{n} にしたときの●について，『|●| が最も大きいもの』で割ること**を考えます．本問では，⑥の●^{n} での各●を比較すると，4^n が一番大きいので，分母・分子を 4^n で割って，

$$⑥=\frac{2+\left(\frac{3}{4}\right)^n}{1+2\cdot\left(\frac{2}{4}\right)^n}\xrightarrow{n\to\infty}\frac{2+0}{1+2\cdot0}=\mathbf{2}$$

2. (1) 極限 $\lim_{x\to 0}\dfrac{x}{\sqrt{4+x}-2}$ を求めよ.

(関東学院大・理工)

(2) $\lim_{x\to 2}\dfrac{\sqrt{x+2}-a}{x-2}$ が有限の値 b となるとき,

$a=\square$, $b=\square$ である. (東邦大・理)

(3) $\lim_{x\to -\infty} x(\sqrt{x^2+6x+10}+x+3)$ を求めなさい.

(駒大・医療健康科学)

【解説】 (1)(2)はとりあえず極限をとると $\dfrac{0}{0}$ になるタイプの確認,(3)は $x\to-\infty$ の扱い方の確認です.

(1) 分母を有理化すると,

$$\frac{x}{\sqrt{4+x}-2}=\frac{x(\sqrt{4+x}+2)}{(4+x)-2^2}=\frac{x(\sqrt{4+x}+2)}{x}\ \cdots①$$

となり,「極限をとったとき 0 に行く塊」(①では, $x\to 0$ なので"x")が分母・分子に現れました.

このように, $\dfrac{0}{0}$ 型になるときは,分母・分子から 0 に行く塊を取り出すことを考えます.

$$①=\sqrt{4+x}+2\xrightarrow{x\to 0}2+2=\mathbf{4}$$

(2) 分母→0 でも分数全体として収束する場合は,分子→0 でなくてはなりません(分子に 0 に行く塊がないといけません).

本問では,「分母 $x-2$ が 0 に近づくが,分数全体は収束する」ことから,「分子 $\sqrt{x+2}-a$ も $x\to 2$ で 0 に近づく」ことがわかります.つまり,

$$(\text{分子})\xrightarrow{x\to 2}\sqrt{2+2}-a=0\quad\therefore\quad \boldsymbol{a=2}$$

これより,(分子) $=\sqrt{x+2}-2$ ですから,

$$(\text{与式})=\frac{\sqrt{x+2}-2}{x-2}\ \cdots\cdots②$$

で,分子から 0 に行く塊"$x-2$"をとり出すために,分子を有理化します.

$$②=\frac{(x+2)-2^2}{(x-2)(\sqrt{x+2}+2)}=\frac{x-2}{(x-2)(\sqrt{x+2}+2)}$$

$$=\frac{1}{\sqrt{x+2}+2}\xrightarrow{x\to 2}\frac{1}{\sqrt{2+2}+2}=\frac{1}{4}\quad\therefore\quad \boldsymbol{b=\frac{1}{4}}$$

(3) $x\to-\infty$ とすると,( )の中は,

$$\sqrt{x^2+6x+10}+x+3\xrightarrow{x\to-\infty}\infty+(-\infty)$$

となり, $\infty-\infty$ なので,分子の有理化をします.

$$x(\sqrt{x^2+6x+10}+x+3)=\frac{x}{\sqrt{x^2+6x+10}-x-3}\ \cdots③$$

問題はこの後で,次に分母・分子を x で割るとき,

$$③=\frac{1}{\sqrt{1+6\cdot\frac{1}{x}+10\cdot\left(\frac{1}{x}\right)^2}-1-3\cdot\frac{1}{x}}$$

とする人がいますが,これは**間違い**!!

$x\to-\infty$ では $x<0$ を考えますが,

$|x|=\sqrt{x^2}$ でしたので, $x<0$ では, $-x=\sqrt{x^2}$ です.

このように「$x<0$」では,無頓着に x を $\sqrt{\ }$ の中に入れてはいけません.

$x\to-\infty$ では x の中に隠れている符号がミスを招きやすいので,次のように置き換えてミスを防止します.

$x=-t$ とおくと $t=-x$ から, $x\to-\infty$ では $t\to\infty$

すると,③より,

$$③=\frac{-t}{\sqrt{(-t)^2+6(-t)+10}-(-t)-3}$$

$$=\frac{-t}{\sqrt{t^2-6t+10}+t-3}\ \cdots\cdots④$$

となるので,分母・分子ともに「t の 1 次式」の感覚で見れば,分母・分子を $t\ (>0)$ で割ることで,

$$④=\frac{-1}{\sqrt{1-\frac{6}{t}+\frac{10}{t^2}}+1-\frac{3}{t}}\xrightarrow{t\to\infty}\frac{-1}{1+1}=-\boldsymbol{\frac{1}{2}}$$

§2. 三角関数の極限

3. 次の極限を求めなさい.

(1) $\lim_{x\to\infty}2x\sin\dfrac{4}{3x}$ (国士舘大・理工)

(2) $\lim_{x\to 0}\dfrac{1-\cos x}{x^2}$ (関東学院大・理工)

(3) $\lim_{x\to 0}\dfrac{x^2}{1-\cos 3x}$ (国士舘大・理工)

(4) $\lim_{\theta\to 0}\dfrac{\theta^3}{\tan\theta-\sin\theta}$ (愛媛大・理,工)

【解説】 三角関数の極限での基本公式は

$$\lim_{\theta\to 0}\frac{\sin\theta}{\theta}=1\ (\theta \text{ は弧度法による角})$$

ですが,実戦的には次の形にも慣れておきましょう.

●→0 ならば, $\dfrac{\sin●}{●}\to 1$ ← 0 に行く同じもの

(分母と sin の中は 0 に収束する同じものにする)

●$=\theta$ と置くと公式の形ですが,慣れてくれば置き換えることなく使えることがこの形のメリットです.もちろん, sin の中身と分母が違うときは使えません.例えば, $\lim_{x\to 0}\dfrac{\sin 7x}{x}$ の値は「1」ではなく, sin の中身に合わせて分母を変えることで(sin の中を変えるのは大変!!),

$$\frac{\sin\boxed{7x}}{x}=\frac{\sin\boxed{7x}}{\boxed{7x}}\cdot 7\xrightarrow{x\to 0}1\cdot 7=7$$

となります.同様に, $\lim_{x\to 0}\dfrac{\sin x^2}{x^2}=1$ なども言えます.

(1)　$2x\sin\dfrac{4}{3x}$ ……① は sin の中身が見にくいので，置き換えてから公式に近づけます．

　$t=\dfrac{4}{3x}$ と置くと $x=\dfrac{4}{3t}$，$x\to\infty$ から $t\to0$

ですから，①を t で表すと，

　①$=2\cdot\dfrac{4}{3t}\cdot\sin t=\dfrac{8}{3}\cdot\dfrac{\sin t}{t}\xrightarrow{t\to0}\dfrac{8}{3}\cdot1=\mathbf{\dfrac{8}{3}}$

(2)　公式に近づけるためには，cos よりも sin です．1－cos● から半角の公式を使って sinを作ってみます．

$1-\cos x=2\sin^2\dfrac{x}{2}$ より，$\dfrac{1-\cos x}{x^2}=\dfrac{2\sin^2\dfrac{x}{2}}{x^2}$　…②

次に，sin の中と分母をそろえますが，係数を合わせるときのミス防止のために，ここでも置き換えてみます．

　②での sin の中身を t，つまり $t=\dfrac{x}{2}$ とおくと，

$x\to0$ のとき $t\to0$ です．$x=2t$ から②を t で表して

　②$=\dfrac{2\sin^2 t}{(2t)^2}=\dfrac{1}{2}\left(\dfrac{\sin t}{t}\right)^2\xrightarrow{t\to0}\dfrac{1}{2}\cdot1^2=\mathbf{\dfrac{1}{2}}$

⇨注1　1－cos● の形の処理法として，
$1-\cos^2$●$=\sin^2$● を使うために，分母・分子に「1＋cos●」をかける方法もあります．本問では，

$$\frac{1-\cos x}{x^2}\times\frac{1+\cos x}{1+\cos x}=\frac{1-\cos^2 x}{x^2(1+\cos x)}$$
$$=\left(\frac{\sin x}{x}\right)^2\cdot\frac{1}{1+\cos x}\xrightarrow{x\to0}1^2\cdot\frac{1}{1+1}=\mathbf{\frac{1}{2}}$$

⇨注2　本問の結果 $\displaystyle\lim_{\theta\to0}\frac{1-\cos\theta}{\theta^2}=\frac{1}{2}$ も有名な公式ですが，自分で導けるようにしてから使いましょう．

(3)　$\dfrac{x^2}{1-\cos3x}$ ……③ なので，$\displaystyle\lim_{x\to0}\frac{1-\cos x}{x^2}=\frac{1}{2}$ を使えそうです（公式の逆数の形に近い!!）．ここでの上の公式のイメージは，

　●→0 ならば，$\dfrac{1-\cos●}{●^2}\to\dfrac{1}{2}$　0に行く同じもの

です．つまり，本問では cos3x に合わせて，

$\displaystyle\lim_{x\to0}\frac{1-\cos3x}{(3x)^2}=\frac{1}{2}$ が公式の形

です．よって，

　③$=\dfrac{9x^2}{1-\cos3x}\cdot\dfrac{1}{9}=\dfrac{(3x)^2}{1-\cos3x}\cdot\dfrac{1}{9}\xrightarrow{x\to0}2\cdot\dfrac{1}{9}=\mathbf{\dfrac{2}{9}}$

(4)　tan は $\dfrac{\sin}{\cos}$ の形で使います．例えば，

$$\lim_{x\to0}\frac{\tan x}{x}=\lim_{x\to0}\frac{1}{x}\cdot\frac{\sin x}{\cos x}=\lim_{x\to0}\frac{\sin x}{x}\cdot\frac{1}{\cos x}=1$$

のように扱います．本問では，

$$\frac{\theta^3}{\tan\theta-\sin\theta}=\frac{\theta^3}{\dfrac{\sin\theta}{\cos\theta}-\sin\theta}=\frac{\theta^3\cos\theta}{\sin\theta(1-\cos\theta)}\quad\cdots④$$

(2)の注1と同様にして，

　④$=\dfrac{\theta^3\cos\theta(1+\cos\theta)}{\sin\theta(1-\cos^2\theta)}=\dfrac{\theta^3\cos\theta\cdot(1+\cos\theta)}{\sin^3\theta}$

　$=\left(\dfrac{\theta}{\sin\theta}\right)^3\cdot\cos\theta(1+\cos\theta)\xrightarrow{\theta\to0}1^3\cdot1\cdot2=\mathbf{2}$

⇨注　導けるようになれば，$\displaystyle\lim_{\theta\to0}\frac{\tan\theta}{\theta}=1$ も公式として用いてもかまいません．

§3. 指数関数・対数関数の極限

---

4. 次の極限を求めよ．

　(1)　$\displaystyle\lim_{x\to0}\frac{e^{2x}-e^{-2x}}{x}$　　　　（神奈川大・理，工）

　(2)　$\displaystyle\lim_{n\to\infty}(1+3^{2n})^{\frac{1}{n}}$　　　　（中部大）

【解説】　指数関数・対数関数の極限では，

　Ⓐ　$\displaystyle\lim_{x\to\pm\infty}\left(1+\frac{1}{x}\right)^x=e$　（＝2.71828…）

を基本とします．また，Ⓐから置き換えなどで得られる次も大切です．（☞ p.90，右段②の e に関する極限値も参照）．以下，log は自然対数とします．

　Ⓑ　$\displaystyle\lim_{h\to0}(1+h)^{\frac{1}{h}}=e$　（Ⓐで $h=\dfrac{1}{x}$ とする）

　Ⓒ　$\displaystyle\lim_{h\to0}\frac{\log(1+h)}{h}=1$

　Ⓓ　$\displaystyle\lim_{u\to0}\frac{e^u-1}{u}=1$　（Ⓒで $u=\log(1+h)$ とおく）

⇨注　ⒷやⒹを自然対数の底 e の定義とする立場もあります．特に，$y=a^x$ の $x=0$ での接線の傾きが 1 となる a の値として e を定義した式がⒹです．

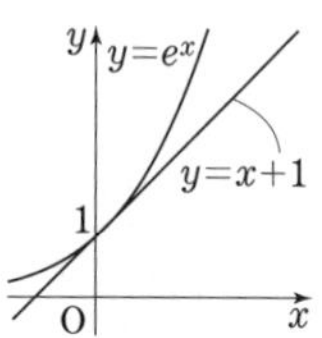

これらの公式も三角関数のときと同様，例えばⒶでは

　●→∞ ならば，$\left(1+\dfrac{1}{●}\right)^{●}\to e$　∞に行く同じもの

の形で使います．Ⓑ～Ⓓでも同様で，▲→0 として，

Ⓑなら $\displaystyle\lim_{▲\to0}(1+▲)^{\frac{1}{▲}}=e$

　Ⓒ：$\displaystyle\lim_{▲\to0}\frac{\log(1+▲)}{▲}=1$，　Ⓓ：$\displaystyle\lim_{▲\to0}\frac{e^{▲}-1}{▲}=1$

の形で使っていきます．1つ例を見てみましょう．

　$\displaystyle\lim_{h\to0}(1+2h)^{\frac{1}{h}}$ では，Ⓑを使いますが，(　)内は変形しにくいので指数部分を変え，次のように求まります．

　$(1+2h)^{\frac{1}{h}}=(1+2h)^{\frac{1}{2h}\times2}=\left\{(1+2h)^{\frac{1}{2h}}\right\}^2\xrightarrow{h\to0}e^2$

(1)　Ⓓに近づけるために，$e^{-2x}\xrightarrow{x\to0}e^0=1$ から，

$$\frac{e^{2x}-e^{-2x}}{x}\xrightarrow{x\to0}\frac{e^{2x}-1}{x}=\frac{e^{2x}-1}{2x}\cdot2\xrightarrow{x\to0}1\cdot2$$

のように，**部分的に極限をとりながら変形していくのは大間違い**です．

本問は，分子を e^{-2x} でくくって $e^{\bullet}-1$ の形を出し，

$$\frac{e^{2x}-e^{-2x}}{x}=\frac{e^{-2x}(e^{4x}-1)}{x}\quad\cdots\cdots①$$

すると，分母が $4x$ ならⒹが使えて解決します．

$$①=e^{-2x}\cdot\frac{e^{4x}-1}{4x}\cdot4\xrightarrow{x\to0}1\cdot1\cdot4=\mathbf{4}$$

⇨注　部分的に極限をとるという間違いの典型例は

$$\left(1+\frac{1}{n}\right)^n\xrightarrow{n\to\infty}(1+0)^n=1^n=1$$

です（正しくは e）．$n\to\infty$ とした後に n を残してはいけません．

（**2**）　$(1+3^{2n})^{\frac{1}{n}}=(1+9^n)^{\frac{1}{n}}$ ……②　で，$9^n\to\infty$ なので，使う公式はⒶが近そうです．しかし，

$3^{2n}=9^n=t$ とおき，$n\log9=\log t$，つまり

$\dfrac{1}{n}=\dfrac{\log9}{\log t}$ から，②$=(1+t)^{\frac{\log9}{\log t}}$ と変形しても手がとまりがちです．そこで，②で 9^n を取り出し，

$$②=\{9^n\cdot(1+9^{-n})\}^{\frac{1}{n}}=9\cdot\underbrace{(1+9^{-n})^{\frac{1}{n}}}_{③}$$

③$\xrightarrow{n\to\infty}(1+0)^0=1$ より，②$\xrightarrow{n\to\infty}9\cdot1=\mathbf{9}$

⇨注　③のまま極限をとるのが不安な人は log をとり

$$\log③=\frac{1}{n}\cdot\log(1+9^{-n})\xrightarrow{n\to\infty}0\cdot\log1=0$$

とすれば，③$\xrightarrow{n\to\infty}1$ がわかります．

§4. 無限級数

数列 $\{a_n\}$ の $a_1+a_2+a_3+\cdots$ を**無限級数**といい，その和を $\sum_{n=1}^{\infty}a_n$ のように表します．

5.（1）　次の無限級数の収束，発散について調べ，収束する場合はその和を求めなさい．

$$\frac{1}{2^2-1}+\frac{1}{4^2-1}+\frac{1}{6^2-1}+\cdots+\frac{1}{(2n)^2-1}+\cdots$$

（福島大・人間発達文化）

（2）　初項が $\dfrac{1}{2}$ である無限等比級数の和と，その各項を2乗した無限等比級数の和が等しいとき，もとの無限等比級数の公比を求めなさい．

（龍谷大・理工）

【解説】　$\sum_{n=1}^{\infty}a_n=a_1+a_2+a_3+\cdots$ は，$\sum_{k=1}^{n}a_k$ が求まるときは，それを求めてから極限を計算します．つまり，

$\boldsymbol{\sum_{n=1}^{\infty}a_n=\lim_{n\to\infty}\sum_{k=1}^{n}a_k}$ です．

（**1**）　和を求めるところは，部分分数分解です．

$$\frac{1}{2k-1}-\frac{1}{2k+1}=\frac{2}{(2k-1)(2k+1)}=\frac{2}{(2k)^2-1}$$

に注意しましょう．これを用いると，

$$\frac{1}{(2k)^2-1}=\frac{1}{2}\left(\frac{1}{2k-1}-\frac{1}{2k+1}\right)\text{ です．}$$

$$(\text{与式})=\lim_{n\to\infty}\sum_{k=1}^{n}\frac{1}{2}\left(\frac{1}{2k-1}-\frac{1}{2k+1}\right)$$

$$=\lim_{n\to\infty}\frac{1}{2}\underset{\sim\sim\sim}{\sum_{k=1}^{n}\left(\frac{1}{2k-1}-\frac{1}{2k+1}\right)}\quad\cdots\cdots①$$

となり，

$$\sim\sim=\left(\frac{1}{1}-\frac{1}{3}\right)+\left(\frac{1}{3}-\frac{1}{5}\right)+\left(\frac{1}{5}-\frac{1}{7}\right)$$

$$+\cdots+\left(\frac{1}{2n-3}-\frac{1}{2n-1}\right)+\left(\frac{1}{2n-1}-\frac{1}{2n+1}\right)$$

$$=1-\frac{1}{2n+1}$$

です．これは，$n\to\infty$ で収束するので，①も収束して，

$$①=\lim_{n\to\infty}\frac{1}{2}\left(1-\frac{1}{2n+1}\right)=\frac{\mathbf{1}}{\mathbf{2}}$$

⇨注　無限級数では，**一つ一つが0に収束しても，それらの和を無限に足した結果も0に収束するとは言えません．**例えば，n 個の $\dfrac{1}{n}$ の和…(＊) の場合，

$$\underbrace{\frac{1}{n}+\frac{1}{n}+\cdots+\frac{1}{n}}_{n\text{ 個}}\xrightarrow{n\to\infty}0+0+\cdots+0=0$$

は成り立たず，$(*)=n\cdot\dfrac{1}{n}=1$ から，極限値は1です．

（**2**）　等比数列の無限級数（**無限等比級数**）では，次の公式を利用できます．

$\boldsymbol{\sum_{n=1}^{\infty}ar^{n-1}}$ **は，「$\boldsymbol{a=0}$ または $\boldsymbol{|r|<1}$」**

のときのみ収束して，$\boldsymbol{\sum_{n=1}^{\infty}ar^{n-1}=\dfrac{a}{1-r}}$

本問では，求める公比を r とすると，

$\dfrac{1}{2}$，$\dfrac{1}{2}r$，$\dfrac{1}{2}r^2$，$\dfrac{1}{2}r^3$，…（初項 $\dfrac{1}{2}$，公比 r）

の無限等比級数の和が求まるので，$|r|<1$　……(＊)

また，その和は　$\dfrac{1}{2}\cdot\dfrac{1}{1-r}$　……………………②

この数列の各項を2乗した数列について，

$\dfrac{1}{4}$，$\dfrac{1}{4}r^2$，$\dfrac{1}{4}(r^2)^2$，$\dfrac{1}{4}(r^2)^3$，…（初項 $\dfrac{1}{4}$，公比 r^2）

の無限等比級数の和が，$\dfrac{1}{4}\cdot\dfrac{1}{1-r^2}$　……………………③

②＝③ より，

$$\frac{1}{2}\cdot\frac{1}{1-r}=\frac{1}{4}\cdot\frac{1}{1-r^2}\quad\therefore\ 2(1-r^2)=(1-r)$$

(＊)から，$2(r+1)=1$　$\therefore\ r=-\dfrac{\mathbf{1}}{\mathbf{2}}$

講義2

微分法

§1. 計算の基本演習

e は自然対数の底とし，底が明記されていない log は自然対数を表します．

① （**x^α タイプ**）：$(x^\alpha)'=\alpha x^{\alpha-1}$ （α は実数の定数）

Ⅱ （**指数・対数関数**）：$(e^x)'=e^x$，$(\log|x|)'=\dfrac{1}{x}$

Ⅲ （**三角関数**）：$(\cos x)'=-\sin x$，$(\sin x)'=\cos x$，

$$(\tan x)'=\frac{1}{\cos^2 x}(=1+\tan^2 x)$$

以上を基に，複雑な関数を微分していきます．

---

1. 次の関数を微分せよ．

(1) $y=e^x\sin x$ （岡山理科大）

(2) $y=\dfrac{1-\log x}{1+\log x}$ （甲南大・理系）

(3) $y=\log(x^2+2x+1)$ （福島大・共生システム理工）

(4) $y=\sqrt{2-x^3}$ （広島市立大）

(5) $y=\log(1+\cos 5x)$ （広島市立大(後)）

(6) $y=\dfrac{1}{4028}(x^2+2x+5)^{2014}$ （東京電機大）

(7) $y=x^x$ （岡山理科大）

【解説】 (1) e^x や $\sin x$ は公式があるので微分できます．このような微分できる2つの関数に対して，その積の微分は，次の"**積の微分法**"を使います．

Ⅳ $(f(x)g(x))'=f'(x)g(x)+f(x)g'(x)$

これを使うと，

$$y'=(e^x\sin x)'=(e^x)'\cdot\sin x+e^x\cdot(\sin x)'$$
$$=e^x\sin x+e^x\cos x$$

$\therefore\ y'=\boldsymbol{e^x(\sin x+\cos x)}$

(2) 分数型の関数の微分は，"**商の微分法**"

Ⅴ $\left\{\dfrac{f(x)}{g(x)}\right\}'=\dfrac{f'(x)g(x)-f(x)g'(x)}{\{g(x)\}^2}$

を使います．この公式から，

$$y'=\frac{(1-\log x)'\cdot(1+\log x)-(1-\log x)\cdot(1+\log x)'}{(1+\log x)^2}$$

$$=\frac{\left(-\frac{1}{x}\right)\cdot(1+\log x)-(1-\log x)\cdot\frac{1}{x}}{(1+\log x)^2}$$

$$=\frac{-(1+\log x)-(1-\log x)}{x(1+\log x)^2}=-\boldsymbol{\frac{2}{x(1+\log x)^2}}$$

(3) $y=\log(\underset{\sim\sim}{x^2+2x+1})$ ……① で，$t=\underset{\sim\sim}{x^2+2x+1}$ とおくと，$y=\log t$ となります．〰〰のような塊を置き換えることで，公式が使えるときには，次の"**合成関数の微分法**"を用います．

Ⅵ $\dfrac{dy}{dx}=\underbrace{\dfrac{dy}{dt}}_{\substack{y=(t\text{の式})\\ \text{を}t\text{で微分}}}\cdot\underbrace{\dfrac{dt}{dx}}_{\substack{t=(x\text{の式})\\ \text{を}x\text{で微分}}}$ （t は塊を置き換えたもの）

つまり，左辺は，右辺を dt で約分したようなものです．①では，$y=\log t$，$t=x^2+2x+1$ でしたから，

$\dfrac{dy}{dt}=\dfrac{1}{t}=\dfrac{1}{x^2+2x+1}$，$\dfrac{dt}{dx}=2x+2$ となるので，

$$y'=\frac{dy}{dx}=\frac{dy}{dt}\cdot\frac{dt}{dx}=\frac{1}{x^2+2x+1}\cdot(2x+2)$$

$$=\frac{2(x+1)}{(x+1)^2}=\boldsymbol{\frac{2}{x+1}}$$ （☞注2）

なお，次の合成関数はよく使うので，十分慣れておきましょう．

Ⅶ [1] $(f(ax+b))'=af'(ax+b)$

[2] $(\{f(x)\}^n)'=n\{f(x)\}^{n-1}\cdot f'(x)$

[3] $(\log|f(x)|)'=\dfrac{f'(x)}{f(x)}$

⇨注1 $y=f(t)$，$t=g(x)$ とすると，Ⅵは

Ⅷ $\{f(g(x))\}'=f'(g(x))g'(x)$

と書くことができます．右辺の $f'(g(x))$ は，$f'(t)$ を計算した後，t に $g(x)$ を代入したものです．

⇨注2 (3)は次のように計算できます．

①$=\log(x+1)^2=2\log|x+1|$ ［絶対値が付きます!!］

よって，Ⅶ[1]：$(f(ax+b))'=af'(ax+b)$ から，

$$y'=(2\log|x+1|)'=2\cdot\frac{1}{x+1}=\boldsymbol{\frac{2}{x+1}}$$

(4) $\sqrt{\quad}$ は指数表示にしてから微分します．

$y=(2-x^3)^{\frac{1}{2}}$ なので，$y=t^{\frac{1}{2}}$ と $t=2-x^3$ と見ると，合

成関数の微分法から，

$$y'=\frac{dy}{dt}\cdot\frac{dt}{dx}=\frac{1}{2}t^{\frac{1}{2}-1}\cdot(2-x^3)'$$

$$=\frac{1}{2}(2-x^3)^{-\frac{1}{2}}\cdot(-3x^2)=-\frac{\boldsymbol{3x^2}}{\boldsymbol{2\sqrt{2-x^3}}}$$

(5)　(4)と同様に置き換えてもよいですが，ここでは置き換えの手間を省きます．しかし，省いた途端，

$y'=\dfrac{1}{1+\cos 5x}$ のように間違う人が多いです!!　公式に近づけるための塊は $1+\cos 5x$ なので，$t=1+\cos 5x$ と置いたとき，〰〰は $\dfrac{dy}{dt}$ の意味ですから，$\dfrac{dt}{dx}$ が必要です．正しくは（Ⅶ[3]：$(\log|f(x)|)'=\dfrac{f'(x)}{f(x)}$ から），

$$y'=\frac{(1+\cos 5x)'}{1+\cos 5x}\quad\cdots\cdots②$$

$(1+\cos 5x)'$ も気を抜いてはいけません．

Ⅶ［1］から，$(1+\cos 5x)'=-5\sin 5x$ より，

$$②=\frac{-5\sin 5x}{1+\cos 5x}=-\frac{\boldsymbol{5\sin 5x}}{\boldsymbol{1+\cos 5x}}$$

(6)　ここでは，$f(x)=x^2+2x+5$ と見て，

Ⅶ［2］：$(\{f(x)\}^n)'=n\{f(x)\}^{n-1}\cdot f'(x)$ を使います．

$$y'=\left\{\frac{1}{4028}(x^2+2x+5)^{2014}\right\}'$$

$$=\frac{1}{4028}\cdot 2014\cdot(x^2+2x+5)^{2013}\cdot(x^2+2x+5)'$$

$$=\frac{1}{2}(x^2+2x+5)^{2013}\cdot(2x+2)$$

$\therefore\quad y'=\boldsymbol{(x^2+2x+5)^{2013}(x+1)}$

⇨**注**　もし，$y=(x^2+x)^2$ ような関数でも，展開してから微分するのではなく，Ⅶ[2]を使って，

$y'=2(x^2+x)\cdot(x^2+x)'=2x(x+1)(2x+1)$

とすれば，$y'=0$ となる x も求めやすくなります．

(7)　①は，指数部分が定数でないと使えないので，①から，$y'=x\cdot x^{x-1}$，とするのは**大間違い**です．

●$^{(x\text{の関数})}$ のように指数部分にある x の関数を取り出す場合，両辺の log をとります．このようにしてから行う微分を"**対数微分法**"といいます．

本問では，$y=x^x$ ……③ の両辺で log をとり，

$\log y=\log x^x\quad\therefore\quad\log y=x\log x$ ……④

④の両辺を x で微分しますが，左辺の $\log y$ ではⅦ[3]を使います．④より，

$$\frac{y'}{y}=(x)'\cdot\log x+x\cdot\frac{1}{x}\quad\therefore\quad\frac{y'}{y}=\log x+1\quad\cdots\cdots⑤$$

⑤の両辺に y をかければ，③と合わせて，

$y'=y(\log x+1)=\boldsymbol{x^x(\log x+1)}$

⇨**注**　$y=a^x$（a は定数）でも，対数微分を使えば，

$\log y=x\log a$ より，$\dfrac{y'}{y}=\log a\quad\therefore\quad y'=y\log a$

となるので，

a が定数のとき，$y=a^x$ の導関数は，$y'=a^x\log a$

です．結果だけでなく，導き方もおさえておきましょう．

§2．接線への応用

$y=f(x)$ のグラフで，$x=a$ での接線 L を引けるとき，L の方程式は $\boldsymbol{y=f'(a)(x-a)+f(a)}$ です．

2.（1）　関数 $y=\sin x$ のグラフの $x=\dfrac{\pi}{3}$ である点における接線の方程式を求めよ．（東京都市大・工）

（2）　θ を媒介変数として，$x=\theta-\sin\theta$，$y=1-\cos\theta$ で表される曲線の $\theta=\dfrac{\pi}{2}$ に対応する点における接線の方程式を求めよ．（鹿児島大）

【解説】（1）　$f(x)=\sin x$ とおくと，$f'(x)=\cos x$

よって，$f'\left(\dfrac{\pi}{3}\right)=\cos\dfrac{\pi}{3}=\dfrac{1}{2}$ なので，求める接線は，

$$y=\frac{1}{2}\left(x-\frac{\pi}{3}\right)+\sin\frac{\pi}{3}=\frac{1}{2}\left(x-\frac{\pi}{3}\right)+\frac{\sqrt{3}}{2}$$

$\therefore\quad\boldsymbol{y=\dfrac{1}{2}x+\dfrac{\sqrt{3}}{2}-\dfrac{\pi}{6}}$

(2)　媒介変数 θ で表された曲線での $\dfrac{dy}{dx}$ は，$\dfrac{dx}{d\theta}$，$\dfrac{dy}{d\theta}$ を出してから，$\dfrac{\frac{dy}{d\theta}}{\frac{dx}{d\theta}}=\dfrac{dy}{dx}$ ………(＊) を利用します．

本問では，$\dfrac{dx}{d\theta}=1-\cos\theta$，$\dfrac{dy}{d\theta}=\sin\theta$ より，

$\cos\theta\neq1$ のとき，(＊)から，$\dfrac{dy}{dx}=\dfrac{\sin\theta}{1-\cos\theta}$ ………①

$\theta=\dfrac{\pi}{2}$ に対応する曲線上の点を $\mathrm{P}(p,\ q)$ として，

$p=\dfrac{\pi}{2}-1$，$q=1-0=1$，$①=\dfrac{1}{1-0}=1$

よって，求める接線は $y=1\cdot(x-p)+q$ より，

$y=x-\left(\dfrac{\pi}{2}-1\right)+1\quad\therefore\quad\boldsymbol{y=x-\dfrac{\pi}{2}+2}$

§3．関数のグラフ（凹凸と漸近線）

---

3. 関数 $y=e^{2x}-2e^x$ の増減，極値，グラフの凹凸および変曲点を調べて，そのグラフを座標平面上に描け．ただし，漸近線および座標軸との交点も調べること．

（会津大）

【解説】 $y=f(x)$ とします．まず，増減を調べましょう．

$y'=2e^{2x}-2e^x$ ……………①

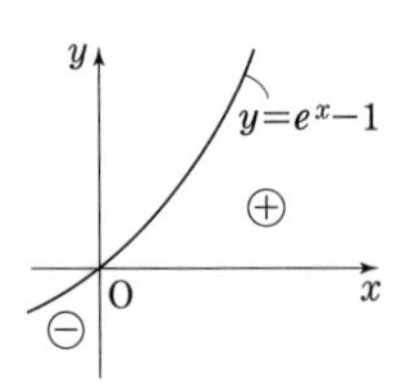

①$=2e^x(e^x-1)$ と $e^x>0$ から，
y' の符号は e^x-1 で決まります．

右のグラフから $x=0$ の前後で y' の符号は負→正へと変わるので，$x=0$ で極小値 -1 をとります．

次に凹凸です．
単に y' の符号が負→正（「減少→増加」）と変わっても，グラフの形は下のように色々あります．

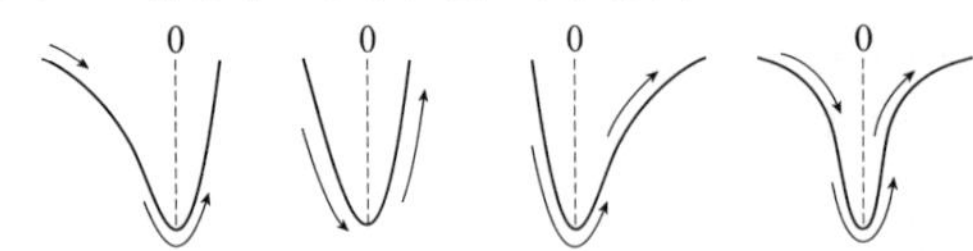

この違いは“グラフの凹凸”によるもので，その凹凸を判断するのが，**第 2 次導関数 y'' の符号**（y'（接線の傾き）の増減）です．つまり，

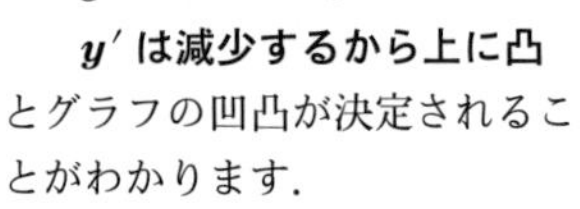

- **$y''>0$ のとき，**
  y' は増加するから下に凸
- **$y''<0$ のとき，**
  y' は減少するから上に凸

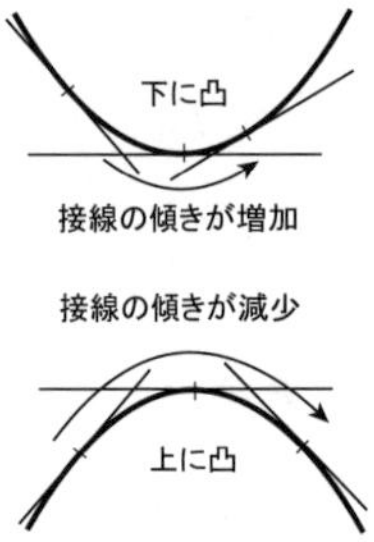

とグラフの凹凸が決定されることがわかります．

本問の後半では，

$y''=4e^{2x}-2e^x=2e^x(2e^x-1)$

$y''=0$ の解を $x=\alpha$ とすると，$2e^\alpha-1=0$ より，

$e^\alpha=\dfrac{1}{2}$ $\therefore$ $\alpha=\log\dfrac{1}{2}=-\log 2$

［即断厳禁!! $y''=0$ の解がいつでも変曲点を与える訳ではありません．変曲点は y'' の符号が変化する点なので，この場合，α の前後での y'' の符号の変化を調べなくてはいけません．］

ここで，$x=\alpha=-\log 2$ の前後で y'' の符号は負→正と変化するので，$(\alpha,\ f(\alpha))$ は変曲点，とわかります．

以上から，下のように凹凸までの増減表をかけます．

x	$-\infty$		$-\log 2$		0		∞
y'		$-$	$-$	$-$	0	$+$	
y''		$-$	0	$+$	$+$	$+$	
y		↘	$-3/4$	↘	-1	↗	

数Ⅲのグラフでは，端の極限も重要ですから，
$x\to\pm\infty$ での様子も調べましょう．

$e^{2x}-2e^x=e^x(e^x-2)$ ………② において，

$\lim\limits_{x\to\infty}$②$=\infty$，$\lim\limits_{x\to-\infty}$②$=0$

です．$x\to-\infty$ の方から **$y=0$（x 軸）が漸近線**であることもわかるので，グラフは次の図です．

（②$=0$ から，$e^x(e^x-2)=0$ $\therefore$ $e^x=2$
よって，$y=f(x)$ は x 軸と $x=\log 2$ で交わります．）

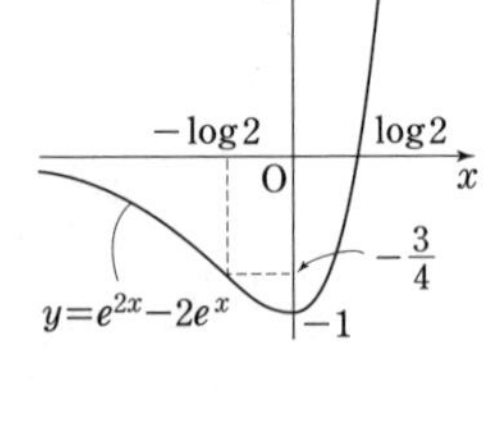

なお，漸近線については，
- $y=ax+b$（$a\neq0$）が漸近線ならば，
  $\lim\limits_{x\to+\infty}$｛②$-(ax+b)$｝$=0$
  となるが，これは成り立たないこと

から，$y=0$ 以外の漸近線はありません．

＊　＊　＊

漸近線について，分数関数の場合も確認しましょう．
$x=$●型の漸近線の他に，$y=ax+b$（$a=0$ のときは $y=$▲型）を漸近線に持つ場合もあります．

例えば，次の 2 つの曲線

$y=F(x)=\dfrac{2x^2}{x^2+3}$ と $y=G(x)=\dfrac{4x^2+5x}{x-1}$

で，各々の漸近線を求めてみましょう．

$y=F(x)$ について　$F(x)$ は分母が 0 にならないので $x=a$ 型の漸近線はありません．$x\to\pm\infty$ を調べます．

$y=\dfrac{2x^2}{x^2+3}\xrightarrow{x\to\pm\infty}2$ なので，**$y=2$** が漸近線です．

$y=G(x)$ について　$x=1$ で（分母）$=0$ となるので，

$\lim\limits_{x\to1-0}\dfrac{4x^2+5x}{x-1}=-\infty$，$\lim\limits_{x\to1+0}\dfrac{4x^2+5x}{x-1}=\infty$

これより，**$x=1$** ………☆ が漸近線とわかります．

次に $x\to\pm\infty$ での漸近線ですが，分数関数では，分子を分母で割ったときの割り算の式，つまり，

（分子）$=$（商）$\times$（分母）$+$（余り）

を活用できます．この例では，

$4x^2+5x=(x-1)(4x+9)+9$ から，

$\dfrac{4x^2+5x}{x-1}=4x+9+\dfrac{9}{x-1}$ なので，☆以外の漸近線は

$G(x)-(4x+9)=\dfrac{9}{x-1}\xrightarrow{x\to\pm\infty}0$ より，**$y=4x+9$**

＊　＊　＊

以上から，$y=f(x)$ の漸近線をまとめると，

1 $f(x)$ が $x=a$ で定義されず，
$\lim\limits_{x\to a+0}f(x)$ または $\lim\limits_{x\to a-0}f(x)$ が $+\infty$ または $-\infty$ に発散するとき，**$x=a$**

2 $\lim\limits_{x\to\infty}(f(x)-ax-b)=0$，または
$\lim\limits_{x\to-\infty}(f(x)-ax-b)=0$ のとき，**$y=ax+b$**

§4．最大・最小問題と微分法

4．（1）　関数 $y=x-2+\sqrt{4-x^2}$ の最大値と最小値を求めよ．　（岩手大(後)・工）

（2） 関数$f(x)=e^{-x}\cos x$（$0\leqq x\leqq 2\pi$）は，
$x=$□で極小値をとる． （神奈川大・理，工）

【解説】（1） 定義域は $-2\leqq x\leqq 2$ ですが，$x=\pm 2$ では y が微分できないので，増減を調べる部分は，
$-2<x<2$ で考えます．

$f(x)=x-2+\sqrt{4-x^2}=x-2+(4-x^2)^{\frac{1}{2}}$ とおくと，

$f'(x)=1+\frac{1}{2}\cdot(4-x^2)^{-\frac{1}{2}}\cdot(-2x)$

$=1-\frac{x}{\sqrt{4-x^2}}=\frac{\sqrt{4-x^2}-x}{\sqrt{4-x^2}}$

（$f'(x)$ の符号）=（$\sqrt{4-x^2}-x$ の符号）ですが，すぐに $f'(x)$の符号を判断しにくい場合は，“**2つのグラフの差と見る**”ことで判断できるときもあります．

$y=\sqrt{4-x^2}$ が原点中心，半径2の円の $y\geqq 0$ の部分を表すことに注意すると，

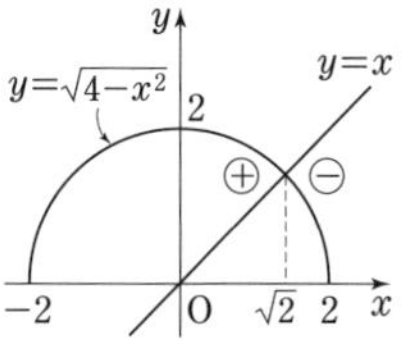

まず，$\sqrt{4-x^2}-x=0$ のとき，$x>0$ と合わせて，
$4-x^2=x^2$ ∴ $x=\sqrt{2}$

右図で，$y=\sqrt{4-x^2}$ と $y=x$ のグラフの上下関係から，右の増減表を得ます．

x	-2		$\sqrt{2}$		2
f'		+	0	−	
f		↗		↘	

よって，$f(x)$ の**最大値**は
$f(\sqrt{2})=\mathbf{2\sqrt{2}-2}$

また，$f(2)=0$，$f(-2)=-4$ より，**最小値は -4**

このように，最大・最小問題では，**極値と定義域の端の値が候補**で，これらの候補を比較して求めます．

（2） $f'(x)=-e^{-x}\cos x-e^{-x}\sin x$

$=-e^{-x}(\cos x+\sin x)=-e^{-x}\cdot\sqrt{2}\sin\left(x+\frac{\pi}{4}\right)$

$\sin\left(x+\frac{\pi}{4}\right)\geqq 0$ となるのは，$0\leqq x\leqq 2\pi$ に注意して，

$\frac{\pi}{4}\leqq x+\frac{\pi}{4}\leqq\pi$ または $2\pi\leqq x+\frac{\pi}{4}\leqq 2\pi+\frac{\pi}{4}$

より，$0\leqq x\leqq\frac{3}{4}\pi$ または $\frac{7}{4}\pi\leqq x\leqq 2\pi$ のときです．

増減表は右のようになり，$x=\mathbf{\frac{3}{4}\pi}$ のとき極小になります．

x	0		$\frac{3}{4}\pi$		$\frac{7}{4}\pi$		2π
f'		−	0	+	0	−	
f		↘	極小	↗	極大	↘	

§5．方程式・不等式への応用

5．（1） 関数$f(x)=\frac{x^3}{x-2}$について，

（i） $f(x)$を微分せよ．

（ii） $f(x)$の増減を調べ，極値を求めよ．

（iii） aを実数の定数とするとき，xについての3次方程式$x^3-ax+2a=0$の異なる実数解の個数を調べよ． （大阪工大）

（2） $x>0$ のとき $\log(1+x)>x-\frac{x^2}{2}$ であることを示せ． （岡山県立大）

【解説】（1）（i） $f'(x)=\frac{3x^2(x-2)-x^3\cdot 1}{(x-2)^2}$

∴ $f'(x)=\frac{\mathbf{2x^2(x-3)}}{\mathbf{(x-2)^2}}$

（ii） 右の増減表から，
極小値は$x=3$での**27**．

x	$-\infty$		2		3		∞
f'		−	／	−	0	+	
f		↘	／	↘	極小	↗	

（iii） 方程式の解の個数や解の範囲の問題は，解をグラフの共有点の x 座標と捉えることで，グラフの話に帰着します．特に，文字定数 a を含むときは，$F(x)=a$ のように**文字定数 a を分離した形**にすることで，
『**$F(x)=a$ の解は $y=F(x)$ と $y=a$ の共有点の x 座標**』と見ることができます．本問では，

$x^3-ax+2a=0$ より，$x^3=a(x-2)$ ……………①

$x=2$ は①を満たさないので，①は $\frac{x^3}{x-2}=a$ と表せ，

①の実数解の個数は，2つのグラフ $y=f(x)$ と $y=a$ の共有点の個数と言い換えられます．

$\lim_{x\to\pm\infty}f(x)=\infty$

$\lim_{x\to 2-0}f(x)=-\infty$，

$\lim_{x\to 2+0}f(x)=\infty$

にも注意して，$y=f(x)$ のグラフは右のようになるので，答えは，

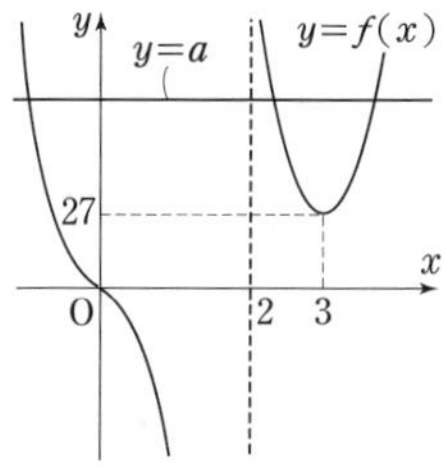

$a<27$ のとき1個，

$a=27$ のとき2個，$a>27$ のとき3個

（2） 『**（$f(x)$ の最小値）$\geqq 0$ ならば，常に$f(x)\geqq 0$**』から，$f(x)\geqq g(x)$ の証明では，$h(x)=f(x)-g(x)$ を考えてみます（$\geqq$が$>$でも同様です）．つまり，本問では，

$\log(1+x)-\left(x-\frac{x^2}{2}\right)>0$ ………………………②

を示します．$x>0$ のとき，②の左辺を $f(x)$ として，

$f'(x)=\frac{1}{1+x}-1+x=\frac{1-(1-x^2)}{1+x}=\frac{x^2}{1+x}$

$x>0$ より，$f'(x)>0$ だから，$f(x)$ は単調増加関数．

$f(0)=\log 1-0=0$ ［$x\geqq 0$ では $f(0)$ が最小値］

から，$x>0$ のときは，$f(x)>f(0)=0$

よって，②は示されました．

➩**注** 本問のように，問題の定義域で最大や最小が起こらないときは，定義域に除かれている端点を付け加えたり，それができない場合は極限などを利用します．

講義3

積分法（計算問題）

▶区分求積法も扱います．◀

積分公式の確認から入ります（以下，C は積分定数）．

① $\displaystyle\int x^{\alpha}dx=\frac{1}{\alpha+1}x^{\alpha+1}+C$ （$\alpha\neq-1$ のとき）

$\alpha=-1$ のときは，$\displaystyle\int x^{-1}dx=\int\frac{1}{x}dx=\log|x|+C$

Ⅱ $\displaystyle\int e^{x}dx=e^{x}+C$

Ⅲ $\displaystyle\int\cos x\,dx=\sin x+C,\quad\int\sin x\,dx=-\cos x+C,$

$\displaystyle\int\frac{1}{\cos^{2}x}dx=\tan x+C$

これに加えて，$\displaystyle\int e^{7x}dx$，$\displaystyle\int\cos(2x+7)dx$ なども手早く計算するために，

Ⅳ $\displaystyle\int f'(ax+b)dx=\frac{1}{a}f(ax+b)+C$ （$a\neq0$）

も押さえておきましょう．このⅣがあれば，上の例は，

$\displaystyle\int e^{7x}dx=\frac{1}{7}\cdot e^{7x}+C,$

$\displaystyle\int\cos(2x+7)dx=\frac{1}{2}\cdot\sin(2x+7)+C$

と計算できるのです!!

なお，Ⅲでの符号ミス，Ⅳで $1/a$ 倍でなく a 倍する等のミス防止にも，**積分計算後には，微分すると被積分関数（$\int$ の中身の関数）に戻ることの確認**が大切です．

§1．式変形で公式を使える形へ

1．次の定積分の値，または不定積分を求めよ．

（1） $\displaystyle\int\frac{2}{(1+x)^{2}}dx$ （甲南大・理工）

（2） $\displaystyle\int_{0}^{1}\frac{2x^{2}-x}{2x+1}dx$ （秋田大・教，工）

（3） $\displaystyle\int_{2}^{3}x^{2}(3-x)^{7}dx$ （関東学院大・理工）

（4） $\displaystyle\int_{2}^{3}\frac{1}{x^{2}+2x-3}dx$ （中部大・工）

（5） $\displaystyle\int_{0}^{\frac{\pi}{2}}(\cos^{2}x-\sin^{2}x)dx$ （神奈川大・理，工）

（6） $\displaystyle\int_{0}^{16}|3-\sqrt{x}|dx$ （国士舘大・理工）

【解説】（1） 分母の $(x+1)^2$ が x^2 と考えると，

$\displaystyle\int\frac{2}{x^{2}}dx=\int 2x^{-2}dx=\frac{2}{-2+1}x^{-2+1}+C=-\frac{2}{x}+C$

です．そこで，$(x+1)^2$ の話に戻すために，Ⅳを，

$a=1$，$b=1$ での，$\displaystyle\int f'(x+1)dx=f(x+1)+C$

として使うと，$f'(x)=\dfrac{2}{x^{2}}$ $\left(f(x)=-\dfrac{2}{x}+C\right)$ では，

$\displaystyle\int\frac{2}{(x+1)^{2}}dx=-\boldsymbol{\frac{2}{x+1}+C}$

（2） 分子を分母で割る割り算の式

$2x^{2}-x=(x-1)\cdot(2x+1)+1$

から，“**（分子の次数）**<**（分母の次数）**”と，分子の次数を下げることで，$\dfrac{2x^{2}-x}{2x+1}=x-1+\dfrac{1}{2x+1}$ ………①

$\therefore$ （与式）$\displaystyle=\int_{0}^{1}①dx=\int_{0}^{1}\left(x-1+\frac{1}{2x+1}\right)dx$

（〰〰にⅣを $f'(x)=\dfrac{1}{x}$，$a=2$，$b=1$ として用いますが，$1/a$ に相当する「1/2 のかけ忘れ……(＊)」に注意!!）

$\displaystyle=\left[\frac{1}{2}x^{2}-x+\frac{1}{2}\log(2x+1)\right]_{0}^{1}$

（いきなり代入するのではなく，＝＝を微分して，元に戻る確認をしましょう．(＊)のチェックにもなります．）

$\displaystyle=\frac{1}{2}-1+\frac{1}{2}\log(2+1)=\boldsymbol{\frac{\log3-1}{2}}$

（3） 展開すると計算が大変!! 符号ミス防止のために，$(3-x)=-(x-3)$ として，$(x-3)$ の塊に着目し，

$x^{2}=(x-3+3)^{2}=(x-3)^{2}+6(x-3)+9$

と x^2 を変形することで，$(x-3)$ の塊に統一します．

（与式）$\displaystyle=\int_{2}^{3}\{(x-3)^{2}+6(x-3)+9\}\cdot(-1)\cdot(x-3)^{7}dx$

$\displaystyle=\int_{2}^{3}(-1)\cdot\{(x-3)^{9}+6(x-3)^{8}+9(x-3)^{7}\}dx$

(積分後にも $(x-3)$ の塊が残るので，下端「2」を代入した引き算が残り，ミスの原因になります．積分区間の上下を交換しますが，このとき，被積分関数が -1 倍されます．(☞右式) $\displaystyle\int_a^b\{-f(x)\}dx=\int_b^a\{f(x)\}dx$)

$$=\int_3^2\{(x-3)^9+6(x-3)^8+9(x-3)^7\}dx$$

$$=\left[\frac{1}{10}(x-3)^{10}+\frac{6}{9}(x-3)^9+\frac{9}{8}(x-3)^8\right]_3^2$$

$$=\frac{1}{10}(-1)^{10}+\frac{2}{3}(-1)^9+\frac{9}{8}(-1)^8=\boldsymbol{\frac{67}{120}}$$

(4)　分母 x^2+2x-3 が，$(x+3)(x-1)$ と因数分解できることに着目して，

$\dfrac{1}{x^2+2x-3}=\dfrac{A}{x-1}+\dfrac{B}{x+3}$ となる定数 A，B を見つけることが第一歩．つまり，$\dfrac{\textbf{定数}}{\textbf{1次式}}$ の項を作ります．

$$\frac{1}{x^2+2x-3}=\frac{A}{x-1}+\frac{B}{x+3}=\frac{(A+B)x+(3A-B)}{(x-1)(x+3)}$$

となるので，分子の係数を比較して，

$$A+B=0,\ 3A-B=1 \qquad \therefore\ A=\frac{1}{4},\ B=-\frac{1}{4}$$

$$\therefore\ (与式)=\int_2^3\left(\frac{1}{4}\cdot\frac{1}{x-1}-\frac{1}{4}\cdot\frac{1}{x+3}\right)dx$$

$$=\frac{1}{4}\Big[\log(x-1)-\log(x+3)\Big]_2^3$$

$$=\frac{1}{4}\{(\log2-\log1)-(\log6-\log5)\}$$

$$=\frac{1}{4}\left(\log2-\log\frac{6}{5}\right)=\frac{1}{4}\log\frac{2\cdot5}{6}=\boldsymbol{\frac{1}{4}\log\frac{5}{3}}$$

(5)　倍角の公式から，$\cos^2x-\sin^2x=\cos2x$ より，

$$(与式)=\int_0^{\frac{\pi}{2}}\cos2x\,dx=\left[\frac{1}{2}\sin2x\right]_0^{\frac{\pi}{2}}=\mathbf{0}$$

(6)　絶対値を外します．$f(x)=3-\sqrt{x}$ とすると，

$0\leqq x\leqq9$ では $f(x)\geqq0$，　$9\leqq x\leqq16$ では $f(x)\leqq0$

$$\therefore\ (与式)=\int_0^9 f(x)dx+\int_9^{16}\{-f(x)\}dx\ \cdots\cdots②$$

この積分計算後の代入計算では，**符号ミスをしやすい**ので十分に注意!!　このミスの防止策は，2個所の～～の被積分関数を，次のように合わせることです．

$$②=\int_0^9 f(x)dx+\int_{16}^9 f(x)dx$$

(積分区間の上下を入れ替えて，被積分関数を -1 倍)

$\left(\displaystyle\int f(x)dx=\int\left(3-x^{\frac{1}{2}}\right)dx=3x-\frac{2}{3}x^{\frac{3}{2}}+C \text{ より}\right)$

$$=\left[3x-\frac{2}{3}x^{\frac{3}{2}}\right]_0^9+\left[3x-\frac{2}{3}x^{\frac{3}{2}}\right]_{16}^9\ \cdots\cdots③$$

このようにすると，9の代入は1回で済み，

$$③=2\left(3\cdot9-\frac{2}{3}\cdot3^3\right)-\left(3\cdot16-\frac{2}{3}\cdot4^3\right)=\boldsymbol{\frac{38}{3}}$$

§2. 部分積分法

被積分関数が2つの関数の積と見れる場合に有効な計算方法が，次の**部分積分法**です．

$$\int f'(x)g(x)dx=f(x)g(x)-\int f(x)g'(x)dx$$

(そのまま／微分／積分／そのまま)

つまり，**一方を積分する側の関数**とし，**他方を微分する側の関数**とします．そこで，どちらを積分する側（もしくは微分する側）とするか？がここでのポイントです．

---

2. 次の定積分の値を求めよ．

(1) $\displaystyle\int_0^1\frac{x}{2^x}dx$　　(東京電機大)

(2) $\displaystyle\int_{6\pi}^{7\pi}x\sin x\,dx$　　(会津大)

(3) $\displaystyle\int_1^e x\log x\,dx$　　(愛媛大(後)・理，工)

【解説】 (1)　$\dfrac{x}{2^x}=x\cdot\left(\dfrac{1}{2}\right)^x$ の積分ですが，x は微分すると消えるので，x を微分する側にします．

$$(与式)=\int_0^1 x\cdot\left(\frac{1}{2}\right)^x dx$$

($(a^x)'=a^x\log a$ でした (☞p.15)．したがって，$\displaystyle\int a^x dx=\int\frac{1}{\log a}(a^x)'dx=\frac{1}{\log a}a^x+C$ です．)

$$=\left[x\cdot\frac{1}{\log(1/2)}\left(\frac{1}{2}\right)^x\right]_0^1-\frac{1}{\log(1/2)}\int_0^1(x)'\cdot\left(\frac{1}{2}\right)^x dx$$

$$=\left[x\cdot\frac{1}{\log(1/2)}\left(\frac{1}{2}\right)^x\right]_0^1-\frac{1}{\log(1/2)}\int_0^1\left(\frac{1}{2}\right)^x dx$$

$$=\left[x\cdot\frac{1}{\log(1/2)}\left(\frac{1}{2}\right)^x-\frac{1}{\{\log(1/2)\}^2}\left(\frac{1}{2}\right)^x\right]_0^1\ \cdots①$$

(部分積分での計算ミス防止には，①で［　］の中を微分して，$\dfrac{x}{2^x}$ になる確認が大切．もし，～～で代入計算すると，この確認ができないので，無闇に代入計算はしないように!!)

$$=\frac{1}{2\log(1/2)}-\frac{1}{2\{\log(1/2)\}^2}+\frac{1}{\{\log(1/2)\}^2}\quad\cdots②$$

($\log(1/2)=-\log2$ に注意して)

$$②=-\frac{1}{2\log2}-\frac{1}{2(\log2)^2}+\frac{1}{(\log2)^2}=\boldsymbol{\frac{1-\log2}{2(\log2)^2}}$$

(2)　ここも同様に，x を微分する側にすると，

$$\int_{6\pi}^{7\pi}x\sin x\,dx=\Big[x\cdot(-\cos x)\Big]_{6\pi}^{7\pi}+\int_{6\pi}^{7\pi}\cos x\,dx$$

$$=\Big[-x\cos x+\sin x\Big]_{6\pi}^{7\pi}=-7\pi\cdot(-1)-(-6\pi)=\mathbf{13\pi}$$

⇨注　多項式関数は微分すると次数が下がるので，多項式関数を含む場合はこれを微分する側にします．例えば，$\int x^2e^x dx$ では何度か部分積分をしますが，x^2

は2回目の微分で定数になり，e^x の積分に帰着します．ただし，“$x^\alpha\times\log$”型の積分は例外（☞(3)）．

(3) x がありますが，log を微分する側にします．

$$(\text{与式})=\left[\frac{x^2}{2}\cdot\log x\right]_1^e-\int_1^e\frac{x^2}{2}\cdot\frac{1}{x}dx$$

$$=\left[\frac{x^2\log x}{2}\right]_1^e-\int_1^e\frac{x}{2}dx=\left[\frac{x^2\log x}{2}-\frac{x^2}{4}\right]_1^e=\boldsymbol{\frac{e^2+1}{4}}$$

〰〰では log が消えます．このように“$x^\alpha\cdot\log$ 型”（$\alpha\neq-1$）の積分では log を微分する側にします．なお，$\alpha=-1$，つまり，$\frac{1}{x}\cdot\log$ では，次のセクションで扱う置換積分を利用します．

⇨注　(3)と同様に，$\int\log x\,dx$ ……(＊) では，$\log x=1\cdot\log x=(x)'\cdot\log x$ と見て，部分積分（$\log x$ が微分する側）を使い，

$$(*)=x\log x-\int x\cdot\frac{1}{x}dx=x\log x-\int dx$$

$\therefore$　$(*)=x\log x-x+C$　………………………(☆)

〰〰が $\log x$ の不定積分です．つまり，

Ⓥ　$\int\log x\,dx=x\log x-x+C$

ですが，公式として覚えるだけではミスの元です．初めは上のⓋの導き方を十分に練習し，〰〰を微分して $\log x$ になることも確認するようにしましょう．

§3. 置換積分法(1)：塊を置き換える

すぐに公式を使えないとき，置き換えにより計算できる（公式を使える）式にする方法が**置換積分法**です．

まず，塊を置き換えるタイプを演習します．

---

3. 次の定積分の値を求めよ．

(1)　$\displaystyle\int_1^4\frac{x}{\sqrt{2x+1}}dx$　　(東京理科大・工)

(2)　$\displaystyle\int_0^{\frac{\pi}{2}}\sin^5x\cos x\,dx$　　(甲南大・理系)

【解説】 (1)　このままではどの公式も使えないので，$\sqrt{1+2x}=t$ と置き換えてみましょう．このとき，

$1+2x=t^2$ ……………………………………………①

となります．すると，x が $1\to4$ と変化することから，t は $\sqrt{3}\to3$ と変化します．……………………………②

また，dx の処理は，単に dx を dt とするのは**誤り!!** ①の両辺を x で微分し，dx と dt の関係式を出します．

$2=2t\cdot\dfrac{dt}{dx}$　（①の右辺について：t^2 の x での微分は，合成関数の微分法です）

$\therefore$　$dx=t\,dt$ ……………………………………………③

①から $x=\dfrac{t^2-1}{2}$，つまり，$\dfrac{x}{\sqrt{2x+1}}=\dfrac{t^2-1}{2\cdot t}$ だから，以上を用いて，与式を t の式に書き換えます．

$$(\text{与式})=\int_1^4\frac{x}{\sqrt{2x+1}}dx=\int_{\sqrt{3}}^3\frac{t^2-1}{2t}\cdot t\,dt$$

$$=\frac{1}{2}\int_{\sqrt{3}}^3(t^2-1)dt=\frac{1}{2}\left[\frac{1}{3}t^3-t\right]_{\sqrt{3}}^3$$

$$=\frac{1}{6}(3^3-(\sqrt{3})^3)-\frac{1}{2}(3-\sqrt{3})=\mathbf{3}$$

上の①〜③が置換積分のポイントです．まとめると，

① **塊 $=t$ と置く（どの部分を塊と見るか？）**

② **t の範囲を出す（これが新しい積分区間）**

③ **dx と dt の関係式を出す（dt への書き換え）**

です．この3つのポイントをマスターして下さい．特に，③を忘れるミスがよくあるので注意しましょう．

(2) (与式)で，登場回数の多い $\sin x$ を塊と見て，$\sin x=t$ ………① と置き換えます．

このとき，$x:0\to\dfrac{\pi}{2}$ から，$t:0\to1$ ……………②

次に，$\cos x\,dx=dt$ ……………………………………③

（慣れてきたら，$\cos x=\dfrac{dt}{dx}$ を経由せずに，③とできます．）

$\therefore$　$(\text{与式})=\displaystyle\int_0^{\frac{\pi}{2}}\sin^5x\cos x\,dx$　（③から，〰〰$=dt$ に注意して）

$$=\int_0^1t^5dt=\left[\frac{1}{6}t^6\right]_0^1=\boldsymbol{\frac{1}{6}}$$

⇨注1　dx を dt に変えるときに，(1)よりも(2)の方が楽な理由は，「(2)では，‘塊と見た $\sin x$ の導関数’ $\cos x$ がかけられていた」からです．

このように，塊と見たものの導関数がかけられた $\int f'(●)\cdot●'dx$ では，$●=t$ と見れば，〰〰がまとめて dt の役割をし，$\int f'(●)●'dx=\int f'(t)dt$ となります．つまり，

$$\int f'(●)●'dx=\int f'(t)dt=f(t)+C=f(●)+C$$

となり，慣れれば $●=t$ と置かずに計算できます．

⇨注2　$\int\cos^nx\,dx$，$\int\sin^nx\,dx$ では，n の偶奇で計算法が違います．n が奇数，例えば $\sin^3x$ の積分は，

$(\sin^2x)\sin x=(1-\cos^2x)\sin x$ として，

$-\cos^2x\sin x=\cos^2x\cdot(-\sin x)=\cos^2x(\cos x)'$

の部分については(3)のように計算します．

一方，n が偶数のときは半角の公式を使います．例えば，$\sin^2x$ の積分なら，次のように変形します．

$$\sin^2x=\frac{1-\cos2x}{2}=\frac{1}{2}-\frac{\cos2x}{2}$$

§4. 置換積分法(2)：変数を置き換える

変数を三角関数で置き換えるタイプも重要です．

---

4. 次の定積分の値を求めよ．

(1)　$\displaystyle\int_{-2}^1\sqrt{4-x^2}\,dx$　　(東京理科大・工(二部))

（2） $\displaystyle\int_0^{-1}\frac{x^2-1}{x^2+1}dx$ （産業医大）

【解説】（1） $\sqrt{4-x^2}$ や $4-x^2$ を塊とは見ないで，$x=2\sin\theta$ と置きます．すると，$dx=2\cos\theta d\theta$ です．

$x：-2\to1$ から $\sin\theta：-1\to\dfrac{1}{2}$，つまり，$\theta：-\dfrac{\pi}{2}\to\dfrac{\pi}{6}$

$\therefore$ （与式）$=\displaystyle\int_{-\frac{\pi}{2}}^{\frac{\pi}{6}}\sqrt{4-4\sin^2\theta}\cdot2\cos\theta d\theta$

$=\displaystyle\int_{-\frac{\pi}{2}}^{\frac{\pi}{6}}4\sqrt{1-\sin^2\theta}\cos\theta d\theta=\int_{-\frac{\pi}{2}}^{\frac{\pi}{6}}4\underset{\sim\sim\sim}{\sqrt{\cos^2\theta}}\cos\theta d\theta$ ①

（無頓着に，〜〜〜$=\cos\theta$ とできません．$\sqrt{a^2}=|a|$ です．）

ここで，$-\dfrac{\pi}{2}\leqq\theta\leqq\dfrac{\pi}{6}$ のとき，$\cos\theta\geqq0$ より，

①$=\displaystyle\int_{-\frac{\pi}{2}}^{\frac{\pi}{6}}4\cos^2\theta d\theta=\int_{-\frac{\pi}{2}}^{\frac{\pi}{6}}4\cdot\frac{1+\cos2\theta}{2}d\theta$

$=\displaystyle\int_{-\frac{\pi}{2}}^{\frac{\pi}{6}}(2+2\cos2\theta)d\theta=\Big[2\theta+\sin2\theta\Big]_{-\frac{\pi}{2}}^{\frac{\pi}{6}}$

$=\dfrac{\pi}{3}+\dfrac{\sqrt{3}}{2}-(-\pi)=\boldsymbol{\dfrac{4}{3}\pi+\dfrac{\sqrt{3}}{2}}$

このように，$\sqrt{a^2-x^2}$ を含む積分で置換積分をする場合，$\boldsymbol{x=a\sin\theta}$ や $\boldsymbol{x=a\cos\theta}$ の置き換えが有効です．

➩注 今回は置換積分の練習として，置き換えましたが，実戦的には，$y=\sqrt{4-x^2}$ が右の半円を表すことから，図形的に求めます．与式は，

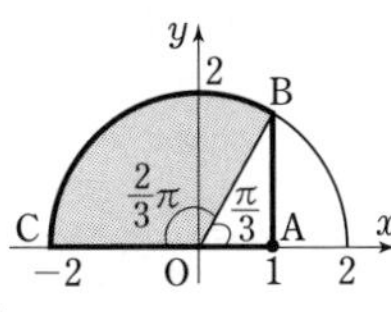

扇形 OBC＋△OAB$=2^2\pi\cdot\dfrac{1}{3}+\dfrac{1}{2}\cdot1\cdot\sqrt{3}$

（2） 分子の次数下げをすることで，

（与式）$=\displaystyle\int_0^{-1}\frac{x^2+1-2}{x^2+1}dx=\int_0^{-1}dx-\int_0^{-1}\underset{\sim\sim\sim}{\frac{2}{x^2+1}}dx$

問題となる〜〜〜では，tan での置換を扱います．

$x=\tan\theta$ …② と置くことで，〜〜〜は，

$\dfrac{2}{1+\tan^2\theta}\cdot dx=2\cos^2\theta\cdot dx\quad\left(\because\ 1+\tan^2\theta=\dfrac{1}{\cos^2\theta}\right)$

となり，②から，$dx=\dfrac{1}{\cos^2\theta}d\theta$ です．また，$x：0\to-1$ のとき，$\tan\theta：0\to-1$，つまり，$\theta：0\to-\dfrac{\pi}{4}$ なので，

（与式）$=\displaystyle\int_0^{-1}dx-\int_0^{-\frac{\pi}{4}}2\cos^2\theta\cdot\frac{1}{\cos^2\theta}d\theta$

$=\displaystyle\int_0^{-1}dx-2\int_0^{-\frac{\pi}{4}}d\theta=\Big[x\Big]_0^{-1}-2\Big[\theta\Big]_0^{-\frac{\pi}{4}}=\boldsymbol{\frac{\pi}{2}-1}$

本問では，$1+x^2$ を含んでいたので，②のように置換しました．同様に，$\displaystyle\int\frac{1}{a^2+x^2}dx$ では，$1+\tan^2\theta$ が出るように，$\boldsymbol{x=a\tan\theta}$ と置換します．

§5. 区分求積法

最後に，面積と絡める極限の計算，区分求積法です．

---

5. $\displaystyle\lim_{n\to\infty}\frac{1}{n}\sum_{k=1}^{n}\left(\frac{n+k}{n}\right)^2$ を求めよ． （金沢工大）

【解説】 $\left(\dfrac{n+k}{n}\right)^2=\left(1+\dfrac{k}{n}\right)^2$ ………① と見ると，これは関数 $y=(1+x)^2$ で $x=\dfrac{k}{n}$ としたもので，

$\dfrac{1}{n}\times$①は図 1 のような長方形の面積とみなせます．これを踏まえて，

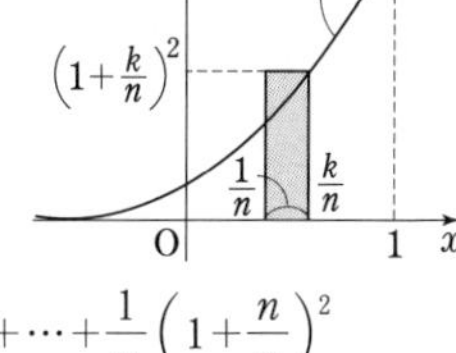

$\displaystyle\frac{1}{n}\sum_{k=1}^{n}\left(\frac{n+k}{n}\right)^2=\sum_{k=1}^{n}\frac{1}{n}\times$①

$=\dfrac{1}{n}\left(1+\dfrac{1}{n}\right)^2+\dfrac{1}{n}\left(1+\dfrac{2}{n}\right)^2+\cdots+\dfrac{1}{n}\left(1+\dfrac{n}{n}\right)^2$

…………②

の極限が求めるものですが，②が図 2 のような幅 $\dfrac{1}{n}$ の網目の長方形の面積の和を表すことと，それは $n\to\infty$ で図 3 の網目部に近づくことから，

図 2

$\displaystyle\lim_{n\to\infty}$②$=\int_0^1(1+x)^2dx$ …③

が成り立ち，求める極限は

③$=\left[\dfrac{1}{3}(1+x)^3\right]_0^1=\boldsymbol{\dfrac{7}{3}}$

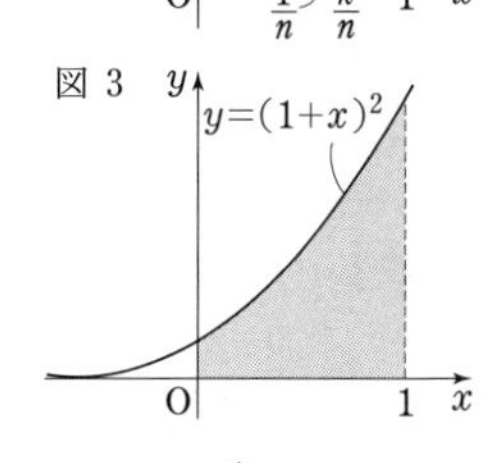

＊ ＊ ＊

このように $\displaystyle\lim_{n\to\infty}\frac{1}{n}\Sigma$ の極限を，面積を用いて求める方法が**区分求積法**です．整理すると，

Ⅵ $\displaystyle\lim_{n\to\infty}\frac{1}{n}\sum_{k=1}^{n}f\left(\frac{k}{n}\right)=\int_0^1f(x)dx$

ただ覚えるのではなく，初めのうちは上の手順に沿って図を描き，自分で③に相当する式を出しましょう．

➩注 区分求積法の式において，

$\boldsymbol{\dfrac{k}{n}}$ が $\boldsymbol{x}$ の役割，$\boldsymbol{\dfrac{1}{n}}$ が $\boldsymbol{dx}$ の役割をしています．

積分区間については，本問やⅥでは $1\leqq k\leqq n$ より，$\dfrac{k}{n}$ は $\dfrac{1}{n}\to\dfrac{n}{n}$ と変化し，この両端 $\dfrac{1}{n}$，$\dfrac{n}{n}$ の極限

$\displaystyle\lim_{n\to\infty}\frac{1}{n}=0$，$\displaystyle\lim_{n\to\infty}\frac{n}{n}=1$ が積分区間の両端を与えます．

つまり，$\displaystyle\sum_{k=0}^{n}$，$\displaystyle\sum_{k=1}^{n-1}$ などでも，積分区間は同じです．

講義 4

面積・体積・弧長

§1. x 軸と囲む部分の面積

曲線と x 軸との上下関係に注意しましょう．

$\underline{a \leqq x \leqq b \text{ で，} f(x) \geqq 0}$ のとき，右図 1 の網目部の面積は

$$\int_a^b \boldsymbol{f(x)\,dx}$$

図 1 $y=f(x)$

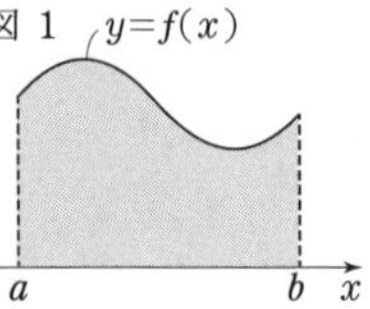

$\underline{a \leqq x \leqq b \text{ で，} f(x) \leqq 0}$ のとき，右図 2 の網目部の面積は

$$\int_a^b \{-\boldsymbol{f(x)}\}\,\boldsymbol{dx}$$

が基本です．

図 2 $y=f(x)$

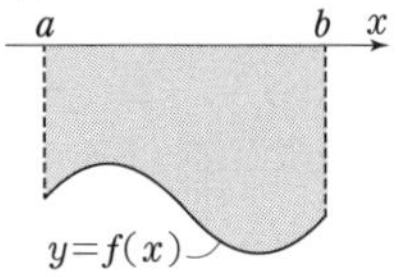

1. 曲線 $y=f(x)=\dfrac{\log x}{x}$ と x 軸および直線 $x=e^2$ で囲まれた部分の面積を求めよ．　（東京電機大/一部省略）

【解説】（$f(x)$ の符号）=（分子の符号）なので，

$f(x)$ は $0<x<1$ で負，$x=1$ で 0，$1<x$ で正です．これより求める面積（S とする）は，右図の網目部の面積とわかります．

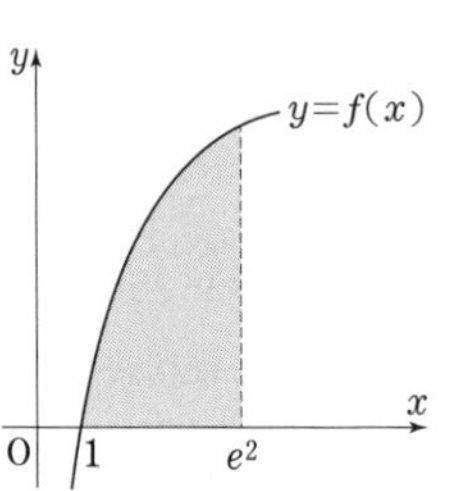

$$S=\int_1^{e^2}\frac{\log x}{x}dx$$

$$=\int_1^{e^2}\frac{1}{x}\cdot\log x\,dx=\int_1^{e^2}(\log x)'\cdot\log x\,dx$$

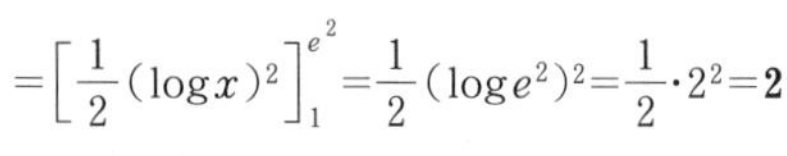

$$=\left[\frac{1}{2}(\log x)^2\right]_1^{e^2}=\frac{1}{2}(\log e^2)^2=\frac{1}{2}\cdot 2^2=\boldsymbol{2}$$

⇨注　実際の $y=f(x)$ のグラフは右図のようになりますが，面積を求めるだけなら，上のように囲む部分と x 軸との上下や交点がわかる程度で十分であり，増減や凹凸を調べる必要はありません．

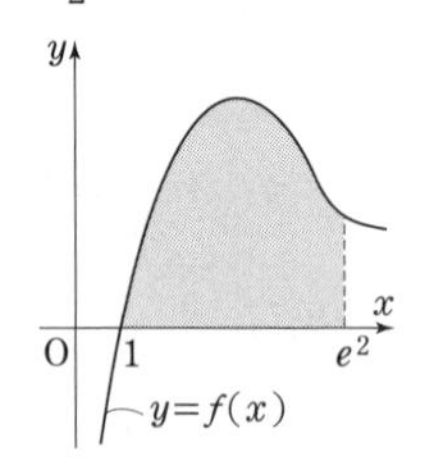

---

2. $-\dfrac{3}{4}\pi \leqq x \leqq \dfrac{3}{4}\pi$ で定義された曲線

$y=\sin\left(|x|+\dfrac{\pi}{4}\right)$ と x 軸で囲まれた部分の面積を求めなさい．　（龍谷大，理系）

【解説】 $|x|=|-x|$ から，問題の曲線は y 軸に関して対称なので，$x \geqq 0$ で考えます．このように対称性があるかを確認することも，労力を減らす上で大切です．

曲線 $y=\sin\left(x+\dfrac{\pi}{4}\right)$ ……① は，$y=\sin x$ …………②

のグラフを，x 軸の正方向に $-\dfrac{\pi}{4}$ 平行移動して得られるので，$0 \leqq x \leqq \dfrac{3}{4}\pi$ での①のグラフは，右の太線部分です．～～から，網目部分の面積の 2 倍が求める面積（S とする）です．

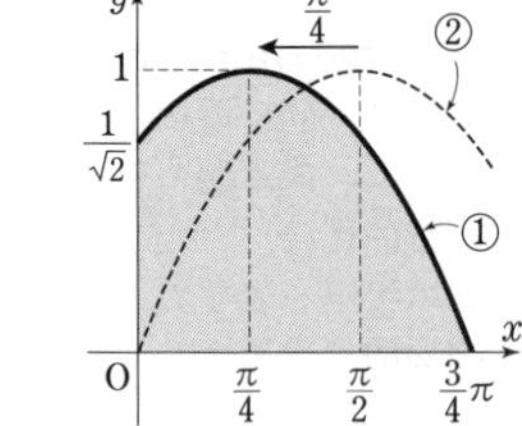

$$S=2\times\int_0^{\frac{3}{4}\pi}\sin\left(x+\frac{\pi}{4}\right)dx=2\left[-\cos\left(x+\frac{\pi}{4}\right)\right]_0^{\frac{3}{4}\pi}$$

$$=2\left(-(-1)-\left(-\frac{1}{\sqrt{2}}\right)\right)=\boldsymbol{2+\sqrt{2}}$$

§2. 2 つのグラフが囲む面積

$\underline{a \leqq x \leqq b \text{ で，} g(x) \leqq f(x)}$ のとき，右の網目部の面積は

$$\int_a^b \{\boldsymbol{f(x)-g(x)}\}\,\boldsymbol{dx}$$

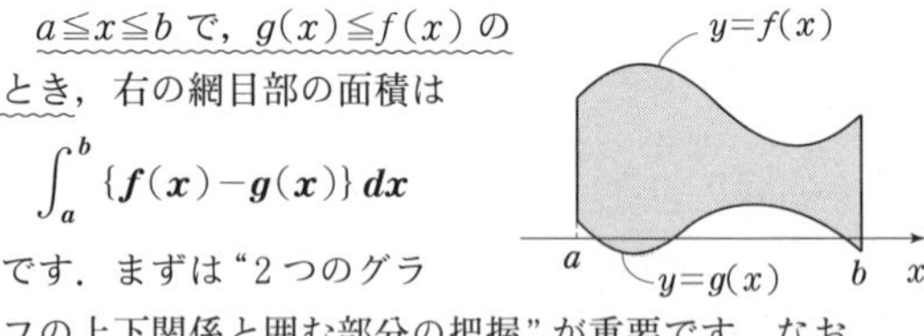

です．まずは“2 つのグラフの上下関係と囲む部分の把握”が重要です．なお，x 軸は $y=0$ より，$g(x)=0$ のときが前節の内容です．

---

3. (1) $f(x)=\log x$，$g(x)=(\log x)^2$ とするとき，

(i) 関数 $y=f(x)$ と関数 $y=g(x)$ のグラフを 1 つの座標平面上にかけ．

（ii） 曲線 $y=f(x)$ と曲線 $y=g(x)$ で囲まれた部分の面積を求めよ． （公立はこだて未来大）

（2） 曲線 $y=\log x$ と直線 $y=a$（ただし，$a<0$），および x 軸および y 軸で囲まれた図形の面積を求めよ． （大阪工大）

【解説】（1）（i） $y=g(x)$ が問題です．

$g'(x)=2\log x\cdot\dfrac{1}{x}=\dfrac{2}{x}\log x$ （〰〰だけが $g'(x)$ の符号に関係する）

より，$x=1$ の前後で，$g'(x)$ の符号は負から正へと変化します．

端の極限は，$\displaystyle\lim_{x\to+0}g(x)=\infty$，$\displaystyle\lim_{x\to\infty}g(x)=\infty$ で，

$f(x)-g(x)=\log x-(\log x)^2=(\log x)(1-\log x)$ …①

より，グラフの上下関係は，

$0<x\leqq1$ では，①$\leqq0$ ∴ $f(x)\leqq g(x)$

$1\leqq x\leqq e$ では，①$\geqq0$ ∴ $f(x)\geqq g(x)$

$e\leqq x$ では，①$\leqq0$ ∴ $f(x)\leqq g(x)$

となります．

以上と $g(1)=0$ から，$y=f(x)$，$y=g(x)$ のグラフは右図です．

（ii） $1\leqq x\leqq e$ の部分（図の網目部分）が題意の領域で，このとき $f(x)\geqq g(x)$ より，

$$(\text{求める面積})=\int_1^e\{\log x-(\log x)^2\}dx \quad \cdots\cdots\text{②}$$

ここで，

$$\int\log x\,dx=x\log x-x+C \quad\cdots\cdots\text{③}$$

$$\int(\log x)^2dx=x(\log x)^2-\int x\cdot2(\log x)\cdot\frac{1}{x}dx$$

$$=x(\log x)^2-2\int\log x\,dx$$

$$=x(\log x)^2-2(x\log x-x)+C \quad\cdots\cdots\text{④}$$

よって，③，④から，

$$\text{②}=\Big[x\log x-x-\{x(\log x)^2-2(x\log x-x)\}\Big]_1^e$$

$$=\Big[3(x\log x-x)-x(\log x)^2\Big]_1^e$$

$$=\{3(e\cdot1-e)-e\cdot1^2\}-\{3(1\cdot0-1)-1\cdot0^2\}$$

$$=\mathbf{3-e}$$

（2） 右図の網目部分の面積 S を求めますが，y 軸方向で積分した方が楽なときもあります．

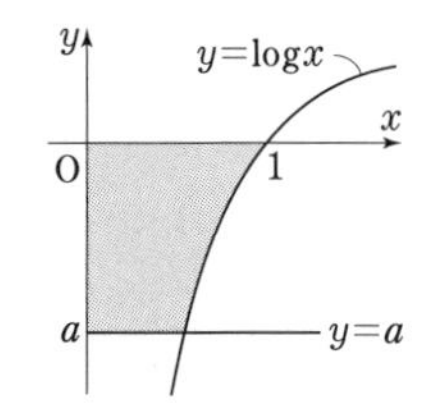

$y=\log x \iff x=e^y$

に注意して，$S=\displaystyle\int_a^0x\,dy=\int_a^0e^ydy=\Big[e^y\Big]_a^0=\mathbf{1-e^a}$

⇨**注** x 軸方向で積分すると，

$S=$（太線部）＋（斜線部）

です．（1）（ii）③から，

$$S=(-a)\times e^a+\int_{e^a}^1(-\log x)\,dx$$

$$=-ae^a-\Big[x\log x-x\Big]_{e^a}^1$$

$$=-ae^a-\{(1\cdot0-1)-(e^a\cdot a-e^a)\}=\mathbf{1-e^a}$$

このように，計算量に差が出るときもあるので，y 軸方向での積分も臨機応変に使えるようにしましょう．

4．曲線 $C：y=\sqrt{2x+3}$ と，点 $(-2,\ 0)$ から曲線 C に引いた接線 l について，次の問いに答えよ．

（1） 接線 l の方程式を求めよ．

（2） 曲線 C と接線 l および x 軸で囲まれた部分の面積を求めよ． （福岡大，理）

【解説】（1） 曲線外の点Pから接線を引くときは，曲線の $x=t$ での接線を立式し，それが点Pを通るときの t を求めます．

$f(x)=\sqrt{2x+3}=(2x+3)^{\frac{1}{2}}$ ……① とすると，

$$f'(x)=\frac{1}{2}(2x+3)^{-\frac{1}{2}}\cdot(2x+3)'=\frac{1}{2}(2x+3)^{-\frac{1}{2}}\cdot2$$

$$\therefore\quad f'(x)=\frac{1}{\sqrt{2x+3}}$$

よって，$(t,\ f(t))$ における C の接線は，

$$y=\frac{1}{\sqrt{2t+3}}(x-t)+\sqrt{2t+3} \quad\cdots\cdots\text{②}$$

これが，$(-2,\ 0)$ を通るとき，

$$0=\frac{1}{\sqrt{2t+3}}(-2-t)+\sqrt{2t+3}$$

$$\therefore\quad \frac{1}{\sqrt{2t+3}}(2+t)=\sqrt{2t+3} \quad \therefore\quad 2+t=2t+3$$

よって，$t=-1$ を得るので，②より l の方程式は，

$y=1\cdot\{x-(-1)\}+1$ ∴ $\boldsymbol{y=x+2}$

（2） $y=f(x)$ のグラフと直線 l を図示すれば，求める面積 S は右図の網目部分です．このとき，

$S=$（太線部）－（斜線部）

で求められるので，①から，

$$S=\frac{1}{2}\cdot1\cdot1-\int_{-\frac{3}{2}}^{-1}(2x+3)^{\frac{1}{2}}dx$$

$=\dfrac{1}{2}-\left[\dfrac{2}{3}(2x+3)^{\frac{3}{2}}\cdot\underset{\sim\sim}{\dfrac{1}{2}}\right]_{-\frac{3}{2}}^{-1}=\dfrac{1}{2}-\left(\dfrac{1}{3}-0\right)=\boldsymbol{\dfrac{1}{6}}$

⇨注　積分計算では，～～～の $(2x+3)'$ の逆数のかけ忘れに注意して下さい．こういったミス防止のためにも，微分して元に戻る確認が大切です．

このように，すべてを積分計算しなくても，三角形や台形の面積と一部の積分計算の足し引きで，計算を楽にできる場合もあります．

§3. パラメタ表示された曲線が作る面積

5. サイクロイド $x=a(t-\sin t)$，$y=a(1-\cos t)$ $(0\leqq t\leqq 2\pi)$ と x 軸とで囲まれる図形の面積を求めよ．ただし，$a>0$ とする．　（明星大・情）

【解説】 $\dfrac{dx}{dt}=a(1-\cos t)$ ……①，$\dfrac{dy}{dt}=a\sin t$

なので，$\dfrac{dx}{dt}\geqq 0$ および

$0\leqq t\leqq \pi$ のとき $\dfrac{dy}{dt}\geqq 0$,

$\pi\leqq t\leqq 2\pi$ のとき $\dfrac{dy}{dt}\leqq 0$

です．

t	0		π		2π
$\dfrac{dx}{dt}$		+		+	
$\dfrac{dy}{dt}$		+		−	
y	0	↗	$2a$	↘	0

したがって，右図の網目部分の面積が求めるものなので，

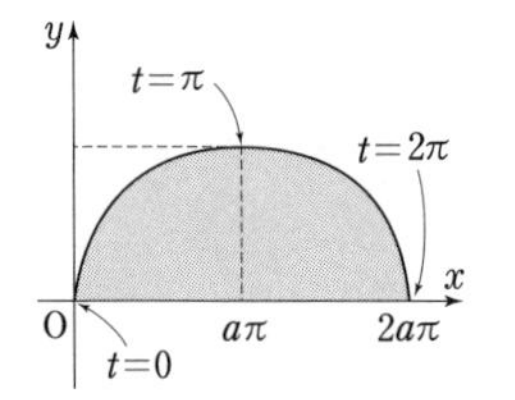

$\displaystyle\int_0^{2a\pi} y\,dx$ ……………②

と立式されます．

パラメタを消去して，y を x で表せれば良いですが，本問ではパラメタ t の消去は面倒です．このような場合，

面積を求める式②を，t の式に置換

して処理します．このとき，

$$\int_a^b \boldsymbol{y\,dx}=\int_{x=a\text{ のときの }t}^{x=b\text{ のときの }t}(\boldsymbol{y\text{ を }t\text{ で表す}})\cdot\boldsymbol{\frac{dx}{dt}}\cdot\boldsymbol{dt}$$

のように一気に置き換えられるようにしましょう．

本問は，$x=0$ には $t=0$ が，$x=2a\pi$ には $t=2\pi$ が対応するので，dx を $\dfrac{dx}{dt}\cdot dt$ と見ることで，①から

$$②=\int_0^{2\pi}a(1-\cos t)\cdot\frac{dx}{dt}\cdot dt$$

$$=\int_0^{2\pi}a(1-\cos t)\cdot a(1-\cos t)\,dt$$

$$=a^2\int_0^{2\pi}(1-2\cos t+\cos^2 t)\,dt$$

$$=a^2\int_0^{2\pi}\left(1-2\cos t+\frac{1+\cos 2t}{2}\right)dt$$

$$=a^2\int_0^{2\pi}\left(\frac{3}{2}-2\cos t+\frac{1}{2}\cos 2t\right)dt$$

$$=a^2\left[\frac{3}{2}t-2\sin t+\frac{1}{4}\sin 2t\right]_0^{2\pi}=\boldsymbol{3a^2\pi}$$

§4. 回転体の体積

6. (1)　放物線 $y=2-x^2$ と x 軸で囲まれた図形を，x 軸のまわりに1回転してできる回転体の体積を求めよ．　（東京都市大）

(2)　$0\leqq x\leqq\dfrac{\pi}{2}$ とする．2つの曲線 $y=\sqrt{3}\sin 2x$ と $y=3\sin x$ で囲まれた部分を x 軸の周りに回転させてできる回転体の体積を求めよ．　（中部大）

【解説】 (1)　図の網目部分を，x と，x から微小な幅 dx だけズラした $x+dx$ の位置で回転軸（x 軸）に垂直な直線で切ります．面積のときと同様に，挟まれた太線部分は長方形とみなせて，これを x 軸のまわりに回転させることで得られる（$=\pi(2-x^2)^2dx$）という微小な円柱は，網目部の回転体の“微小な薄切り”です．

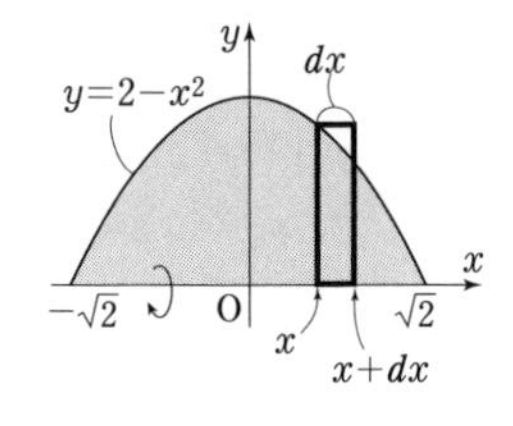

この微小体積を $-\sqrt{2}\leqq x\leqq\sqrt{2}$ で足し集めた（積分した）ものが求める体積です．

$$\int_{-\sqrt{2}}^{\sqrt{2}}\pi(2-x^2)^2dx=2\pi\int_0^{\sqrt{2}}(x^4-4x^2+4)\,dx$$

$$=2\pi\left[\frac{1}{5}x^5-\frac{4}{3}x^3+4x\right]_0^{\sqrt{2}}$$

$$=2\pi\left(\frac{4\sqrt{2}}{5}-\frac{8\sqrt{2}}{3}+4\sqrt{2}\right)=\boldsymbol{\frac{64}{15}\sqrt{2}\,\pi}$$

回転体の体積では，**π の付け忘れ**に注意しましょう．

(2)　回転する部分・グラフの上下関係を確認します．

$$\sqrt{3}\sin 2x-3\sin x=2\sqrt{3}\sin x\cos x-3\sin x$$
$$=\sqrt{3}\sin x(2\cos x-\sqrt{3})\ \cdots\cdots①$$

$0\leqq x\leqq\dfrac{\pi}{2}$ では $\sin x\geqq 0$ なので，

$\cos x\geqq\dfrac{\sqrt{3}}{2}$ では①$\geqq 0$，$\cos x\leqq\dfrac{\sqrt{3}}{2}$ では①$\leqq 0$

$\sin x=0$ から $x=0$,

$\cos x=\dfrac{\sqrt{3}}{2}$ から $x=\dfrac{\pi}{6}$

と交点の x 座標もわかるので，図の網目部を x 軸のまわりに回転させます．

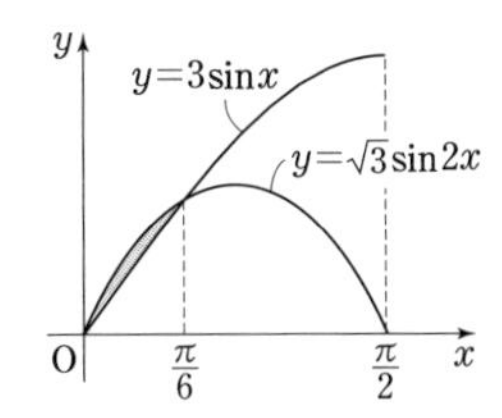

このとき，面積での式の立て方につられて，

$$\int_0^{\frac{\pi}{6}}\pi\{\sqrt{3}\sin 2x-3\sin x\}^2dx$$

とするのは**大間違い**です!!

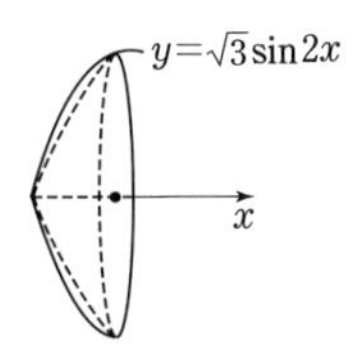

2つのグラフで囲まれた部分の回転体は，

上側の曲線 $y=\sqrt{3}\sin 2x$

が作る回転体（外側の回転体）から，

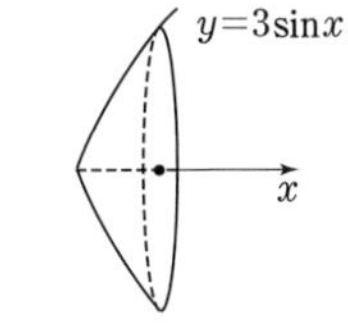

下の曲線 $y=3\sin x$ が作る回転体（内側の回転体）

をくり貫いて得られます．

したがって，求める体積 V を正しく立式すると，

$$V=\int_0^{\frac{\pi}{6}}\pi(\sqrt{3}\sin 2x)^2dx-\int_0^{\frac{\pi}{6}}\pi(3\sin x)^2dx$$

$$=\pi\int_0^{\frac{\pi}{6}}\{(\sqrt{3}\sin 2x)^2-(3\sin x)^2\}dx \cdots\cdots\text{①}$$

です．〰〰は，各項に倍角の公式を用いて，

$$〰〰=3\sin^2 2x-9\sin^2 x$$

$$=3\cdot\frac{1-\cos 4x}{2}-9\cdot\frac{1-\cos 2x}{2}$$

$$=3\left(-1+\frac{3}{2}\cos 2x-\frac{1}{2}\cos 4x\right)$$

$$\therefore\quad \text{①}=3\pi\int_0^{\frac{\pi}{6}}\left\{-1+\frac{3}{2}\cos 2x-\frac{1}{2}\cos 4x\right\}dx$$

$$=3\pi\left[-x+\frac{3}{4}\sin 2x-\frac{1}{8}\sin 4x\right]_0^{\frac{\pi}{6}}=\boldsymbol{\frac{15}{16}\sqrt{3}\pi-\frac{1}{2}\pi^2}$$

このように，$f(x)\geqq g(x)\geqq 0$ として，$y=f(x)$ と $y=g(x)$ の間の x 軸まわりの回転体は，

外側（$y=f(x)$）の回転体

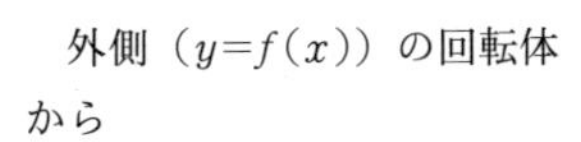

から

内側（$y=g(x)$）の回転体

を引いたもので，次の式で与えられます．

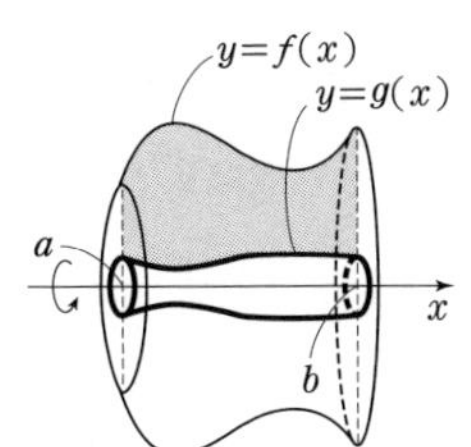

$$\int_a^b\pi\{f(x)\}^2dx-\int_a^b\pi\{g(x)\}^2dx$$

$$=\boldsymbol{\int_a^b\pi(\{f(x)\}^2-\{g(x)\}^2)dx}$$

なお，(1)は，この公式で，$g(x)=0$ の場合です．

---

7. 2つの曲線 $y=e^{x^2}$ と $y=-e^{x^2}+4$ について，次の問いに答えよ．

(1) この2つの曲線の交点の座標を求めよ．

(2) この2つの曲線で囲まれた部分を y 軸のまわりに1回転してできる回転体の体積を求めよ．

（神奈川大・理，工）

【解説】 **(1)** $e^{x^2}=-e^{x^2}+4$ より，

$2e^{x^2}=4 \quad \therefore\quad e^{x^2}=2\cdots\cdots\text{①} \quad \therefore\quad x^2=\log 2$

よって，求める交点は（y 座標には①を用いて），

$\boldsymbol{(-\sqrt{\log 2},\ 2),\ (\sqrt{\log 2},\ 2)}$

(2) $y=e^{x^2}$ と $y=-e^{x^2}+4$ は，x を $-x$ に変えても式は変わらないので，共に y 軸について対称です．

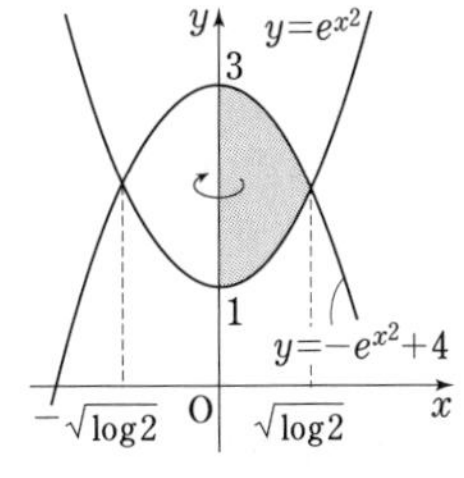

そこで，第一象限だけを見て，網目の部分を y 軸のまわりに回転させますが，この立体は，微小な円盤

dy （$=\pi x^2dy$）を，y が1から3まで足し集めたものです．求める体積を V とすると，

$$V=\int_1^3\pi x^2dy \cdots\cdots\text{②}$$

ここで，x^2 は y で表すことができますが，途中 $y=2$ の前後で淵のグラフが変わることに注意しましょう．

$1\leqq y\leqq 2$ のとき，$y=e^{x^2}$ より，$x^2=\log y$

$2\leqq y\leqq 3$ のとき，$y=-e^{x^2}+4$ より，$x^2=\log(4-y)$

$$\therefore\quad \text{②}=\int_1^2\pi x^2dy+\int_2^3\pi x^2dy$$

$$=\underbrace{\pi\int_1^2\log y\,dy}_{\text{③}}+\pi\int_2^3\log(4-y)\,dy \cdots\cdots\text{④}$$

〰〰は，$4-y=t$ と置換しましょう．$y:2\to 3$ のとき，$t:2\to 1$ であり，$dy=-dt$ なので，

$$〰〰=\int_2^1\log t(-dt)=\int_1^2\log t\,dt=\text{③}$$

［積分変数（d●の変数●）は，積分計算だけに使われるので，$\displaystyle\int_a^b f(x)dx$ でも $\displaystyle\int_a^b f(u)du$ でも同じです．］

よって，④$=2\times\pi\cdot$③より

$$\text{④}=2\pi\int_1^2\log y\,dy=2\pi\Big[y\log y-y\Big]_1^2=\boldsymbol{(4\log 2-2)\pi}$$

§5. 曲線の長さ（弧長）

まず弧長の公式を紹介しましょう.

● 関数型

曲線 $y=f(x)$ の $a\leqq x\leqq b$ の部分の長さ（弧長）は,

$$\int_a^b \sqrt{1+\left(\frac{dy}{dx}\right)^2}\,dx$$

$$=\int_a^b \sqrt{1+\{f'(x)\}^2}\,dx$$

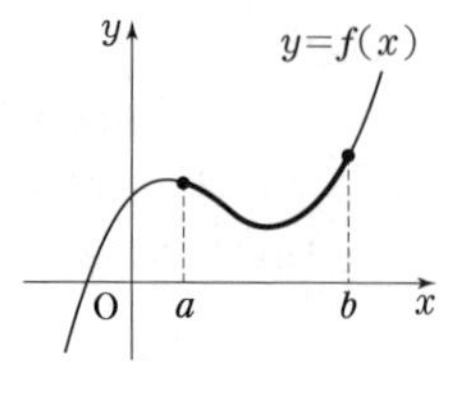

● パラメータ表示型

曲線 C 上の点 $(x,\ y)$ が

$x=f(t),\ y=g(t)$

とパラメータ表示されているとき, C の $t=a$ から $t=b$ $(a<b)$ の部分の長さは,

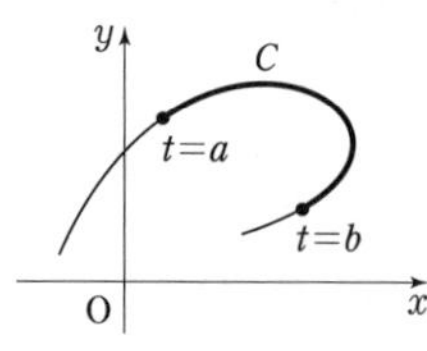

$$\int_a^b \sqrt{\left(\frac{dx}{dt}\right)^2+\left(\frac{dy}{dt}\right)^2}\,dt$$

$$=\int_a^b \sqrt{\{f'(t)\}^2+\{g'(t)\}^2}\,dt$$

（公式の説明）

右図の dl について,

$$dl=\sqrt{(dx)^2+(dy)^2}$$

$$=\sqrt{1+\left(\frac{dy}{dx}\right)^2}\,dx$$

$$=\sqrt{\left(\frac{dx}{dt}\right)^2+\left(\frac{dy}{dt}\right)^2}\,dt$$

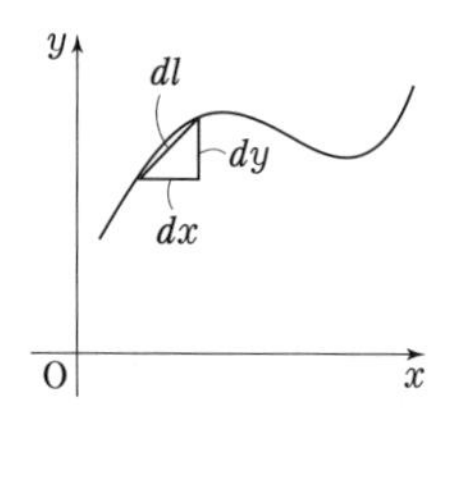

これを足し集めると考えて, 上の公式が得られます.

---

8. (1) 曲線 $y=\frac{2}{3}x^{\frac{3}{2}}$ の $0\leqq x\leqq 8$ の部分の長さを求めよ.

(2) 曲線 $y=\frac{e^x+e^{-x}}{2}$ の $0\leqq x\leqq 1$ の部分の長さを求めよ.

(3) 曲線 $y=\frac{x^3}{3}+\frac{1}{4x}$ の $1\leqq x\leqq 3$ の部分の長さを求めよ.

上の公式を使って弧長を求めるとき, $\sqrt{\quad}$ の積分が出て来ます. $\sqrt{\quad}$ のままで積分できる関数は少ないので, $\sqrt{\quad}$ がうまく外れる問題設定が多いです. その際, よく出て来る変形として次の式があります.

$$1+\left\{\frac{1}{2}\left(X-\frac{1}{X}\right)\right\}^2=\left\{\frac{1}{2}\left(X+\frac{1}{X}\right)\right\}^2$$

本問の(2)(3)では, これに類する変形をします.

解 (1) $y=\frac{2}{3}x^{\frac{3}{2}}$ のとき, $y'=x^{\frac{1}{2}}$ であるから, 求める長さは,

$$\int_0^8 \sqrt{1+(y')^2}\,dx=\int_0^8 \sqrt{1+x}\,dx$$

$$=\left[(1+x)^{\frac{3}{2}}\cdot\frac{2}{3}\right]_0^8=18-\frac{2}{3}=\boldsymbol{\frac{52}{3}}$$

(2) $y=\frac{e^x+e^{-x}}{2}$ のとき, $y'=\frac{e^x-e^{-x}}{2}$ であるから, 求める長さは,

$$\int_0^1 \sqrt{1+(y')^2}\,dx=\int_0^1 \sqrt{1+\left(\frac{e^x-e^{-x}}{2}\right)^2}\,dx$$

$$=\int_0^1 \sqrt{\left(\frac{e^x+e^{-x}}{2}\right)^2}\,dx=\int_0^1 \frac{e^x+e^{-x}}{2}dx$$

$$=\left[\frac{e^x-e^{-x}}{2}\right]_0^1=\boldsymbol{\frac{1}{2}\left(e-\frac{1}{e}\right)}$$

(3) $y=\frac{x^3}{3}+\frac{1}{4x}$ のとき, $y'=x^2-\frac{1}{4x^2}$ であるから, 求める長さは,

$$\int_1^3 \sqrt{1+(y')^2}\,dx=\int_1^3 \sqrt{1+\left(x^2-\frac{1}{4x^2}\right)^2}\,dx$$

$$=\int_1^3 \sqrt{\left(x^2+\frac{1}{4x^2}\right)^2}\,dx=\int_1^3 \left(x^2+\frac{1}{4x^2}\right)dx$$

$$=\left[\frac{x^3}{3}-\frac{1}{4x}\right]_1^3=\frac{3^3-1}{3}-\frac{1}{4}\left(\frac{1}{3}-1\right)=\boldsymbol{\frac{53}{6}}$$

---

9. 曲線 $\begin{cases} x=\theta+\sin\theta \\ y=1+\cos\theta \end{cases}$ の $0\leqq\theta\leqq\pi$ の部分の長さを求めよ.

$\sqrt{\quad}$ を外す際, $1+\cos\theta=2\cos^2\frac{\theta}{2}$ を使います.

解 $\frac{dx}{d\theta}=1+\cos\theta,\ \frac{dy}{d\theta}=-\sin\theta$ であるから,

$$\left(\frac{dx}{d\theta}\right)^2+\left(\frac{dy}{d\theta}\right)^2$$

$$=(1+\cos\theta)^2+(-\sin\theta)^2$$

$$=1+2\cos\theta+\cos^2\theta+\sin^2\theta$$

$$=2(1+\cos\theta)=2\cdot2\cos^2\frac{\theta}{2}=\left(2\cos\frac{\theta}{2}\right)^2$$

$0\leqq\theta\leqq\pi$ のとき $\cos\frac{\theta}{2}\geqq0$ であるから, 求める長さは

$$\int_0^\pi \sqrt{\left(\frac{dx}{d\theta}\right)^2+\left(\frac{dy}{d\theta}\right)^2}\,d\theta=\int_0^\pi 2\cos\frac{\theta}{2}d\theta$$

$$=\left[4\sin\frac{\theta}{2}\right]_0^\pi=\boldsymbol{4}$$

ミニ講座

近似式

教科書では，微分法の応用として近似式が扱われています．ここで紹介することにしましょう．

関数 $f(x)$ が $x=a$ で微分可能であるとき，$x=a$ の近くの $f(x)$ の値を近似する式を作ることを考えます．

微分係数 $f'(a)$ は，微分係数の定義により，

$$\lim_{h\to 0}\frac{f(a+h)-f(a)}{h}=f'(a)$$

です．したがって，h が 0 に近いときは，

$$\frac{f(a+h)-f(a)}{h}\fallingdotseq f'(a)$$

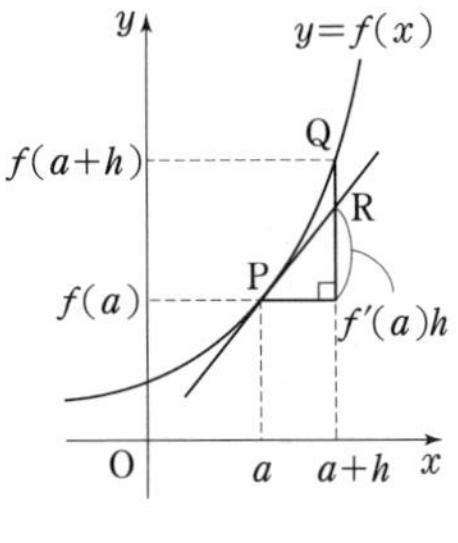

すなわち，

$$f(a+h)\fallingdotseq f(a)+f'(a)h \quad \cdots\cdots\cdots ①$$

と考えることができます．この右辺は h の 1 次式であるから，1 次の近似式と呼ばれます．

①は，上図で，Q の y 座標を R の y 座標で近似しています．$f'(a)$ は，曲線 $y=f(x)$ の P における接線の傾きなので，直線 PR は，曲線の P における接線です．

要するに，①は，曲線の P の近所を，接線で近似したということです．

> 1 次の近似式
> $|h|$ が小さいとき，$f(a+h)\fallingdotseq f(a)+f'(a)h$

［**例**］ $f(x)=x^p$（p は実数）の近似式を作ってみましょう．

$f'(x)=px^{p-1}$ ですから，上の囲みの式は，

$|h|$ が小さいとき，$(a+h)^p\fallingdotseq a^p+pa^{p-1}h$

です．とくに $a=1$ とおくと，

$$(1+h)^p\fallingdotseq 1+ph$$

$|h|$ が小さいとき，$(1+h)^p\fallingdotseq 1+ph$

ですが，$p=\frac{1}{2}$ とすると，$(1+h)^{\frac{1}{2}}=\sqrt{1+h}$ なので，

$|h|$ が小さいとき，$\sqrt{1+h}\fallingdotseq 1+\frac{1}{2}h$ $\cdots\cdots\cdots\cdots\cdots ②$

となります．

上式を使って，$\sqrt{17}$ の近似値を求めてみましょう．②の h に 16 を代入するのは，h が大き過ぎるのでダメです．②を使うには一工夫が必要です．

17 に近い（整数）^{2} は $4^2=16$ です．これに着目して，

$$17=16+1=16\left(1+\frac{1}{16}\right)$$

とします．$\sqrt{17}=4\times\sqrt{1+\frac{1}{16}}$ であって，$\frac{1}{16}$ は正の小さな値です．そこで，〰〰に②を適用すると，

$$\sqrt{1+\frac{1}{16}}\fallingdotseq 1+\frac{1}{2}\cdot\frac{1}{16}=\frac{33}{32}=1.03125$$

が得られ，

$$\sqrt{17}\fallingdotseq 4\times 1.03125=4.125 \quad \cdots\cdots\cdots\cdots\cdots\cdots\cdots ③$$

となります．

ところで，この近似値は実際の値より，大きいのか小さいのか分かるでしょうか？

②について，左上図に対応する図をかくと右のようになります．ここで，$y=\sqrt{x}$ のグラフは上に凸ですから，接線 PR は曲線の上側にあります．

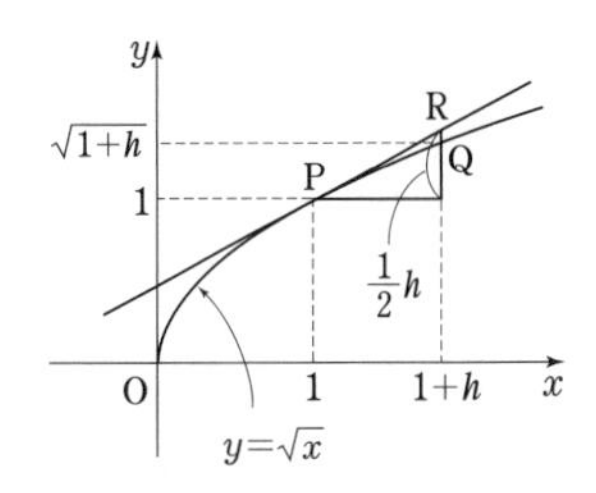

したがって，

$$\sqrt{1+h}\leqq 1+\frac{1}{2}h$$

が成り立ち，②で得られた近似値③は，実際の値よりも大きいことが分かります．

さて，実際の $\sqrt{17}$ の値は，

$$\sqrt{17}=4.1231056\cdots\cdots$$

ですから，③の近似値は，小数点以下 2 桁まで一致しています．

講義5

ベクトル

§1. ベクトルの基本

「向きと大きさをもつもの」がベクトルです．ベクトル $\overrightarrow{a}$ に対して，始点を決めると終点が決まります．

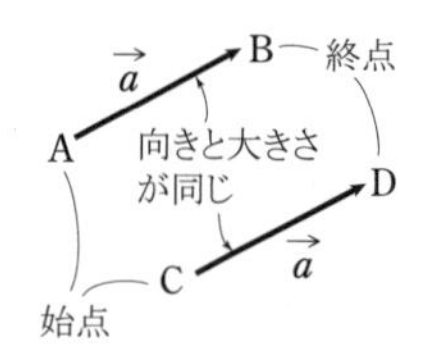

$\overrightarrow{a}+\overrightarrow{b}$ は，$\overrightarrow{a}=\overrightarrow{\mathrm{OA}}$，$\overrightarrow{b}=\overrightarrow{\mathrm{AB}}$ とする（$\overrightarrow{a}$ の終点と $\overrightarrow{b}$ の始点を一致させる）とき $\overrightarrow{\mathrm{OB}}$ です．

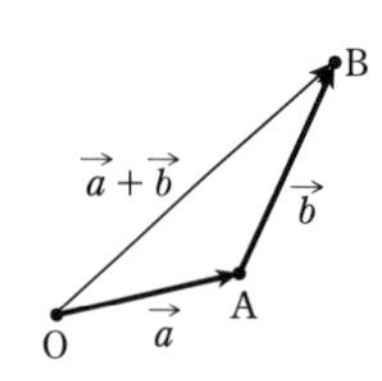

$k\overrightarrow{a}$ は，$k>0$ のとき $\overrightarrow{a}$ と同じ向きで大きさが k 倍のベクトルを表します．$k<0$ のとき $\overrightarrow{a}$ と逆向きで大きさが $-k$ $(=|k|)$ 倍のベクトルを表します．

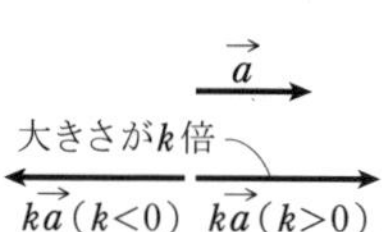

$\overrightarrow{b}=(\overrightarrow{a}+\overrightarrow{b})-\overrightarrow{a}$ と図から，$\overrightarrow{\mathrm{AB}}$ に対して，始点をOにした

$\overrightarrow{\mathrm{AB}}=\overrightarrow{\mathrm{OB}}-\overrightarrow{\mathrm{OA}}$　（始点の変更）

が成り立ちます．

---

1. 正六角形 ABCDEF において，DE の中点を G とする．また，$\overrightarrow{\mathrm{AB}}=\overrightarrow{a}$，$\overrightarrow{\mathrm{AF}}=\overrightarrow{b}$ とおく．

（1）　$\overrightarrow{\mathrm{AD}}=$ [ア] $\overrightarrow{a}+$ [イ] $\overrightarrow{b}$，$\overrightarrow{\mathrm{AE}}=\overrightarrow{a}+$ [ウ] $\overrightarrow{b}$ である．

（2）　$\overrightarrow{\mathrm{AG}}=$ [エ] $\overrightarrow{a}+$ [オ] $\overrightarrow{b}$ である．

（金沢工大／一部省略）

（1）　正六角形の中心を補助にしましょう．

解　（1）　正六角形の中心をOとおくと，四角形 ABOF は平行四辺形であるから，

$\overrightarrow{\mathrm{BO}}=\overrightarrow{\mathrm{AF}}=\overrightarrow{b}$

$\therefore$　$\overrightarrow{\mathrm{AO}}=\overrightarrow{\mathrm{AB}}+\overrightarrow{\mathrm{BO}}=\overrightarrow{a}+\overrightarrow{b}$

$\therefore$　$\overrightarrow{\mathrm{AD}}=2\overrightarrow{\mathrm{AO}}=\mathbf{2}\overrightarrow{\boldsymbol{a}}+\mathbf{2}\overrightarrow{\boldsymbol{b}}$

$\overrightarrow{\mathrm{BE}}=2\overrightarrow{\mathrm{BO}}=2\overrightarrow{b}$ なので，

$\overrightarrow{\mathrm{AE}}=\overrightarrow{\mathrm{AB}}+\overrightarrow{\mathrm{BE}}=\overrightarrow{\boldsymbol{a}}+\mathbf{2}\overrightarrow{\boldsymbol{b}}$

（2）　$\overrightarrow{\mathrm{EG}}=\frac{1}{2}\overrightarrow{\mathrm{ED}}=\frac{1}{2}\overrightarrow{\mathrm{AB}}=\frac{1}{2}\overrightarrow{a}$ であるから，

$\overrightarrow{\mathrm{AG}}=\overrightarrow{\mathrm{AE}}+\overrightarrow{\mathrm{EG}}=(\overrightarrow{a}+2\overrightarrow{b})+\frac{1}{2}\overrightarrow{a}=\frac{\mathbf{3}}{\mathbf{2}}\overrightarrow{\boldsymbol{a}}+\mathbf{2}\overrightarrow{\boldsymbol{b}}$

§2. ベクトルの分解・平面上の点の表現

$\overrightarrow{a}$ と $\overrightarrow{b}$ が，$\overrightarrow{a}\neq\overrightarrow{0}$，$\overrightarrow{b}\neq\overrightarrow{0}$，$\overrightarrow{a}\not\parallel\overrightarrow{b}$ を満たすとき，$\overrightarrow{a}$ と $\overrightarrow{b}$ は**1次独立**であるといいます．

与えられた点Oに対して，これらの $\overrightarrow{a}$，$\overrightarrow{b}$ を用いて $\overrightarrow{\mathrm{OA}}=\overrightarrow{a}$，$\overrightarrow{\mathrm{OB}}=\overrightarrow{b}$ を満たす点 A，B を定めます．

Pを平面 OAB 上の任意の点として，右図のように $\mathrm{P_1}$，$\mathrm{P_2}$ を定めると

$\overrightarrow{\mathrm{OP}}=\overrightarrow{\mathrm{OP_1}}+\overrightarrow{\mathrm{OP_2}}$

$=s\overrightarrow{a}+t\overrightarrow{b}$

と表せ，s，t はただ1通りに定まります．したがって，

$\overrightarrow{\boldsymbol{a}}\neq\overrightarrow{\mathbf{0}}$，$\overrightarrow{\boldsymbol{b}}\neq\overrightarrow{\mathbf{0}}$，$\overrightarrow{\boldsymbol{a}}\not\parallel\overrightarrow{\boldsymbol{b}}$ **のとき，**

$\boldsymbol{s}\overrightarrow{\boldsymbol{a}}+\boldsymbol{t}\overrightarrow{\boldsymbol{b}}=\boldsymbol{s'}\overrightarrow{\boldsymbol{a}}+\boldsymbol{t'}\overrightarrow{\boldsymbol{b}} \iff \boldsymbol{s}=\boldsymbol{s'}$ **かつ** $\boldsymbol{t}=\boldsymbol{t'}$

が成り立ちます．これは，交点を表すベクトルを求める際に，しばしば用います．

☆直線上の点の表現

・点Pが点Aを通り，$\overrightarrow{d}$ $(\neq\overrightarrow{0})$ に平行な直線上にあるとき，$\overrightarrow{\mathrm{AP}}=t\overrightarrow{d}$，つまり

$\overrightarrow{\mathrm{OP}}=\overrightarrow{\mathrm{OA}}+t\overrightarrow{d}$　……①

（t は実数）

と表されます．

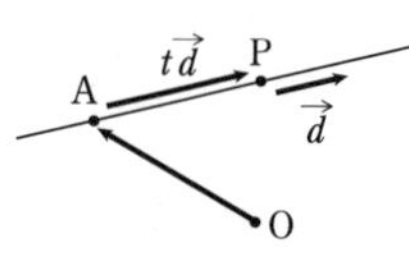

・点Pが直線 AB 上にあるとき（上で $\overrightarrow{d}=\overrightarrow{\mathrm{AB}}$ として）

$\overrightarrow{\mathrm{AP}}=t\overrightarrow{\mathrm{AB}}$……②，つまり $\overrightarrow{\mathrm{OP}}=\overrightarrow{\mathrm{OA}}+t\overrightarrow{\mathrm{AB}}$ と表され，$\overrightarrow{\mathrm{AB}}=\overrightarrow{\mathrm{OB}}-\overrightarrow{\mathrm{OA}}$ とし，$1-t=s$ とおくと，

$\overrightarrow{\mathbf{OP}}=\boldsymbol{s}\overrightarrow{\mathbf{OA}}+\boldsymbol{t}\overrightarrow{\mathbf{OB}}$，$\boldsymbol{s}+\boldsymbol{t}=\mathbf{1}$（**係数の和が1**）

と表されます．

☆分点の公式

点Pが AB を $m:n$ に内分するとき，②の t が $\frac{m}{m+n}$ であることから，

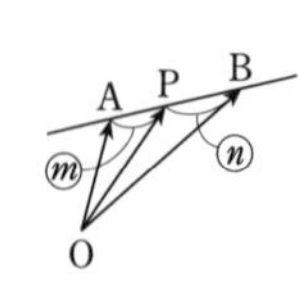

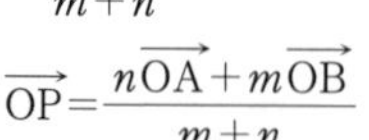

$\overrightarrow{\mathrm{OP}}=\frac{n\overrightarrow{\mathrm{OA}}+m\overrightarrow{\mathrm{OB}}}{m+n}$

外分の場合は，②の t が $\dfrac{m}{m-n}$ $\left(=\dfrac{-m}{-m+n}\right)$

であることから，

$$\overrightarrow{\mathrm{OP}}=\frac{-n\overrightarrow{\mathrm{OA}}+m\overrightarrow{\mathrm{OB}}}{m-n}\ \left(=\frac{n\overrightarrow{\mathrm{OA}}-m\overrightarrow{\mathrm{OB}}}{-m+n}\right)$$

☆△OAB の内部および周上の点の表現

右図の太線上の点 P は，

$\overrightarrow{\mathrm{OP}}=s\vec{a}+t\vec{b}$

$(0\leqq t\leqq 1-s)$

と表され，s も $0\leqq s\leqq 1$ の範囲で動かすことによって，

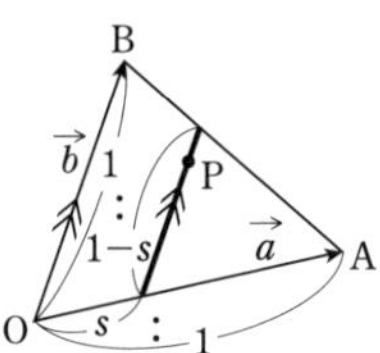

△OAB の内部および周上の点 P は，$\boldsymbol{\overrightarrow{\mathrm{OP}}=s\vec{a}+t\vec{b}}$，$\boldsymbol{s\geqq 0}$，$\boldsymbol{t\geqq 0}$，$\boldsymbol{s+t\leqq 1}$

と表されます．

---

2. 三角形 OAB について，辺 OA を 3：1 に内分する点を C，辺 OB を 1：2 に内分する点を D，線分 AD と BC の交点を E とおくなら，$\overrightarrow{\mathrm{OE}}=\square\overrightarrow{\mathrm{OA}}+\square\overrightarrow{\mathrm{OB}}$ が成立する．

（立正大・地環）

E は AD 上かつ BC 上です．$\overrightarrow{\mathrm{OE}}$ を $\overrightarrow{\mathrm{OA}}$ と $\overrightarrow{\mathrm{OB}}$ を使って 2 通りに表し，係数を比較しましょう．

解 $\overrightarrow{\mathrm{OC}}=\dfrac{3}{4}\overrightarrow{\mathrm{OA}}$，$\overrightarrow{\mathrm{OD}}=\dfrac{1}{3}\overrightarrow{\mathrm{OB}}$

AE：ED$=(1-s)：s$

とおくと，

$\overrightarrow{\mathrm{OE}}=s\overrightarrow{\mathrm{OA}}+(1-s)\overrightarrow{\mathrm{OD}}$

$=s\overrightarrow{\mathrm{OA}}+\dfrac{1-s}{3}\overrightarrow{\mathrm{OB}}$ ……①

CE：EB$=(1-t)：t$

とおくと，

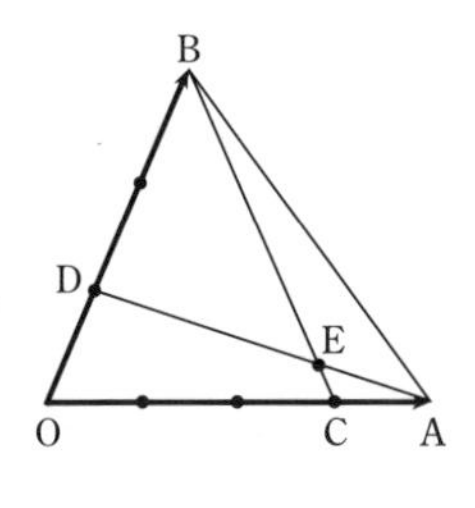

$$\overrightarrow{\mathrm{OE}}=t\overrightarrow{\mathrm{OC}}+(1-t)\overrightarrow{\mathrm{OB}}=\frac{3}{4}t\overrightarrow{\mathrm{OA}}+(1-t)\overrightarrow{\mathrm{OB}}\ \cdots\cdots②$$

$\overrightarrow{\mathrm{OA}}$，$\overrightarrow{\mathrm{OB}}$ は 1 次独立なので，①，②の係数を比較して

$$s=\frac{3}{4}t,\quad \frac{1-s}{3}=1-t$$

$$\therefore\ \frac{1-s}{3}=1-\frac{4}{3}s\qquad \therefore\ s=\frac{2}{3}$$

①に代入して，$\boldsymbol{\overrightarrow{\mathrm{OE}}=\dfrac{2}{3}\overrightarrow{\mathrm{OA}}+\dfrac{1}{9}\overrightarrow{\mathrm{OB}}}$

---

3. a，b，c を定数とする．△ABC の内部の点 P について，$a\overrightarrow{\mathrm{AP}}+b\overrightarrow{\mathrm{BP}}+c\overrightarrow{\mathrm{CP}}=\vec{0}$ が成り立っている．直線 AP と辺 BC の交点を Q とするとき，BQ：QC，AP：PQ を求めよ．さらに，△PAB の面積 S_1 と △PQC の面積 S_2 について $S_1：S_2$ を求めよ．

（類　福井工大）

まず，始点を三角形の頂点のいずれかにしますが，直線 AP を考えるので，A にしましょう．

解 $a\overrightarrow{\mathrm{AP}}+b\overrightarrow{\mathrm{BP}}+c\overrightarrow{\mathrm{CP}}=\vec{0}$ により，

$a\overrightarrow{\mathrm{AP}}+b(\overrightarrow{\mathrm{AP}}-\overrightarrow{\mathrm{AB}})+c(\overrightarrow{\mathrm{AP}}-\overrightarrow{\mathrm{AC}})=\vec{0}$

$\therefore\ \overrightarrow{\mathrm{AP}}=\dfrac{b\overrightarrow{\mathrm{AB}}+c\overrightarrow{\mathrm{AC}}}{a+b+c}$

Q は AP の延長上にあるから

$\overrightarrow{\mathrm{AQ}}=k\overrightarrow{\mathrm{AP}}$

$=k\cdot\dfrac{b\overrightarrow{\mathrm{AB}}+c\overrightarrow{\mathrm{AC}}}{a+b+c}$

とおける．Q は BC 上にあるので，$\overrightarrow{\mathrm{AQ}}$ の $\overrightarrow{\mathrm{AB}}$，$\overrightarrow{\mathrm{AC}}$ の係数の和は 1 であるから，

$$k\cdot\frac{b+c}{a+b+c}=1\qquad \therefore\ k=\frac{a+b+c}{b+c}$$

$$\therefore\ \overrightarrow{\mathrm{AQ}}=\frac{b\overrightarrow{\mathrm{AB}}+c\overrightarrow{\mathrm{AC}}}{b+c}$$

よって，Q は BC を $c：b$ に内分する点であるから，

BQ：QC$=\boldsymbol{c：b}$ である．また，$\overrightarrow{\mathrm{AQ}}=k\overrightarrow{\mathrm{AP}}$ により，

AP：PQ$=1：(k-1)=\boldsymbol{(b+c)：a}$ ………①

△PAB と △PQC において，AP と PQ をそれぞれの底辺と見たときの高さの比は，BQ：QC$=c：b$ に等しい．これと①から，

$\boldsymbol{S_1：S_2=(b+c)c：ab}$

§3. ベクトルの成分表示

座標平面において，原点を O，A$(a,\ b)$ とするとき，

$\overrightarrow{\mathrm{OA}}=\begin{pmatrix}a\\b\end{pmatrix}$　[または $\overrightarrow{\mathrm{OA}}=(a,\ b)$]

と表します．a を $\overrightarrow{\mathrm{OA}}$ の x 成分，b を $\overrightarrow{\mathrm{OA}}$ の y 成分といいます．成分表示されたベクトルの和は，成分ごとの和で，実数 k 倍は，各成分を k 倍したものです．

空間ベクトルの場合も同様です．

---

4. 2 つのベクトル $\vec{a}=(2,\ 1)$，$\vec{b}=(1,\ 2)$ と，条件 $s+2t\leqq 2$，$s\geqq 0$，$t\geqq 0$ を満たす実数変数 s，t によって表される原点を始点とするベクトル $\overrightarrow{\mathrm{OP}}=s\vec{a}+t\vec{b}$ について，終点 P の存在範囲を図示せよ．

（日本福祉大・経／一部省略）

△OAB の内部および周上の点 P は

$\overrightarrow{\mathrm{OP}}=\alpha\overrightarrow{\mathrm{OA}}+\beta\overrightarrow{\mathrm{OB}}$，$\alpha\geqq 0$，$\beta\geqq 0$，$\alpha+\beta\leqq 1$

と表されることに結びつけます．

解　$s+2t\leqq 2$ のとき，$\dfrac{s}{2}+t\leqq 1$

$\dfrac{s}{2}=s'$ とおくと，$s'\geqq 0$，$t\geqq 0$，$s'+t\leqq 1$ …………①

$\overrightarrow{\mathrm{OP}}=s\vec{a}+t\vec{b}=s'\cdot 2\vec{a}+t\vec{b}$

$=s'(4,\ 2)+t(1,\ 2)$

A$(4,\ 2)$，B$(1,\ 2)$

とおくと，

$\overrightarrow{\mathrm{OP}}=s'\overrightarrow{\mathrm{OA}}+t\overrightarrow{\mathrm{OB}}$

であり，s'，t は①を満たす変数であるから，P の存在範囲は，△OAB の内部および周であり，右図の網目部（境界を含む）である．

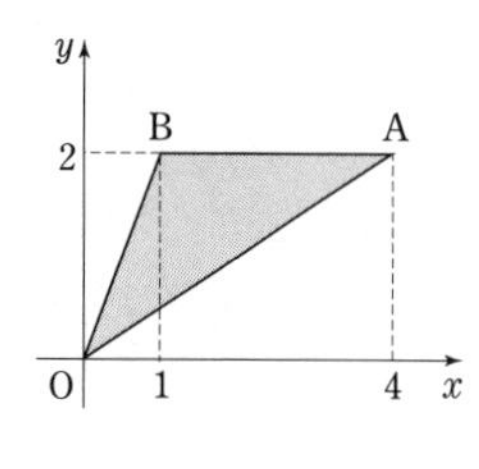

§4．内積

☆内積の定義

$\vec{0}$ でない 2 つのベクトル $\vec{a}$，$\vec{b}$ のなす角を θ とします（$0°\leqq\theta\leqq 180°$）．$\vec{a}$ と $\vec{b}$ の内積を $|\vec{a}||\vec{b}|\cos\theta$ で定め，$\vec{a}\cdot\vec{b}$ と書きます．$\vec{a}=\vec{0}$ または $\vec{b}=\vec{0}$ のときは $\vec{a}\cdot\vec{b}=0$ とします．

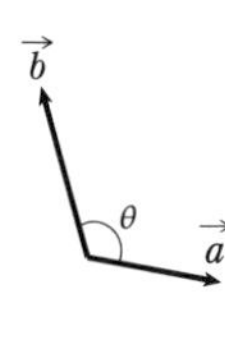

---

5. $\vec{0}$ でない空間ベクトル $\vec{a}$，$\vec{b}$ について，そのなす角を θ（$0<\theta<180°$）とする．$\vec{a}$，$\vec{b}$ の内積 $\vec{a}\cdot\vec{b}$ を次のように定義する．　$\vec{a}\cdot\vec{b}=|\vec{a}||\vec{b}|\cos\theta$

ただし，$|\vec{a}|$ はベクトル $\vec{a}$ の大きさを表す．

ベクトル $\vec{a}$，$\vec{b}$ を，成分を用いて表すと $\vec{a}=(a_1,\ a_2,\ a_3)$，$\vec{b}=(b_1,\ b_2,\ b_3)$ となるとき，次の等式を示せ．　$\vec{a}\cdot\vec{b}=a_1b_1+a_2b_2+a_3b_3$

（奈良教大）

内積の成分表示の公式の証明です．$\cos\theta$ は余弦定理でとらえることができます．

解　右図のように，O を始点として，$\overrightarrow{\mathrm{OA}}=\vec{a}$，$\overrightarrow{\mathrm{OB}}=\vec{b}$ となる点 A，B をとる．余弦定理から，

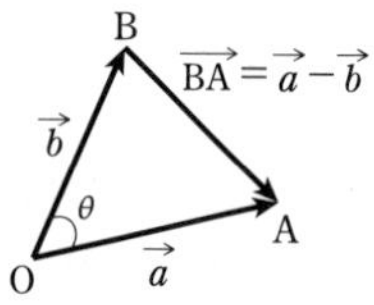

$\mathrm{BA}^2=\mathrm{OA}^2+\mathrm{OB}^2$
$\quad -2\mathrm{OA}\cdot\mathrm{OB}\cos\theta$

$\therefore\ |\vec{a}-\vec{b}|^2=|\vec{a}|^2+|\vec{b}|^2-2|\vec{a}||\vec{b}|\cos\theta$

$\therefore\ \vec{a}\cdot\vec{b}=|\vec{a}||\vec{b}|\cos\theta=\dfrac{|\vec{a}|^2+|\vec{b}|^2-|\vec{a}-\vec{b}|^2}{2}$ …①

ここで，$\vec{a}=(a_1,\ a_2,\ a_3)$，$\vec{b}=(b_1,\ b_2,\ b_3)$，$\vec{a}-\vec{b}=(a_1-b_1,\ a_2-b_2,\ a_3-b_3)$ であるから，

$|\vec{a}|^2=a_1{}^2+a_2{}^2+a_3{}^2$，$|\vec{b}|^2=b_1{}^2+b_2{}^2+b_3{}^2$，

$|\vec{a}-\vec{b}|^2=(a_1-b_1)^2+(a_2-b_2)^2+(a_3-b_3)^2$
$=a_1{}^2+a_2{}^2+a_3{}^2+b_1{}^2+b_2{}^2+b_3{}^2$
$\quad -2(a_1b_1+a_2b_2+a_3b_3)$

①に代入して，$\vec{a}\cdot\vec{b}=a_1b_1+a_2b_2+a_3b_3$　（証明終）

$\vec{a}=\vec{0}$ または $\vec{b}=\vec{0}$ の場合も含めて内積の成分表現は

$\vec{a}=\begin{pmatrix}a_1\\a_2\end{pmatrix}$，$\vec{b}=\begin{pmatrix}b_1\\b_2\end{pmatrix}$ のとき，$\vec{a}\cdot\vec{b}=a_1b_1+a_2b_2$

$\vec{a}=\begin{pmatrix}a_1\\a_2\\a_3\end{pmatrix}$，$\vec{b}=\begin{pmatrix}b_1\\b_2\\b_3\end{pmatrix}$ のとき，$\vec{a}\cdot\vec{b}=a_1b_1+a_2b_2+a_3b_3$

となります．

☆内積の計算法則

［1］ $\vec{a}\cdot\vec{b}=\vec{b}\cdot\vec{a}$　（交換法則）

［2］ $\vec{a}\cdot(\vec{b}+\vec{c})=\vec{a}\cdot\vec{b}+\vec{a}\cdot\vec{c}$　（分配法則）

［3］ $(k\vec{a})\cdot\vec{b}=\vec{a}\cdot(k\vec{b})=k(\vec{a}\cdot\vec{b})$　（k は実数）

⇨注　成分を用いて容易に確認できます．

☆内積と大きさ

$\vec{a}\cdot\vec{a}=|\vec{a}|^2$，$|\vec{a}|=\sqrt{\vec{a}\cdot\vec{a}}$ です．

また，$\vec{a}=\begin{pmatrix}a_1\\a_2\\a_3\end{pmatrix}$ のとき，$|\vec{a}|=\sqrt{a_1{}^2+a_2{}^2+a_3{}^2}$

内積の計算法則から，例えば $|\vec{a}-\vec{b}|^2$ はふつうの文字式 $(a-b)^2$ と同様に計算できて，次のようになります．

$|\vec{a}-\vec{b}|^2=(\vec{a}-\vec{b})\cdot(\vec{a}-\vec{b})=|\vec{a}|^2-2\vec{a}\cdot\vec{b}+|\vec{b}|^2$

---

6. 空間の 2 つのベクトル $\vec{a}=(0,\ \sqrt{2},\ \sqrt{2})$，$\vec{b}=(1,\ -1,\ 0)$ のなす角を θ とするとき，$\cos\theta=$［　　］である．また，$\vec{c}=\vec{a}+t\vec{b}$ とするとき，$\vec{a}$ と $\vec{c}$ のなす角が $\vec{b}$ と $\vec{c}$ のなす角と等しくなるのは $t=$［　　］のときである．　　（福岡大・工，薬）

角度は，ベクトルの内積でとらえることができ，空間でも使えます．

$\vec{0}$ でない 2 つのベクトル $\vec{a}$，$\vec{b}$ のなす角 θ について，

$$\cos\theta=\frac{\vec{a}\cdot\vec{b}}{|\vec{a}||\vec{b}|}$$

解　$|\vec{a}|=\sqrt{2+2}=2$，$|\vec{b}|=\sqrt{1+1}=\sqrt{2}$，$\vec{a}\cdot\vec{b}=-\sqrt{2}$ であるから，

$$\cos\theta=\frac{\vec{a}\cdot\vec{b}}{|\vec{a}||\vec{b}|}=\frac{-\sqrt{2}}{2\sqrt{2}}=-\frac{1}{2}$$

$\vec{a}$ と $\vec{c}$ のなす角を α，$\vec{b}$ と $\vec{c}$ のなす角を β とする．$\alpha=\beta$ となる条件は，$\cos\alpha=\cos\beta$ が成り立つことで，

$$\frac{\vec{a}\cdot\vec{c}}{|\vec{a}||\vec{c}|}=\frac{\vec{b}\cdot\vec{c}}{|\vec{b}||\vec{c}|} \qquad \therefore \quad \frac{\vec{a}\cdot\vec{c}}{|\vec{a}|}=\frac{\vec{b}\cdot\vec{c}}{|\vec{b}|}$$

$|\vec{a}|=2$，$|\vec{b}|=\sqrt{2}$ であるから，$\vec{a}\cdot\vec{c}=\sqrt{2}\,\vec{b}\cdot\vec{c}$

$$\therefore \quad (\vec{a}-\sqrt{2}\,\vec{b})\cdot\vec{c}=0$$

$\vec{a}-\sqrt{2}\,\vec{b}=(-\sqrt{2},\ 2\sqrt{2},\ \sqrt{2})$，

$\vec{c}=(t,\ \sqrt{2}-t,\ \sqrt{2})$ であるから，

$$-\sqrt{2}\,t+2\sqrt{2}(\sqrt{2}-t)+2=0$$

$$\therefore \quad -3\sqrt{2}\,t+6=0 \qquad \therefore \quad t=\boldsymbol{\sqrt{2}}$$

7．△OAB において，$\overrightarrow{\mathrm{OA}}=\vec{a}$，$\overrightarrow{\mathrm{OB}}=\vec{b}$ とする．$|\vec{a}|=3$，$|\vec{b}|=2$，$|\vec{a}-2\vec{b}|=2$ のとき，$\vec{a}\cdot\vec{b}$ の値と△OAB の面積を求めなさい．（東北福祉大）

$|\vec{a}-2\vec{b}|^2$ を考えると $\vec{a}\cdot\vec{b}$ が求まります．$|\vec{a}|$，$|\vec{b}|$，$\vec{a}\cdot\vec{b}$ から $\cos\angle\mathrm{AOB}$ が求まり，$\sin\angle\mathrm{AOB}$ も求まるので，△OAB の面積は $|\vec{a}|$，$|\vec{b}|$，$\vec{a}\cdot\vec{b}$ で表せます．

解　$|\vec{a}-2\vec{b}|^2=|\vec{a}|^2-4\vec{a}\cdot\vec{b}+4|\vec{b}|^2$ であるから，これに $|\vec{a}-2\vec{b}|=2$，$|\vec{a}|=3$，$|\vec{b}|=2$ を代入すると，

$$4=9-4\vec{a}\cdot\vec{b}+4\cdot4 \qquad \therefore \quad \vec{a}\cdot\vec{b}=\boldsymbol{\frac{21}{4}}$$

$\vec{a}$ と $\vec{b}$ のなす角を θ とおくと，

$$\triangle\mathrm{OAB}=\frac{1}{2}|\vec{a}||\vec{b}|\sin\theta$$

$$=\frac{1}{2}|\vec{a}||\vec{b}|\sqrt{1-\cos^2\theta}$$

$$=\frac{1}{2}\sqrt{|\vec{a}|^2|\vec{b}|^2-|\vec{a}|^2|\vec{b}|^2\cos^2\theta}$$

$$=\frac{1}{2}\sqrt{|\vec{a}|^2|\vec{b}|^2-(\vec{a}\cdot\vec{b})^2}=\frac{1}{2}\sqrt{9\cdot4-\left(\frac{21}{4}\right)^2}$$

$$=\frac{1}{2}\cdot3\cdot\sqrt{4-\left(\frac{7}{4}\right)^2}=\frac{3}{2}\cdot\sqrt{\frac{15}{4^2}}=\boldsymbol{\frac{3}{8}\sqrt{15}}$$

⇨**注**　$\triangle\mathrm{OAB}=\dfrac{1}{2}\sqrt{|\vec{a}|^2|\vec{b}|^2-(\vec{a}\cdot\vec{b})^2}$ （**公式**）

§5．平行条件・垂直条件

8．2つのベクトル $\vec{a}=(k,\ 2)$，$\vec{b}=(2,\ k-3)$ が垂直であるような k の値は［ア］，平行であるような k の値は［イ］，［ウ］である．（創価大）

$\vec{p}$，$\vec{q}$ を $\vec{0}$ でないベクトルとします．平行条件は，

$\vec{p}\,/\!/\,\vec{q} \Longleftrightarrow \vec{p}=k\vec{q}$ となる実数 k が存在

ですが，$\vec{p}=(a,\ b)$，$\vec{q}=(c,\ d)$ のときは，

$$\vec{p}\,/\!/\,\vec{q} \Longleftrightarrow a:b=c:d \Longleftrightarrow ad-bc=0$$

とすることができます．垂直条件は，内積を使い，

$$\vec{p}\perp\vec{q} \Longleftrightarrow \vec{p}\cdot\vec{q}=0$$

解　$\vec{a}=(k,\ 2)$，$\vec{b}=(2,\ k-3)$

（ア）　$\vec{a}\perp\vec{b}$ のとき，$\vec{a}\cdot\vec{b}=0$

$$\therefore \quad 2k+2(k-3)=0 \qquad \therefore \quad \boldsymbol{k=\frac{3}{2}}$$

（イウ）　$\vec{a}\,/\!/\,\vec{b}$ のとき，$k(k-3)-2\cdot2=0$

$$\therefore \quad k^2-3k-4=0 \qquad \therefore \quad (k+1)(k-4)=0$$

$$\therefore \quad \boldsymbol{k=-1,\ 4}$$

*　　　　　　*

直線 L に対して，L に平行なベクトルを L の**方向ベクトル**といいます．座標平面上の直線 L に対して，L に垂直なベクトルを L の**法線ベクトル**といいます．

点 $\mathrm{D}(x_0,\ y_0)$ を通り，$\vec{n}=(a,\ b)$ に垂直な直線上の点を $\mathrm{P}(x,\ y)$ とすると，$\vec{n}\cdot\overrightarrow{\mathrm{DP}}=0$ により

$$ax+by=ax_0+by_0$$

となります．これから，直線 $L:ax+by+c=0$ において，$\vec{n}=(a,\ b)$ は L の法線ベクトルと分かります．

以下，空間のベクトルに関する話題を扱います．

§6．1次独立と空間内の点の表現

相異なる4点 O，A，B，C が同一平面上にない（O，A，B，C が四面体をなす）とき，$\overrightarrow{\mathrm{OA}}$，$\overrightarrow{\mathrm{OB}}$，$\overrightarrow{\mathrm{OC}}$ は**1次独立**である，といいます．

ここで $\overrightarrow{\mathrm{OA}}=\vec{a}$，$\overrightarrow{\mathrm{OB}}=\vec{b}$，$\overrightarrow{\mathrm{OC}}=\vec{c}$ とおきます．

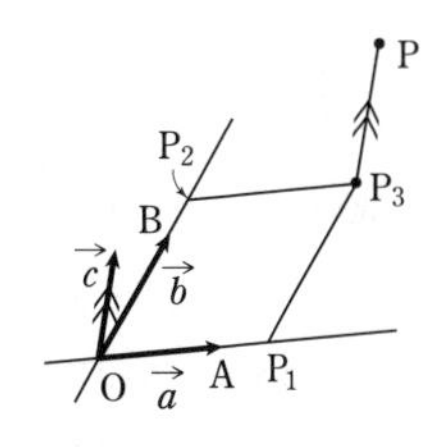

点 P を空間内の任意の点として，P を通り $\vec{c}$ に平行な直線と平面 OAB の交点を P_3 とすると，$\overrightarrow{\mathrm{P_3P}}=u\vec{c}$ と表せます．P_3 に対して，§2 の P と同様に P_1，P_2 を定めると，

$$\overrightarrow{\mathrm{OP}}=\overrightarrow{\mathrm{OP_3}}+\overrightarrow{\mathrm{P_3P}}=\overrightarrow{\mathrm{OP_1}}+\overrightarrow{\mathrm{OP_2}}+\overrightarrow{\mathrm{P_3P}}$$
$$=s\vec{a}+t\vec{b}+u\vec{c}$$

と表せ，s，t，u はただ1通りに定まります．よって，

$\vec{a}$，$\vec{b}$，$\vec{c}$ が1次独立のとき，

$$\boldsymbol{s\vec{a}+t\vec{b}+u\vec{c}=s'\vec{a}+t'\vec{b}+u'\vec{c}}$$
$$\boldsymbol{\Longleftrightarrow s=s'\ \text{かつ}\ t=t'\ \text{かつ}\ u=u'}$$

が成り立ちます．

☆平面上の点の表現

・一直線上にない3点A，B，Cに対して，平面ABC上の点Pは，

$\overrightarrow{AP}=t\overrightarrow{AB}+u\overrightarrow{AC}$ …①

の形に1通りに表せます．

・①の始点をOにすると，

$\overrightarrow{OP}=\overrightarrow{OA}+\overrightarrow{AP}$

$=\overrightarrow{OA}+t\overrightarrow{AB}+u\overrightarrow{AC}$

$=\overrightarrow{OA}+t(\overrightarrow{OB}-\overrightarrow{OA})+u(\overrightarrow{OC}-\overrightarrow{OA})$

$=(1-t-u)\overrightarrow{OA}+t\overrightarrow{OB}+u\overrightarrow{OC}$

となり，$1-t-u=s$とおくと，平面ABC上の点Pは

$\overrightarrow{\mathbf{OP}}=s\overrightarrow{\mathbf{OA}}+t\overrightarrow{\mathbf{OB}}+u\overrightarrow{\mathbf{OC}}$，$s+t+u=1$ **（係数の和が1）**

の形で表せます．$\overrightarrow{OA}$，$\overrightarrow{OB}$，$\overrightarrow{OC}$が1次独立なら，s，t，uはただ1通りに定まります．

---

9. 4点A(1，2，0)，B(2，5，1)，C(3，3，−1)，D(x，5，−1)が同一平面上にあるとき，xの値を求めよ．（東京電機大）

Dが平面ABC上にあるための条件は，$\overrightarrow{AD}=p\overrightarrow{AB}+q\overrightarrow{AC}$と書けることです．

解 Dが平面ABC上にあるとき，$\overrightarrow{AD}=p\overrightarrow{AB}+q\overrightarrow{AC}$と書ける．$\overrightarrow{AD}=\overrightarrow{OD}-\overrightarrow{OA}$などを用いて，

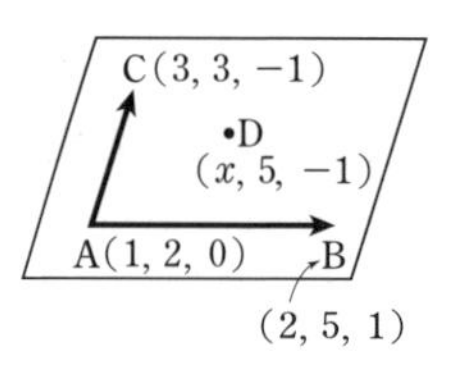

$$\begin{pmatrix}x-1\\3\\-1\end{pmatrix}=p\begin{pmatrix}1\\3\\1\end{pmatrix}+q\begin{pmatrix}2\\1\\-1\end{pmatrix}$$

y成分とz成分から，$3=3p+q$，$-1=p-q$

辺ごと加えて$2=4p$　∴ $p=\dfrac{1}{2}$　∴ $q=\dfrac{3}{2}$

x成分から，$x-1=\dfrac{1}{2}+2\cdot\dfrac{3}{2}$　∴ $\boldsymbol{x=\dfrac{9}{2}}$

---

10. 四面体OABCにおいて，辺OAを4：1に内分する点をD，辺BCを2：3に内分する点をE，線分DEを3：2に内分する点をFとし，直線OFが平面ABCと交わる点をGとする．$\overrightarrow{OA}=\vec{a}$，$\overrightarrow{OB}=\vec{b}$，$\overrightarrow{OC}=\vec{c}$とおくとき，次の問に答えよ．

（1） $\overrightarrow{OD}$，$\overrightarrow{OE}$，$\overrightarrow{OF}$を$\vec{a}$，$\vec{b}$，$\vec{c}$を用いて表せ．

（2） $\overrightarrow{OG}$を$\vec{a}$，$\vec{b}$，$\vec{c}$を用いて表せ．

（3） OF：FGを求めよ．（香川大・創造工）

（2）（3） $\overrightarrow{OG}=t\overrightarrow{OF}$と表せ，Gは平面ABC上にあるので，$\vec{a}$，$\vec{b}$，$\vec{c}$の係数の和は1になります．

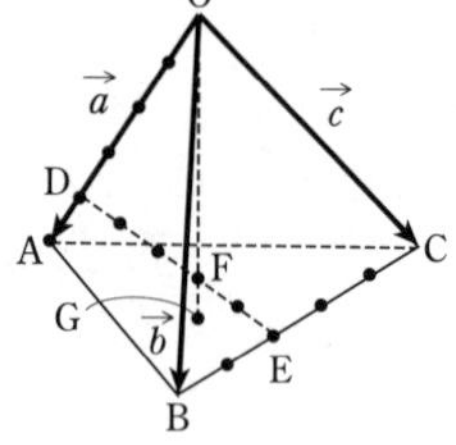

解 （1） $\overrightarrow{\mathbf{OD}}=\dfrac{\mathbf{4}}{\mathbf{5}}\vec{\boldsymbol{a}}$

$\overrightarrow{\mathbf{OE}}=\dfrac{\mathbf{3}}{\mathbf{5}}\vec{\boldsymbol{b}}+\dfrac{\mathbf{2}}{\mathbf{5}}\vec{\boldsymbol{c}}$

$\overrightarrow{\mathbf{OF}}=\dfrac{2}{5}\overrightarrow{OD}+\dfrac{3}{5}\overrightarrow{OE}$

$=\dfrac{2}{5}\cdot\dfrac{4}{5}\vec{a}+\dfrac{3}{5}\left(\dfrac{3}{5}\vec{b}+\dfrac{2}{5}\vec{c}\right)=\dfrac{\mathbf{1}}{\mathbf{25}}(\mathbf{8}\vec{\boldsymbol{a}}+\mathbf{9}\vec{\boldsymbol{b}}+\mathbf{6}\vec{\boldsymbol{c}})$

（2） Gは直線OF上にあるので，$\overrightarrow{OG}=t\overrightarrow{OF}$ ……①

と表せ，$\overrightarrow{OG}=\dfrac{t}{25}(8\vec{a}+9\vec{b}+6\vec{c})$ ……………………②

Gは平面ABC上にあるので，②の$\vec{a}$，$\vec{b}$，$\vec{c}$の係数の和は1となり，$\dfrac{t}{25}\cdot(8+9+6)=1$　∴ $t=\dfrac{25}{23}$ …③

②に代入して，$\overrightarrow{\mathbf{OG}}=\dfrac{\mathbf{1}}{\mathbf{23}}(\mathbf{8}\vec{\boldsymbol{a}}+\mathbf{9}\vec{\boldsymbol{b}}+\mathbf{6}\vec{\boldsymbol{c}})$

（3） ③①により$\overrightarrow{OG}=\dfrac{25}{23}\overrightarrow{OF}$　∴ **OF：FG＝23：2**

§7. 直線と平面の垂直条件

直線PQと平面ABCが垂直であるとは，直線PQが平面ABC上の任意の直線と垂直であることですが，

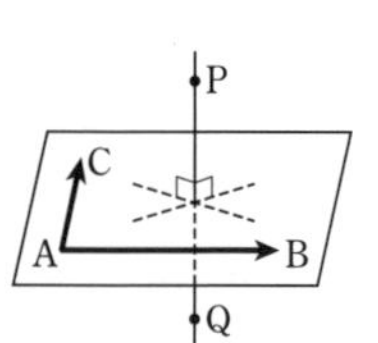

PQ⊥AB かつ PQ⊥AC
ならば PQ⊥平面ABC　} …☆

が成り立ちます．☆は次のようにして確認できます．

平面ABC上の任意の直線の方向ベクトルは$\vec{l}=s\overrightarrow{AB}+t\overrightarrow{AC}$（$s$，$t$は実数）と表せ，

$\overrightarrow{PQ}\cdot\overrightarrow{AB}=0$，$\overrightarrow{PQ}\cdot\overrightarrow{AC}=0$ですから，

$\overrightarrow{PQ}\cdot\vec{l}=\overrightarrow{PQ}\cdot(s\overrightarrow{AB}+t\overrightarrow{AC})$

$=s\overrightarrow{PQ}\cdot\overrightarrow{AB}+t\overrightarrow{PQ}\cdot\overrightarrow{AC}=0$

となるからです．

---

11. 3点A(2，−1，1)，B(−2，1，1)，C(0，−1，2)の定める平面をαとする．

（1） 平面α上に点P(0，y，3)があるとき，yの値を求めよ．

（2） 原点Oから平面αに下ろした垂線と平面αとの交点Hの座標を求めよ．（室蘭工大）

解　(1)　Pがα上，つまり平面ABC上にあるとき，$\overrightarrow{AP}=p\overrightarrow{AB}+q\overrightarrow{AC}$……①　と表せる．

A$(2,\ -1,\ 1)$，B$(-2,\ 1,\ 1)$，C$(0,\ -1,\ 2)$，P$(0,\ y,\ 3)$のとき，

$$\overrightarrow{AB}=\begin{pmatrix}-4\\2\\0\end{pmatrix},\ \overrightarrow{AC}=\begin{pmatrix}-2\\0\\1\end{pmatrix},\ \overrightarrow{AP}=\begin{pmatrix}-2\\y+1\\2\end{pmatrix}$$

であるから，①により，

$$\begin{pmatrix}-2\\y+1\\2\end{pmatrix}=p\begin{pmatrix}-4\\2\\0\end{pmatrix}+q\begin{pmatrix}-2\\0\\1\end{pmatrix}$$

z成分から$q=2$であり，これとx，y成分から，

$$-2=-4p-4,\ y+1=2p \qquad \therefore\ p=-\frac{1}{2},\ \boldsymbol{y=-2}$$

(2)　Hは平面α上にあるから，$\overrightarrow{AH}=s\overrightarrow{AB}+t\overrightarrow{AC}$と表せる．$\overrightarrow{OH}=\overrightarrow{OA}+\overrightarrow{AH}$なので，

$$\overrightarrow{OH}=\overrightarrow{OA}+s\overrightarrow{AB}+t\overrightarrow{AC}\ \cdots\cdots②$$

$\overrightarrow{OH}\perp\alpha$であるから，$\overrightarrow{OH}\perp\overrightarrow{AB}$，$\overrightarrow{OH}\perp\overrightarrow{AC}$

$$\therefore\ \overrightarrow{OH}\cdot\overrightarrow{AB}=0,\ \overrightarrow{OH}\cdot\overrightarrow{AC}=0$$

②とから，$\begin{cases}\overrightarrow{OA}\cdot\overrightarrow{AB}+s|\overrightarrow{AB}|^2+t\overrightarrow{AB}\cdot\overrightarrow{AC}=0\\ \overrightarrow{OA}\cdot\overrightarrow{AC}+s\overrightarrow{AB}\cdot\overrightarrow{AC}+t|\overrightarrow{AC}|^2=0\end{cases}$

$\overrightarrow{OA}\cdot\overrightarrow{AB}=-8-2=-10$，$|\overrightarrow{AB}|^2=16+4=20$，
$\overrightarrow{AB}\cdot\overrightarrow{AC}=8$，$\overrightarrow{OA}\cdot\overrightarrow{AC}=-4+1=-3$，
$|\overrightarrow{AC}|^2=4+1=5$

であるから，$\begin{cases}-10+20s+8t=0\ \cdots\cdots③\\ -3+8s+5t=0\ \cdots\cdots④\end{cases}$

④×5−③×2により，$5+9t=0$

$$\therefore\ t=-\frac{5}{9} \qquad \therefore\ s=\frac{1}{8}(3-5t)=\frac{13}{18}$$

②に代入して，$\overrightarrow{OH}=\begin{pmatrix}2\\-1\\1\end{pmatrix}+\frac{13}{18}\begin{pmatrix}-4\\2\\0\end{pmatrix}-\frac{5}{9}\begin{pmatrix}-2\\0\\1\end{pmatrix}$

$$\therefore\ \mathbf{H}\left(\frac{\mathbf{2}}{\mathbf{9}},\ \frac{\mathbf{4}}{\mathbf{9}},\ \frac{\mathbf{4}}{\mathbf{9}}\right)$$

§8. 球面の方程式

2点A$(x_1,\ y_1,\ z_1)$，B$(x_2,\ y_2,\ z_2)$間の距離は

$$AB=\sqrt{(x_2-x_1)^2+(y_2-y_1)^2+(z_2-z_1)^2}$$

です．中心C$(a,\ b,\ c)$，半径r $(r>0)$の球面Sの方程式は，S上の任意の点P$(x,\ y,\ z)$に対して$CP=r$であることから（$CP=r$の両辺を2乗して），

$$\boldsymbol{(x-a)^2+(y-b)^2+(z-c)^2=r^2}$$

となります．

---

12. 2点A$(3,\ 2,\ 2)$，B$(1,\ 6,\ 0)$を直径の両端とする球面の方程式を答えよ．　　（高知工科大）

直径の中点が球の中心で，その中心と直径の端との距離が半径です．

解　A$(3,\ 2,\ 2)$，B$(1,\ 6,\ 0)$のとき，ABの中点C$(2,\ 4,\ 1)$がABを直径とする球面の中心である．半径は，$CA=\sqrt{1+4+1}=\sqrt{6}$であるから，求める球面の方程式は，

$$\boldsymbol{(x-2)^2+(y-4)^2+(z-1)^2=6}$$

§9. 平面の方程式

点P$(p,\ q,\ r)$を通り，$\vec{n}=(a,\ b,\ c)$ $(\neq\vec{0})$に垂直な平面αの方程式を求めます．

X$(x,\ y,\ z)$がα上にある
$\iff \vec{n}\perp\overrightarrow{PX}$または$\overrightarrow{PX}=\vec{0}$

ですから，

$$\begin{pmatrix}a\\b\\c\end{pmatrix}\cdot\begin{pmatrix}x-p\\y-q\\z-r\end{pmatrix}=0$$

$$\therefore\ a(x-p)+b(y-q)+c(z-r)=0$$

です．よって，空間における**平面αの方程式は**

$$\boldsymbol{ax+by+cz+d=0}\ (d=-ap-bq-cr)$$

となります．$\vec{n}$を平面αの**法線ベクトル**といいます．

$\alpha：ax+by+cz+d=0$に対して，x，y，zの係数が作るベクトルが法線ベクトル（の1つ）です．

*　　　　*

例題11を，平面の方程式，平面の法線ベクトルを使って解いてみましょう．

別解　(1)　まず，αの法線ベクトル$\vec{n}$を求める．

$\vec{n}$は，$\overrightarrow{AB}=\begin{pmatrix}-4\\2\\0\end{pmatrix}=2\begin{pmatrix}-2\\1\\0\end{pmatrix}$，$\overrightarrow{AC}=\begin{pmatrix}-2\\0\\1\end{pmatrix}$の両方に垂直である．$\vec{n}=\begin{pmatrix}p\\q\\r\end{pmatrix}$とおくと，$\vec{n}\cdot\overrightarrow{AB}=0$，$\vec{n}\cdot\overrightarrow{AC}=0$

であるから，

$$-2p+q=0,\ -2p+r=0 \qquad \therefore\ q=r=2p$$

$\vec{n}=p\begin{pmatrix}1\\2\\2\end{pmatrix}$であり，$p=1$として$\vec{n}=\begin{pmatrix}1\\2\\2\end{pmatrix}$ととれる．

よって，$\alpha：x+2y+2z=d$と表せ，α上に点Cがあるから，$0-2+4=d$

$$\therefore\ d=2 \qquad \therefore\ \alpha：x+2y+2z=2\ \cdots\cdots①$$

α上にP$(0,\ y,\ 3)$があるとき，

$$0+2y+6=2 \qquad \therefore\ \boldsymbol{y=-2}$$

(2)　$\overrightarrow{OH}=t\vec{n}$と表せるから，H$(t,\ 2t,\ 2t)$とおける．これを①に代入して，$t+4t+4t=2$

$$\therefore\ t=\frac{2}{9} \qquad \therefore\ \mathbf{H}\left(\frac{\mathbf{2}}{\mathbf{9}},\ \frac{\mathbf{4}}{\mathbf{9}},\ \frac{\mathbf{4}}{\mathbf{9}}\right)$$

講義6

平面上の曲線——2次曲線

▶「平面上の曲線」の中で，楕円，双曲線を重点的に解説します．◀

§1．楕円の基本

正の定数 a に対して，**2定点F，F′からの距離の和が一定値 $2a$ となる点の軌跡**（ただし，$FF' < 2a$）が**楕円**です．右図1の楕円は，

$PF + PF' = 2a$

を満たす点Pの軌跡で，このときの2点F，F′を**焦点**といいます．

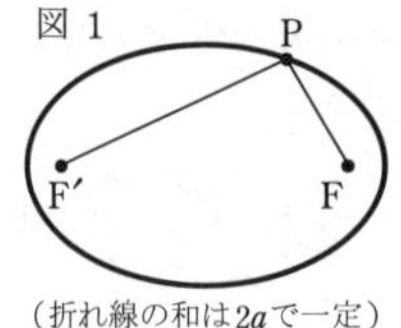

（折れ線の和は$2a$で一定）

一方，xy 平面での右図2の楕円の方程式は，

$$\frac{x^2}{a^2} + \frac{y^2}{b^2} = 1 \cdots\cdots\cdots(*)$$

$(a > b > 0)$（楕円の**標準形**）で表されます．$(*)$は

中心の位置，距離の和の一定値，長軸・短軸の長さ，焦点などを読み取るときの基本形，

ということを心に留めておいて下さい．

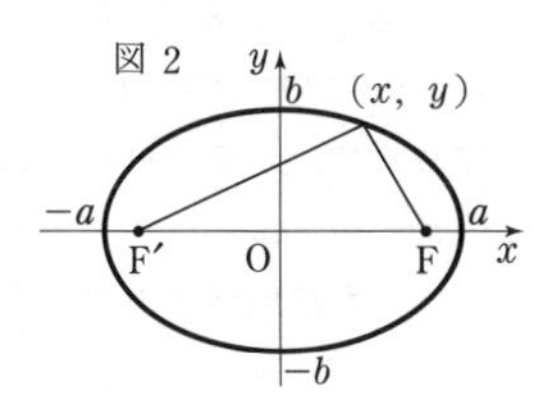

$(*)$のとき，一定値である距離の和は，長軸の長さ $2a$ になりますが，このことは，下図の点 $A(a,\ 0)$ と焦点F，F′との距離から確認できます．y 軸について対称な楕円なので，$AF = A'F'$ から

$AF + AF' = A'F' + AF'$
$= AA' = 2a$

となるからです．

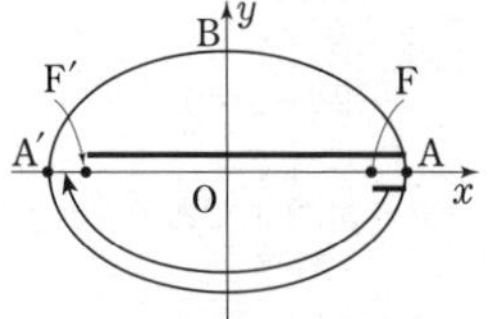

さて，焦点の x 座標 c については，下図の網目部の三角形から，　$b^2 + c^2 = a^2$

$\therefore\ \ c = \sqrt{a^2 - b^2}$

と，a，b，c の関係を図形的に捉えることができます．焦点の座標は

$(\pm\sqrt{a^2 - b^2},\ 0)$です．

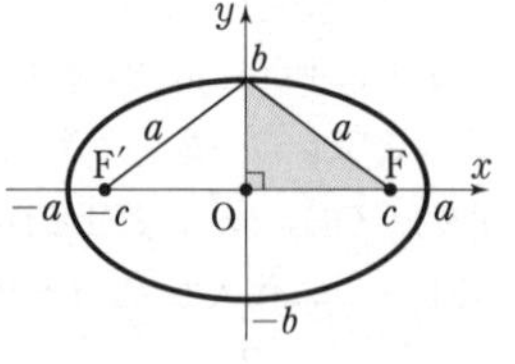

最後に，$(*)$ で $0 < a < b$ のときは，次の図のような縦長の楕円で，2焦点は y 軸上です．長軸の長さや焦点の座標は，上の解説の a と b の役割を交換するだけです．

以上は，結果を覚えるだけでなく，導き方もマスターしましょう．

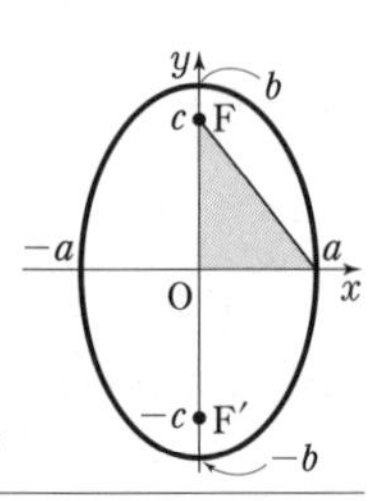

---

1. （1）　2点$(2,\ 0)$，$(-2,\ 0)$を焦点とし，焦点からの距離の和が6である楕円の方程式は $\boxed{} = 1$ である．　（成蹊大・理工）

（2）　原点を中心とし，長さ6の短軸が y 軸上にある楕円が点$(\sqrt{10},\ \sqrt{3})$を通るとき，この楕円の方程式は $\boxed{} = 1$ である．　（日大）

（3）　曲線 $C : 5x^2 + 4y^2 - 30x - 16y + 41 = 0$ は，楕円 $\boxed{ア} = 1$ を x 軸方向に $\boxed{イ}$，y 軸方向に $\boxed{ウ}$ だけ平行移動した楕円である．C を図示せよ．

（法大・デザイン工，理工，生命/図示追加）

【解説】（1）　図のF，F′および点$P(x,\ y)$より，

$PF + PF' = 6$，

つまり，

$\sqrt{(x-2)^2 + y^2}$
$+ \sqrt{(x+2)^2 + y^2} = 6$

ですが，この式を整理するためには，2乗を2度行うので，実戦的ではありません．

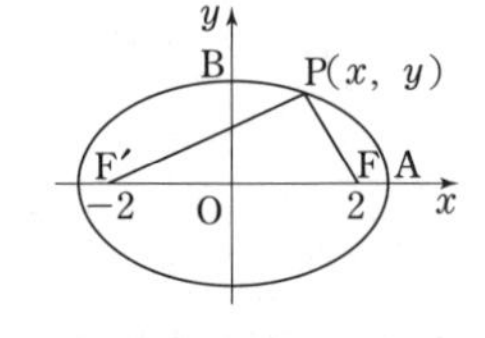

$\dfrac{x^2}{a^2} + \dfrac{y^2}{b^2} = 1$ としたとき，この楕円上の点と2焦点までの距離の和が $2a$ なので，$2a = 6$　$\therefore\ \ a = 3$

また，焦点の x 座標が ± 2 より，右図を利用して，

$b^2 = 3^2 - 2^2$　$\therefore\ \ b^2 = 5$

求める方程式は $\dfrac{x^2}{9} + \dfrac{y^2}{5} = 1$

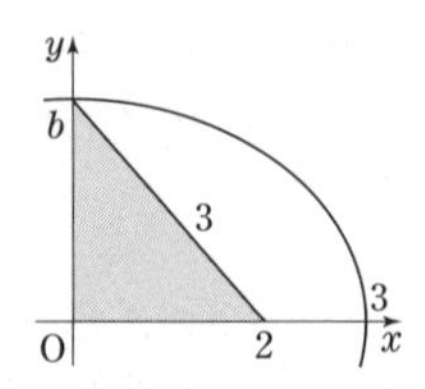

（2）　中心が原点，短軸（長さが6）が y 軸上なので，

右図のような楕円です．

　この楕円の方程式は

$\dfrac{x^2}{a^2}+\dfrac{y^2}{9}=1$ …………①

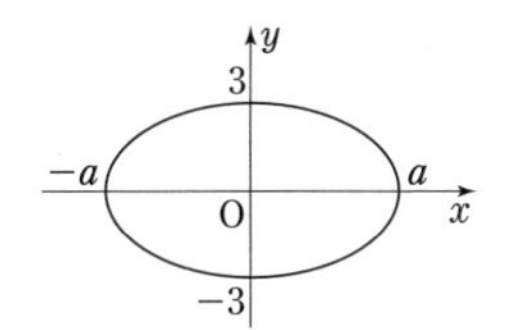

とおけ，①が$(\sqrt{10},\ \sqrt{3})$を通ることから，

$$\frac{\sqrt{10}^{\,2}}{a^2}+\frac{\sqrt{3}^{\,2}}{9}=1\quad\therefore\quad\frac{10}{a^2}+\frac{1}{3}=1\quad\therefore\quad\frac{10}{a^2}=\frac{2}{3}$$

よって，$a^2=15$であるから①より，$\boldsymbol{\dfrac{x^2}{15}+\dfrac{y^2}{9}=1}$

(3)　まず与式を平方完成をし，標準形に近づけます．

$5x^2-30x+4y^2-16y+41=0$

$\therefore\quad 5\{(x-3)^2-9\}+4\{(y-2)^2-4\}+41=0$

$\therefore\quad 5(x-3)^2+4(y-2)^2=20$

$\therefore\quad \dfrac{(x-3)^2}{4}+\dfrac{(y-2)^2}{5}=1$ …………………………②

よって，②は，楕円$\boldsymbol{\dfrac{x^2}{4}+\dfrac{y^2}{5}=1}$……③を「$x$軸方向に**3**，$y$軸方向に**2**だけ平行移動……(＊)」した楕円で，②，③は右図のような縦長の楕円（③の焦点はy軸上）です．

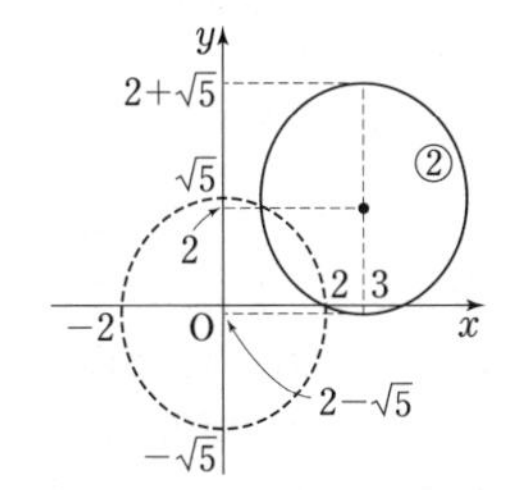

　なお，②の焦点は，まず，③の焦点を，

$\sqrt{5-4}=1$より，$(0,\ \pm1)$と求めてから，(＊)の平行移動により，$(3,\ 1)$，$(3,\ 3)$と求めます．

§2．楕円の接線

　楕円$\dfrac{x^2}{a^2}+\dfrac{y^2}{b^2}=1$……①上の点$(p,\ q)$における接線の方程式は次です．

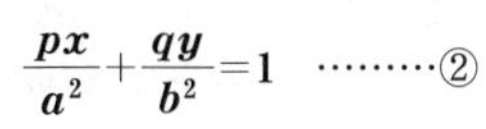

$\boldsymbol{\dfrac{px}{a^2}+\dfrac{qy}{b^2}=1}$ ………②

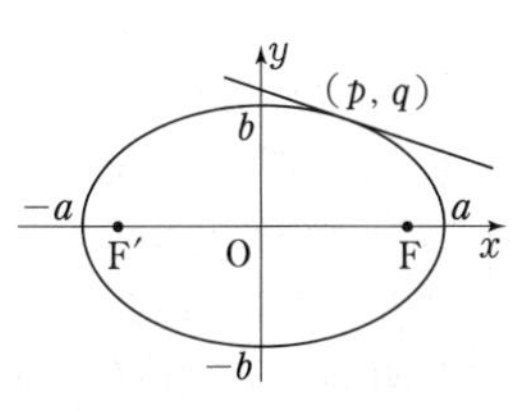

2.（1）　楕円$x^2+4y^2+6x-40y+101=0$上の点$(-1,\ 6)$における接線lの方程式は，□である．また，この楕円の2つの焦点とlの距離の積は□である．　　　（関大・理工系）

（2）　点$(1,\ 2)$から楕円$\dfrac{x^2}{7}+\dfrac{y^2}{2}=1$に接線を引くとき，接線の方程式は$y=-x+3$と$y=$□である．　　　（中京大）

【解説】（1）　接線の公式を使うために，1(3)と同様に，標準形に近づけます．

$x^2+4y^2+6x-40y+101=0$より，

$(x+3)^2+4(y-5)^2=8$

$\therefore\quad \dfrac{(x+3)^2}{8}+\dfrac{(y-5)^2}{2}=1$ ……………………………①

　このまま接線を求める方法（☞注）もありますが，まずは平行移動で基本の形に直しましょう．

　そのために，①の中心が$(-3,\ 5)$となることから，①および接点$(-1,\ 6)$を，

x軸方向に3，y軸方向に-5と平行移動　……(＊)

して考えます．この平行移動により，

①は，$\dfrac{x^2}{8}+\dfrac{y^2}{2}=1$……②　に，また，接点$(-1,\ 6)$は$(2,\ 1)$に移ります．

②上の点$(2,\ 1)$における接線は，冒頭の公式から，

$\dfrac{2}{8}x+\dfrac{1}{2}y=1\quad\therefore\quad x+2y=4$ ……………………③

　③を(＊)と反対の平行移動（x軸方向に-3，y軸方向に5と平行移動）をすれば，それが求める接線で，

$(x+3)+2(y-5)=4\quad\therefore\quad \boldsymbol{x+2y=11}$ …………④

　①の焦点と④の距離は，②の焦点と③の距離で捉えることで，遠回りしなくてすみます．

　②の焦点は$(\pm\sqrt{8-2},\ 0)$，つまり，$(\pm\sqrt{6},\ 0)$とわかるので，これら2つの焦点と③の距離は，

$\dfrac{|\sqrt{6}-4|}{\sqrt{1^2+2^2}}$……………⑤，　$\dfrac{|-\sqrt{6}-4|}{\sqrt{1^2+2^2}}$……………⑥

よって，⑤×⑥$=\dfrac{4-\sqrt{6}}{\sqrt{5}}\times\dfrac{4+\sqrt{6}}{\sqrt{5}}=\dfrac{16-6}{5}=\boldsymbol{2}$

⇨注1　$\dfrac{x^2}{a^2}+\dfrac{y^2}{b^2}=1$の中心を，原点から$(s,\ t)$に平行移動した楕円の方程式は，

$\boldsymbol{\dfrac{(x-s)^2}{a^2}+\dfrac{(y-t)^2}{b^2}=1}$

で与えられ，この楕円上の点$(p,\ q)$における接線は，

$\boldsymbol{\dfrac{(p-s)(x-s)}{a^2}+\dfrac{(q-t)(y-t)}{b^2}=1}$

となります．本問で点$(-1,\ 6)$における接線は，

$\dfrac{(-1+3)(x+3)}{8}+\dfrac{(6-5)(y-5)}{2}=1$

$\therefore\quad \dfrac{x+3}{4}+\dfrac{y-5}{2}=1\quad\therefore\quad \boldsymbol{x+2y=11}$

と求めることができますが，公式に自信がない人でも，平行移動した②を用いれば，解説のようにキッチリ求めることができます．

(2)　楕円$\dfrac{x^2}{7}+\dfrac{y^2}{2}=1$……⑦　外の点$(1,\ 2)$から接線を引くからといって，$y=m(x-1)+2$とおき，⑦と連立すると，$m$があちこちに散らばり，やや大変です．

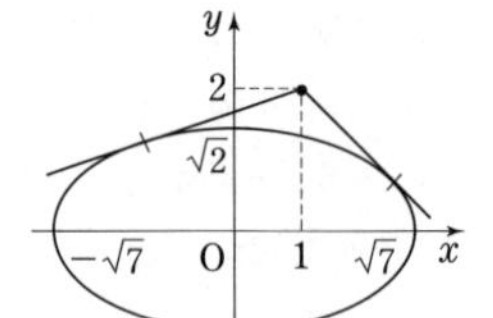

接点をP$(p,\ q)$と置けば接線を立式できるので，そのうち，点$(1,\ 2)$を通るものを求めます．

P$(p,\ q)$における⑦の接線 $\frac{px}{7}+\frac{qy}{2}=1$ ……⑧

が点$(1,\ 2)$を通るとき，

$\frac{p}{7}+q=1$ ……………………………………………………⑨

この後，手詰まりになる人がいるのですが，接点をP$(p,\ q)$と置いた時点で，Pは⑦上の点であることに注意しましょう．これより，$\frac{p^2}{7}+\frac{q^2}{2}=1$ …………⑩

⑨から$q=1-\frac{p}{7}$より，これを⑩に用いて分母を払い，

$\frac{p^2}{7}+\frac{1}{2}\left(1-\frac{p}{7}\right)^2=1$　∴　$14p^2+(7-p)^2=98$

∴　$15p^2-14p-49=0$　∴　$(5p+7)(3p-7)=0$

よって，$p=-\frac{7}{5},\ \frac{7}{3}$

⑨より，$(p,\ q)=\left(\frac{7}{3},\ \frac{2}{3}\right),\ \left(-\frac{7}{5},\ \frac{6}{5}\right)$

これらを⑧に代入して，次の2本の接線が求まります．

$\frac{x}{3}+\frac{y}{3}=1$　∴　$x+y=3$ ［問題に提示された接線］

$-\frac{x}{5}+\frac{3y}{5}=1$　∴　$\boldsymbol{y=\frac{1}{3}x+\frac{5}{3}}$

接点がわからなくても，接点を置くことで，接線の式と接点が楕円上ということから，接点を捉えられます．

§3. 楕円と円の関係

楕円 $\frac{x^2}{a^2}+\frac{y^2}{b^2}=1$ ……①をy軸方向に$\frac{a}{b}$倍，つまり，①上の各点のy座標を$\frac{a}{b}$倍した点$(X,\ Y)=\left(x,\ \frac{a}{b}y\right)$

を考えると，$(x,\ y)=\left(X,\ \frac{b}{a}Y\right)$を①に代入して，

$\frac{X^2}{a^2}+\frac{1}{b^2}\left(\frac{b}{a}Y\right)^2=1$

これより，

$X^2+Y^2=a^2$ ………②

という円になります．

逆に，円②をy軸方向に$\frac{b}{a}$倍して楕円①を得ます．

このような円と楕円の関係に着目すると考えやすくなる話題もあります．例えば面積です．楕円①の面積は，

円②の面積を$\frac{b}{a}$倍で戻した$a^2\pi\times\frac{b}{a}=\boldsymbol{\pi ab}$

です．同様に，楕円の一部の面積は，円に戻したときの対応部の面積を$\frac{b}{a}$倍して得られます．

上の話を用いると，楕円①のパラメタ表示も，円②のパラメタ表示を用いて与えることができます．

図 1

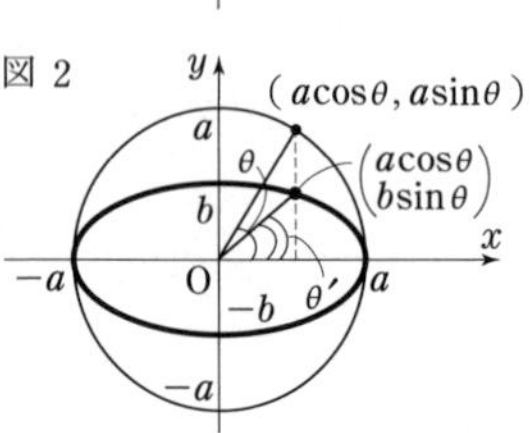

右図1の②上の点P$(a\cos\theta,\ a\sin\theta)$の$y$座標を$\frac{b}{a}$倍すると，①上の点$\mathbf{P'}(\boldsymbol{a\cos\theta,\ b\sin\theta})$を得ます．これが楕円①のパラメタ表示です．

図 2

⇨注　楕円のパラメタ表示にあるθは，右図2のθ'ではありません．楕円を円に戻したときの角θです．

このように，楕円⇨円とすることで上手く処理できる場合もありますが，これがいつも有効な訳ではありません．例えば，異なる向きの線分の長さや線分のなす角などがテーマの問題では，円に戻すと長さの拡大縮小率がまちまちになったり，角度もバラバラに変わります．

---

3. 点A(4, 0)を通る接線を楕円$x^2+4y^2=4$に引いた．その接点の座標を$(p,\ q)$とするとき，次の問いに答えよ．ただし，$p>0,\ q>0$とする．

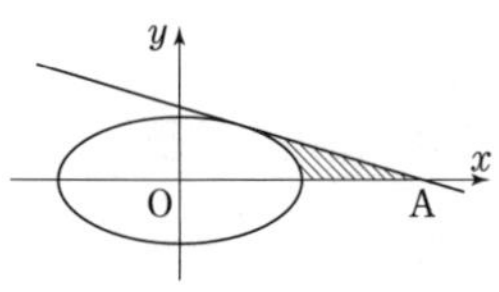

(1)　座標$(p,\ q)$を求めよ．

(2)　楕円と接線とx軸とで囲まれた図形（図の斜線部分）の面積を求めよ．　（信州大・繊維(後)）

【解説】（1）　y軸方向に2倍して，円に戻して考えます．このとき，(中心との距離)=(半径)でも良いのですが，今回は図形を上手く利用できます．

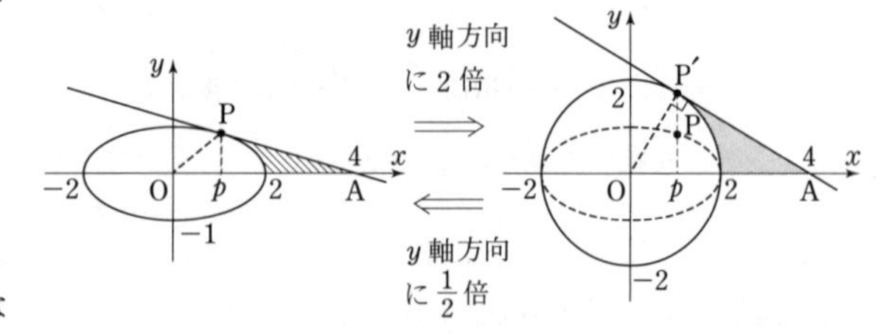

円に戻す際，Aはx軸上の点なので動きませんが，接点$\mathrm{P}(p,\ q)$は，前の図の$\mathrm{P}'(p,\ 2q)$に移動します．

右図の直角三角形OAP'について，$\mathrm{OA}=4$，$\mathrm{OP}'=2$から，$\angle\mathrm{AOP}'=60°$となるので，

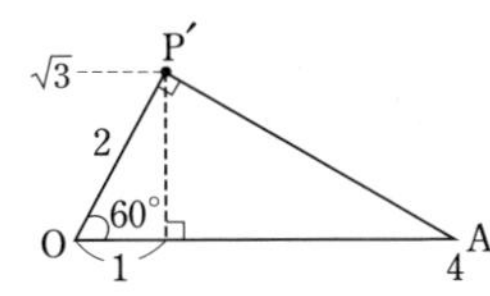

P'の座標は，$(1,\ \sqrt{3})$，つまり，$\mathrm{P}\left(\mathbf{1},\ \dfrac{\sqrt{3}}{2}\right)$です．

（**2**）　まず，前の図の網目部分の面積Sを求めます．

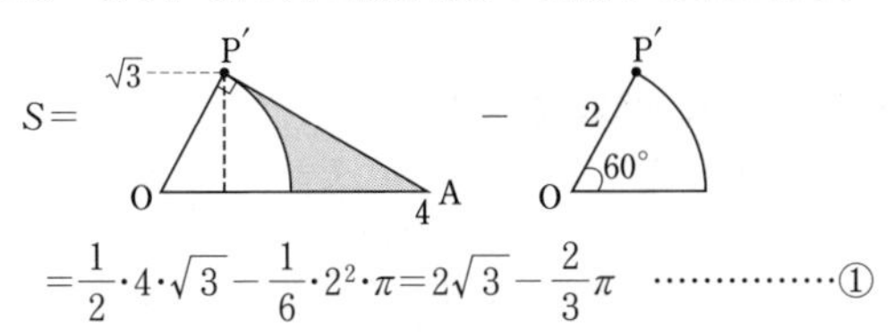

$=\dfrac{1}{2}\cdot4\cdot\sqrt{3}-\dfrac{1}{6}\cdot2^2\cdot\pi=2\sqrt{3}-\dfrac{2}{3}\pi$　……………①

y軸方向に2倍して円にした結果，面積も2倍になったので，求める面積は，$\dfrac{1}{2}\times S=\dfrac{1}{2}\times①=\boldsymbol{\sqrt{3}-\dfrac{\pi}{3}}$

§4．双曲線

双曲線は，扱い方が楕円と似ている部分もあります．混乱しないように，楕円との違いに注意しながら，公式を確認して下さい．

正の定数aに対して，**2定点F，F′からの距離の差が一定値$2a$となる点の軌跡**が**双曲線**です．

つまり，

$|\mathrm{PF}-\mathrm{PF}'|=2a$ となる点Pの軌跡は図1のような双曲線を描きます．2点F，F′を**焦点**といいます．

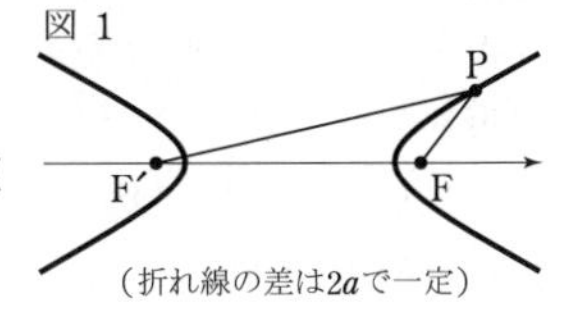

（折れ線の差は$2a$で一定）

一方，xy平面での右図2の双曲線の方程式は，

$$\frac{x^2}{a^2}-\frac{y^2}{b^2}=1\quad\cdots\cdots①$$

と表されます．これが双曲線の**標準形**で，楕円のときと同様，様々な情報をえることができます．

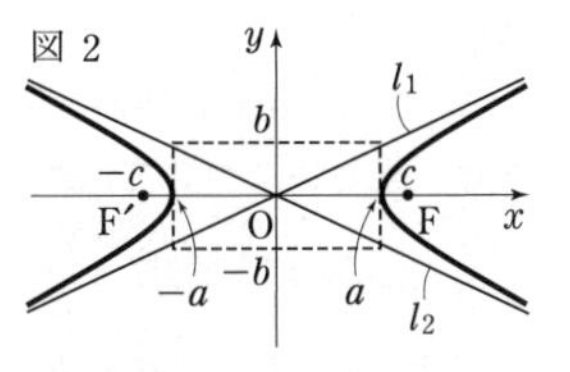

・**漸近線**　双曲線①は$x\to\pm\infty$で上図の2直線l_1，l_2（**漸近線**）に近づきます．漸近線の方程式は，①の“$=1$”を“$=0$”とすることで，次のように容易に得られます．

$$\frac{x^2}{a^2}-\frac{y^2}{b^2}=0\quad\therefore\quad y=\pm\frac{b}{a}x$$

・**2焦点までの距離の差**　双曲線の式①が与えられたとき，頂点$\mathrm{A}(a,\ 0)$と2焦点の距離の差を利用すれば，**2焦点F，F′までの距離の差は$2a$**とわかります．

楕円の場合と同様に，$\mathrm{AF}=\mathrm{A'F'}$に注意して，

$|\mathrm{AF}-\mathrm{AF}'|=|\mathrm{A'F'}-\mathrm{AF}'|$
$=\mathrm{AA}'=2a$

となるからです（☞右図）．

・**焦点**　①の焦点の座標は$(\pm\sqrt{\boldsymbol{a^2+b^2}},\ \mathbf{0})$です（楕円との違いに気をつけて下さい）．

・**接線**　①上の点$(p,\ q)$における接線の公式は，楕円と同様に，①でx^2⇨px，y^2⇨qyとした次の式です．

$$\frac{\boldsymbol{px}}{\boldsymbol{a^2}}-\frac{\boldsymbol{qy}}{\boldsymbol{b^2}}=\mathbf{1}$$

・**y軸上の焦点**　①の2焦点はx軸上にありますが，y軸上に2焦点がある右図の双曲線の方程式は次です．

$$\frac{\boldsymbol{x^2}}{\boldsymbol{a^2}}-\frac{\boldsymbol{y^2}}{\boldsymbol{b^2}}=\mathbf{-1}$$

楕円のときと違い，a，bの大小は関係ありません．

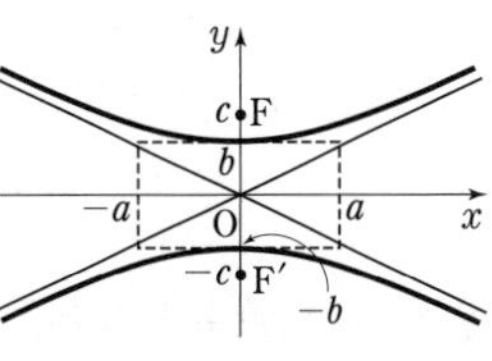

4．（1）　頂点間の距離が24であり，焦点が(20，0)と(−20，0)である双曲線の方程式を求めよ．

（九州歯科大）

（2）　双曲線$\dfrac{x^2}{5}-\dfrac{y^2}{4}=1$が直線$y=kx+4$とただ1つの共有点を持つとき，$k$の値を求めよ．

（東京電機大）

【解説】（1）　求める方程式を$\dfrac{x^2}{a^2}-\dfrac{y^2}{b^2}=1$とおくと，

（頂点間の距離）$=2a=24$

なので，$a=12$です．また，焦点とa，bの関係から，

$20^2=a^2+b^2\quad\therefore\quad b^2=20^2-12^2=256$

よって，$\dfrac{x^2}{12^2}-\dfrac{y^2}{256}=1\quad\therefore\quad\boldsymbol{\dfrac{x^2}{144}-\dfrac{y^2}{256}=1}$

（**2**）　$\dfrac{x^2}{5}-\dfrac{y^2}{4}=1$ ………①，$y=kx+4$ …………②

を連立したxの方程式がただ1つの実数解を持つときである．①×20に②を代入して，$4x^2-5(kx+4)^2=20$

整理すると，$(4-5k^2)x^2-40kx-100=0$

$4-5k^2\neq0$のとき，重解を持つ場合で，判別式/4=0より，$(20k)^2+100(4-5k^2)=0\quad\therefore\quad k^2=4$

$4-5k^2=0$のとき，1次方程式になり，ただ1つの実数解を持つ．以上から，答えは，$\boldsymbol{k=\pm2,\ \pm\dfrac{2}{\sqrt{5}}}$

⇨**注**　$k=\pm\dfrac{2}{\sqrt{5}}$のときは，②が①の漸近線に平行になるときです．

講義7

複素数平面

複素数は，数Ⅱで登場しています．

虚数単位 i を含んだ計算では，とりあえず i を普通の文字のように扱って計算を進め，計算の途中で i^2 が出て来たら $i^2=-1$ として式を簡単にしましょう．

§1．複素数平面の導入

複素数 $z=a+bi$（a，b は実数）は，実数の組（a，b）によって定まる数です．$z=a+bi$ に対して，図のように点（a，b）を対応させた平面を複素数平面といいます．これだけでは，導入したメリットは感じにくいですが，あとで説明するように，足し算，掛け算を図形的にとらえることができるようになって，大きなメリットがあります．

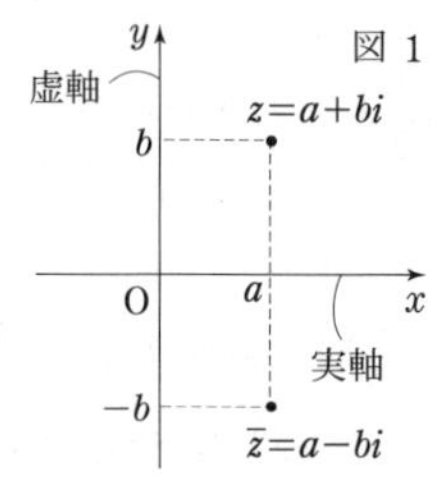

図 1

その説明の前に，共役複素数，絶対値，極形式などを説明しましょう．

§2．複素数とベクトル

a，b，c，d，t を実数として，複素数 $a+bi$ を《a，b》で表すことにすると，

$$《a,\ b》+《c,\ d》=《a+c,\ b+d》$$
$$《a,\ b》-《c,\ d》=《a-c,\ b-d》$$
$$t《a,\ b》=《ta,\ tb》$$

が成り立つので，和・差・定数倍に関して複素数は平面ベクトルと同じように成分計算ができます．

したがって，内積を除く平面ベクトルで可能な図形的な応用は，複素数平面においても可能です．

［例］ $A(\vec{a})$，$B(\vec{b})$，$C(\vec{c})$ とするとき，△ABC の重心 $D(\vec{d})$ は，$\vec{d}=\dfrac{\vec{a}+\vec{b}+\vec{c}}{3}$ と表せます．これに対応して，複素数平面の場合，$A(\alpha)$，$B(\beta)$，$C(\gamma)$，$D(\delta)$ とすると，$\delta=\dfrac{\alpha+\beta+\gamma}{3}$ が成り立ちます．

§3．共役複素数，絶対値

$z=a+bi$ に対して，$\overline{z}=a-bi$ を z の共役複素数といいます．図1のように，点 z と点 $\overline{z}$ は実軸に関して対称です．共役複素数について，次が成り立ちます．

$$\left.\begin{array}{l}\overline{\alpha+\beta}=\overline{\alpha}+\overline{\beta},\ \overline{\alpha-\beta}=\overline{\alpha}-\overline{\beta}\\ \overline{\alpha\beta}=\overline{\alpha}\,\overline{\beta},\ \overline{\left(\dfrac{\alpha}{\beta}\right)}=\dfrac{\overline{\alpha}}{\overline{\beta}}\end{array}\right\}\ \cdots\cdots\cdots\cdots㋐$$

➡注　$\overline{z}$ はゼットバーと読みます．㋐（バーは分配できるという性質）が成り立つことは，$\alpha=a+bi$，$\beta=c+di$ とおいて計算することで確認できます．

$z=a+bi$ に対して $\sqrt{a^2+b^2}$ を z の絶対値といい $|z|$ で表します．$|z|=\sqrt{a^2+b^2}$ は，原点と点 z の距離を表します．

図 2

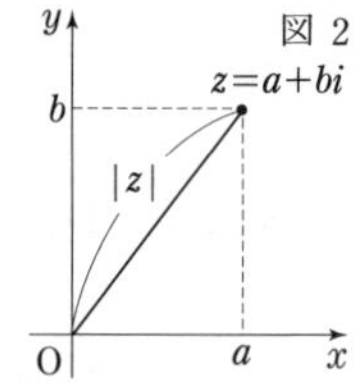

複素数 α の表す点 A を $A(\alpha)$ と書きます．$A(\alpha)$，$B(\beta)$ に対して，$\overrightarrow{AB}$（$=\overrightarrow{OB}-\overrightarrow{OA}$）に対応する複素数は $\beta-\alpha$ であり，$AB(=|\overrightarrow{AB}|)=|\beta-\alpha|$ が成り立ちます．

$$z\overline{z}=(a+bi)(a-bi)=a^2+b^2=|z|^2$$

となるので，

$$|z|^2=z\overline{z}\ \left(|z|=\sqrt{z\overline{z}}\right)\ \cdots\cdots\cdots\cdots㋑$$

また，絶対値について，次が成り立ちます．

$$|\alpha\beta|=|\alpha||\beta|,\ \left|\frac{\alpha}{\beta}\right|=\frac{|\alpha|}{|\beta|}\ \cdots\cdots\cdots\cdots㋒$$

➡注　z が実数でないとき，$|z|^2\neq z^2$ であることに要注意です．また，㋒は，㋑と㋐を使って導くことができます．$|\alpha\beta|=|\alpha||\beta|$ を実際に導いてみましょう．

$$|\alpha\beta|^2=(\alpha\beta)\overline{(\alpha\beta)}=\alpha\beta\cdot\overline{\alpha}\,\overline{\beta}=\alpha\overline{\alpha}\cdot\beta\overline{\beta}$$
$$=|\alpha|^2|\beta|^2$$

この両辺の $\sqrt{}$ をとって，$|\alpha\beta|=|\alpha||\beta|$

---

1. z は虚数で，$z+\dfrac{9}{z}$ が実数であるとき，$|z|$ を求めよ．

（千葉工大）

$w=z+\dfrac{9}{z}$ とおくとき，「w が実数」をどう式で捉えるかが問題です．$z=x+yi$ とおいて，w を $a+bi$ の形で表せば，条件は $b=0$ です．

一方，共役複素数を使うと，

$$w \text{ が実数} \iff \overline{w}=w$$

です．ここでは，両方の解法で解いてみましょう．

なお，$\dfrac{1}{z}$ の分母を実数化するには，分母・分子に $\overline{z}$ を掛けて，$\dfrac{1}{z}=\dfrac{\overline{z}}{z\overline{z}}=\dfrac{\overline{z}}{|z|^2}$ とします．

解1 $z=x+yi$（x，y は実数で，$y\neq 0$）とおくと，

$$z+\frac{9}{z}=z+\frac{9\overline{z}}{z\overline{z}}=z+\frac{9\overline{z}}{|z|^2}=x+yi+\frac{9(x-yi)}{x^2+y^2}$$

$$=x+\frac{9x}{x^2+y^2}+i\left(y-\frac{9y}{x^2+y^2}\right)$$

これが実数のとき，$y-\dfrac{9y}{x^2+y^2}=0$

$y\neq 0$ により，$x^2+y^2-9=0$

よって，$|z|=\sqrt{x^2+y^2}=\mathbf{3}$

解2 $z+\dfrac{9}{z}$ が実数のとき，

$$\overline{z+\frac{9}{z}}=z+\frac{9}{z} \qquad \therefore\quad \overline{z}+\frac{9}{\overline{z}}=z+\frac{9}{z}$$

両辺に $z\overline{z}$ $(=|z|^2)$ を掛けて，

$$z\overline{z}\,\overline{z}+9z=zz\overline{z}+9\overline{z}$$

$$\therefore\quad |z|^2\overline{z}+9z=z|z|^2+9\overline{z}$$

$$\therefore\quad (\overline{z}-z)(|z|^2-9)=0$$

z は虚数であるから $\overline{z}\neq z$ であり，両辺を $\overline{z}-z$ で割ると，$|z|^2=9$ $\quad\therefore\quad |z|=\mathbf{3}$

▨ 本問の場合，どちらの解法でも手間はほとんど変わりません．$z=x+yi$ とおく素朴な方法は，繁雑になることもあるけど，バーが登場しないぶん混乱しにくいでしょう．「z の全体を図示せよ」というケースでは，$z=x+yi$ とおく方法で十分でしょう．もちろん，バーを使う方法にも慣れておきたいところです．

---

2. $|z|=1$ のとき，$\left|\dfrac{\alpha z+\beta}{\overline{\beta}z+\overline{\alpha}}\right|=1$ を証明せよ．

$|\quad|$（絶対値）のままでは扱いにくいので，2乗して $|\quad|^2$ の形で扱います．分母を払った

$|\alpha z+\beta|=|\overline{\beta}z+\overline{\alpha}|$ を示せばよいので，

$|\alpha z+\beta|^2-|\overline{\beta}z+\overline{\alpha}|^2$ が0を示すことにします．

解 $\overline{\alpha z}=\overline{\alpha}\,\overline{z}$，$\overline{\overline{\alpha}}=\alpha$ などに注意すると，

$$|\alpha z+\beta|^2-|\overline{\beta}z+\overline{\alpha}|^2$$

$$=(\alpha z+\beta)\overline{(\alpha z+\beta)}-(\overline{\beta}z+\overline{\alpha})\overline{(\overline{\beta}z+\overline{\alpha})}$$

$$=(\alpha z+\beta)(\overline{\alpha}\,\overline{z}+\overline{\beta})-(\overline{\beta}z+\overline{\alpha})(\beta\overline{z}+\alpha)$$

$$=(\alpha\overline{\alpha}z\overline{z}+\alpha\overline{\beta}z+\overline{\alpha}\beta\overline{z}+\beta\overline{\beta})$$

$$\qquad-(\beta\overline{\beta}z\overline{z}+\alpha\overline{\beta}z+\overline{\alpha}\beta\overline{z}+\alpha\overline{\alpha})$$

$$=\alpha\overline{\alpha}z\overline{z}+\beta\overline{\beta}-(\beta\overline{\beta}z\overline{z}+\alpha\overline{\alpha})$$

$$=|\alpha|^2|z|^2+|\beta|^2-(|\beta|^2|z|^2+|\alpha|^2)$$

$$=(|\alpha|^2-|\beta|^2)|z|^2-(|\alpha|^2-|\beta|^2)$$

$$=(|\alpha|^2-|\beta|^2)(|z|^2-1)=0 \quad (\because\ |z|=1)$$

$$\therefore\quad |\alpha z+\beta|=|\overline{\beta}z+\overline{\alpha}| \qquad \therefore\quad \left|\frac{\alpha z+\beta}{\overline{\beta}z+\overline{\alpha}}\right|=1$$

§4．極形式

0でない $z=a+bi$ が表す点をPとし，Pと原点Oの距離を r，実軸の正の部分からOPまで測った回転角を θ とすると，

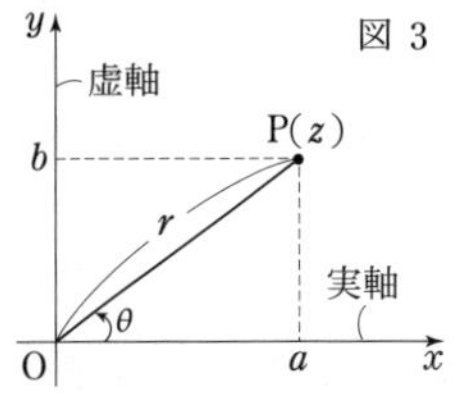

$a=r\cos\theta$，$b=r\sin\theta$

図3

虚軸　実軸　P(z)　r　θ　O　a　b　x　y

よって，$z=r(\cos\theta+i\sin\theta)$ $(r>0)$

と表せ，これを複素数 z の極形式といいます．

r は z の絶対値 $|z|$ に等しいです．

また，上記の θ を偏角といい，$\arg z$ と表します．

例えば，$z=\sqrt{3}+i$ は，$|z|=2$ なので，

$$z=2\left(\frac{\sqrt{3}}{2}+\frac{1}{2}i\right)=2\left(\cos\frac{\pi}{6}+i\sin\frac{\pi}{6}\right)$$

と表せます．

さて，この極形式を活用すると，掛け算の図形的な意味がとらえられるようになります！

これを先に説明しておきましょう．

0でない複素数 z と w を極形式で表しておきます．

$z=r(\cos\theta+i\sin\theta)$，$w=R(\cos\varphi+i\sin\varphi)$

のとき，加法定理を用いて整理すると，

$wz=Rr\{\cos(\varphi+\theta)+i\sin(\varphi+\theta)\}$ ……………☆

となります．

上式は次のように見ることができます（ここがポイント）．

点Q(w)に対して，w に z を掛けて得られる点Q′(wz)を考えます．☆により，絶対値が r 倍され，偏角が $+\theta$ されます．つまり，

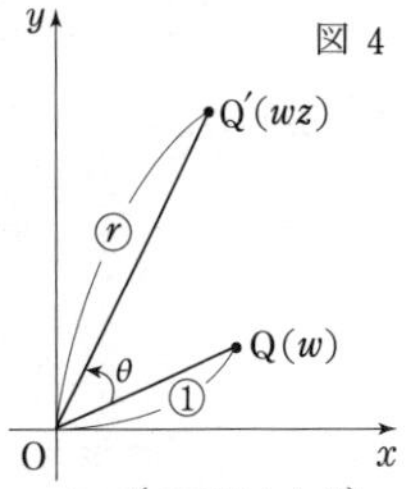

図4

Q′(wz)　Q(w)　ⓡ　①　θ　O　x　y

$z=r(\cos\theta+i\sin\theta)$

点Q′(wz)は，点Q(w)を原点を中心に θ だけ回転し，さらに原点を中心に r 倍した点

であることが分かります．要するに，

zを掛けることは，θ回転とr倍の拡大をすることということです．また，

$\dfrac{w}{z}=\dfrac{R}{r}\{\cos(\varphi-\theta)+i\sin(\varphi-\theta)\}$ となるので，

zで割ることは，$-\theta$回転と$\dfrac{1}{r}$倍の拡大をすることが分かります．$r=1$のときは（このzを掛けることは）θ回転を表します．つまり

「$\cos\theta+i\sin\theta$はθ回転を表す」

$(\cos\theta+i\sin\theta)^n$は，$\theta$回転を$n$回行うことを表すので，$n\theta$回転を表します．よって，次式が成立します．

> **ド・モアブルの定理**
> $$(\cos\theta+i\sin\theta)^n=\cos n\theta+i\sin n\theta$$

⇨注　nが負の整数でも，上式は成り立ちます．

---

3. $\left(\dfrac{1+\sqrt{3}i}{1+i}\right)^8$を求めよ．（中部大・工）

まともに展開したら大変です．複素数の累乗の問題では，ド・モアブルの定理の活用を考えましょう．括弧内の複素数を極形式に直す必要がありますが，ここで

$$\frac{1+\sqrt{3}i}{1+i}=\frac{1+\sqrt{3}i}{1+i}\cdot\frac{1-i}{1-i}=\frac{(1+\sqrt{3}i)(1-i)}{2}$$

として，分子を展開してしまうと，偏角θが求めにくくなります（$\cos 8\theta$，$\sin 8\theta$を求める必要があるのですが，θが求まらないと，展開したのと手間が変わりません）．本問の場合，分母，分子とも極形式が有名角（60°や45°）を使って表せることに着目しましょう．

解　（$|1+\sqrt{3}i|=2$，$|1+i|=\sqrt{2}$ であるから，）

$$1+\sqrt{3}i=2\left(\frac{1}{2}+\frac{\sqrt{3}}{2}i\right)=2\left(\cos\frac{\pi}{3}+i\sin\frac{\pi}{3}\right)$$

$$1+i=\sqrt{2}\left(\frac{1}{\sqrt{2}}+\frac{1}{\sqrt{2}}i\right)=\sqrt{2}\left(\cos\frac{\pi}{4}+i\sin\frac{\pi}{4}\right)$$

であるから，

$$\frac{1+\sqrt{3}i}{1+i}=\frac{2}{\sqrt{2}}\left\{\cos\left(\frac{\pi}{3}-\frac{\pi}{4}\right)+i\sin\left(\frac{\pi}{3}-\frac{\pi}{4}\right)\right\}$$

$$=\sqrt{2}\left(\cos\frac{\pi}{12}+i\sin\frac{\pi}{12}\right)\quad\cdots\cdots①$$

よって，ド・モアブルの定理から，

$$①^8=(\sqrt{2})^8\left(\cos\frac{8\pi}{12}+i\sin\frac{8\pi}{12}\right)$$

$$=2^4\left(\cos\frac{2\pi}{3}+i\sin\frac{2\pi}{3}\right)=\boldsymbol{8(-1+\sqrt{3}i)}$$

---

4. 方程式$z^2=4(1+\sqrt{3}i)$の解zで，その実部が負であるものは$z=$□である．ただし，$i=\sqrt{-1}$である．（神奈川大・理，工）

右辺を極形式で表し，$z=r(\cos\theta+i\sin\theta)$とおいて，ド・モアブルの定理を使いましょう．

解　$z=r(\cos\theta+i\sin\theta)$（$r>0$，$0\leqq\theta<2\pi$）

とおくと，$z^2=r^2(\cos 2\theta+i\sin 2\theta)$

これが，

$$4(1+\sqrt{3}i)=8\left(\frac{1}{2}+\frac{\sqrt{3}}{2}i\right)=8\left(\cos\frac{\pi}{3}+i\sin\frac{\pi}{3}\right)$$

に等しいから，絶対値と偏角を比較すると，

$0\leqq 2\theta<4\pi$に注意して，

$$r^2=8 \quad かつ \quad 2\theta=\frac{\pi}{3},\ \frac{\pi}{3}+2\pi\quad\cdots\cdots①$$

$$\therefore\ r=2\sqrt{2}\quad かつ \quad \theta=\frac{\pi}{6},\ \frac{7\pi}{6}$$

$$\therefore\ z=2\sqrt{2}\left(\frac{\sqrt{3}}{2}+\frac{1}{2}i\right),\ 2\sqrt{2}\left(-\frac{\sqrt{3}}{2}-\frac{1}{2}i\right)$$

実部が負のものは，$z=\boldsymbol{-\sqrt{6}-\sqrt{2}i}$

▨　zの偏角θが$0\sim2\pi$を動くとき，z^2の偏角2θは$0\sim4\pi$を動くことに注意しましょう．偏角を比較するとき，①のように2θは，$\dfrac{\pi}{3}$か$\dfrac{\pi}{3}+2\pi$になります．

§5. 図形への応用

すでに，掛け算の図形的な意味は述べましたが，ここで足し算，掛け算の図形的意味をまとめておきましょう．

・**足し算**　A(α)，B(β)とする．

点αに対してβを足して得られる点$\alpha+\beta$は，点αを$\overrightarrow{\mathrm{OB}}$だけ平行移動して得られる点．

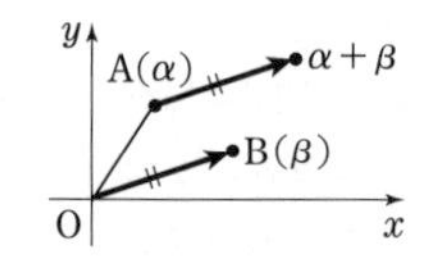

・**掛け算**　（p.33の図4を参照）αをβ倍するとき，点$\alpha\beta$は，点αを原点を中心に$\arg\beta$回転して，さらに$|\beta|$倍の拡大をして得られる点．

$\cos\theta+i\sin\theta$を掛けることは，原点Oのまわりにθ回転することですが，点A(α)のまわりに点B(β)をθ回転して得られる点C(γ)を求めるにはどうしたらよいでしょうか？

それには，A(α)が原点Oになるように平行移動すればよく，右図のようになるので，

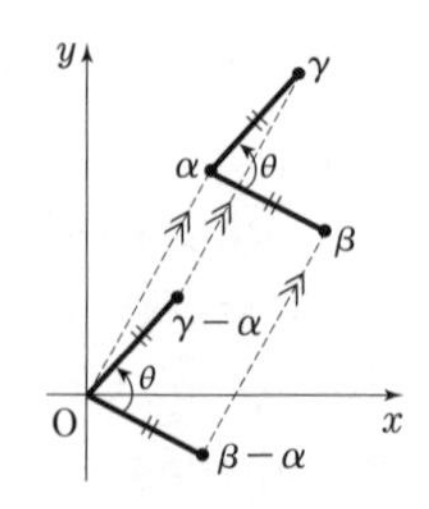

$\gamma-\alpha=(\beta-\alpha)(\cos\theta+i\sin\theta)$

となります．上式は，$\overrightarrow{AB}$（対応する複素数は$\beta-\alpha$）をθ回転すると$\overrightarrow{AC}$（対応する複素数は$\gamma-\alpha$）になることを意味します．上式の右辺で，$\cos\theta+i\sin\theta$の代わりに$r(\cos\theta+i\sin\theta)$にすると，$\overrightarrow{AB}$を$\theta$回転して$r$倍に拡大したものが$\overrightarrow{AC}$であることを意味します．

ベクトルを回転し拡大すると考えれば，“平行移動”する必要はありません．

---

5. 複素数平面上に，$\alpha=2+3i$，$\beta=3+2i$がある．αを中心としてβを60°回転した複素数γを求めよ．

（中部大・工）

αを始点とするベクトルを回転させます．

解　A(α)，B(β)，C(γ)とすると，$\overrightarrow{AB}$を60°回転させると$\overrightarrow{AC}$になるから，

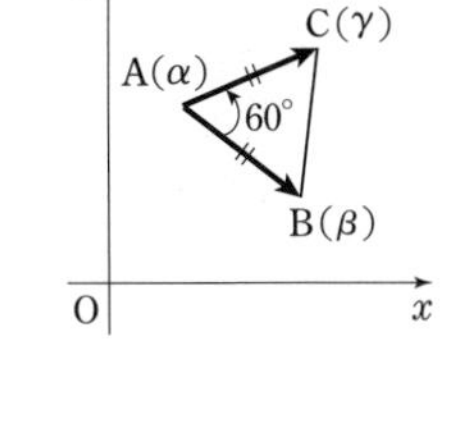

$$\gamma-\alpha=(\beta-\alpha)(\cos60^\circ+i\sin60^\circ)$$

$$\therefore\ \gamma=\alpha+(\beta-\alpha)\left(\frac{1}{2}+\frac{\sqrt{3}}{2}i\right)$$

$$=2+3i+(1-i)\left(\frac{1}{2}+\frac{\sqrt{3}}{2}i\right)=\boldsymbol{\frac{5+\sqrt{3}}{2}+\frac{5+\sqrt{3}}{2}i}$$

▨　本問の$\triangle\alpha\beta\gamma$は，正三角形です，$\gamma$を$\triangle\alpha\beta\gamma$が正三角形になるように定めるときも，本問と同様に$\pm60°$回転を使うのがよいでしょう．

今度は，与えられた式の図形的な意味を解釈する問題を考えてみましょう．

---

6. 複素数平面上で，複素数α，β，γを表す点をそれぞれA，B，Cとし，$\dfrac{\gamma-\alpha}{\beta-\alpha}=1+i$を満たしている．このとき，AB：ACを求めよ．また，∠A，∠Bを求めよ．

（類　九州東海大）

複素数の差をベクトルと見ます．与えられた与式の右辺を$r(\cos\theta+i\sin\theta)$の形（極形式）で表し，分母を払えば，$\overrightarrow{AB}$を$\theta$回転して$r$倍したものが$\overrightarrow{AC}$ということが分かります．

解　（$|1+i|=\sqrt{2}$であるから，）

$$1+i=\sqrt{2}\left(\frac{1}{\sqrt{2}}+\frac{1}{\sqrt{2}}i\right)=\sqrt{2}(\cos45^\circ+i\sin45^\circ)$$

$$\therefore\ \frac{\gamma-\alpha}{\beta-\alpha}=\sqrt{2}(\cos45^\circ+i\sin45^\circ)$$

$$\therefore\ \gamma-\alpha=(\beta-\alpha)\times\sqrt{2}(\cos45^\circ+i\sin45^\circ)$$

これは$\overrightarrow{AB}$を45°回転して$\sqrt{2}$倍したものが$\overrightarrow{AC}$であることを意味する．よって，

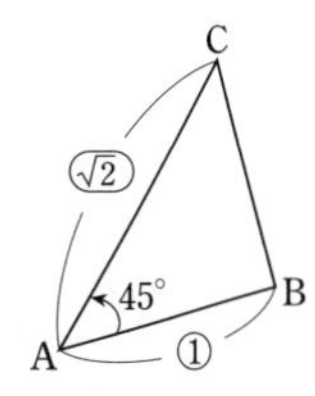

AB：AC＝1：$\sqrt{2}$，**∠A＝45°**であり，△ABCは直角二等辺三角形で，**∠B＝90°**

---

7. $|z|=1$のとき，$|2\sqrt{2}+i+z|$は最大値□をとる．

（中部大・経営情報）

本問は図形が前面に現れていませんが，A(α)，B(β)に対して，$|\alpha-\beta|=$ABであることに着目すると図形的に解くことができます．このように図形に結びつけて解くと有利になることが少なくありません．

$|z|=1$は単位円を表します．円がらみの距離の最大・最小では，円の中心を補助にします．

解　$|2\sqrt{2}+i+z|=|z-(-2\sqrt{2}-i)|$　…………①

であるから，P(z)，A($-2\sqrt{2}-i$)とおくと，

①＝AP

$|z|=1$であるから，Pは単位円C上を動き，APが最大になるのは，PがAOの延長と円Cとの交点（図のB）に一致するとき．このとき，

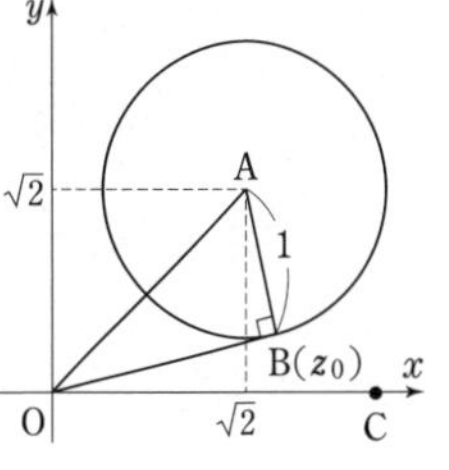

AP＝AB＝AO＋(円Cの半径)＝3＋1＝**4**

➡**注**　計算で求めるなら極表示します．$|z|=1$のとき，$z=\cos\theta+i\sin\theta$と表せることに着目します．

---

8. $|z-(\sqrt{2}+\sqrt{2}i)|=1$を満たす複素数$z$の中で，偏角（0°以上360°未満とする）が最小となるzは，$|z|=$□，$\arg z=$□を満たす．

前問と同様に図形的に考えましょう．$|z-\alpha|=r$は，点αを中心とする半径rの円を表します．

解　zは中心が$\sqrt{2}+\sqrt{2}i$，半径1の円周上の点である．よって，偏角が最小となるzは，右図のz_0の場合である．

A($\sqrt{2}+\sqrt{2}i$)，B(z_0)とする．図で∠COA＝45°．

OA：AB＝2：1により，∠AOB＝30°．よって，OB＝$\sqrt{3}$で，∠COB＝15°

よって，$|z_0|=$OB＝$\boldsymbol{\sqrt{3}}$，$\arg z_0=$**15°**

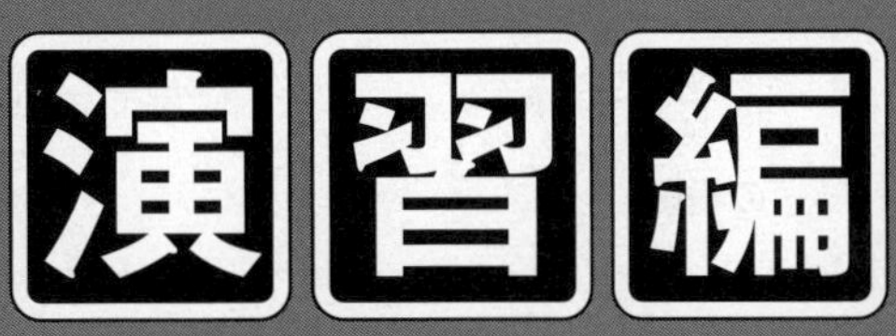

演習編

演習1 セット1

極限

▶テーマは「極限」ですが，区分求積法は「積分法（計算問題）」で扱います．◀

1．分数式の極限

（1） 極限値 $\lim_{n\to\infty}\dfrac{n^4}{1^3+2^3+3^3+\cdots+n^3}$ を求めよ．

（藤田保健衛生大・医）

（2） $\lim_{x\to\infty}\{\log_2(64x^2-6x+9)-\log_4(x^4+x^2+6)\}$

$=\square$ （国士舘大・理工）

（3） $\lim_{x\to1-0}\dfrac{x^3-1}{|x-1|}$ を求めよ． （東京都市大・工）

2．$\sqrt{}$ の極限

（1） $\lim_{n\to\infty}(\sqrt{(n+1)(n+3)}-\sqrt{n(n+2)})$ を求めよ．

（福島大・人間発達文化）

（2） $\lim_{x\to-\infty}(4x+3+\sqrt{16x^2+9})=\square$ である．

（聖マリアンナ医大）

3．r^n の極限

（1） $\lim_{n\to\infty}\dfrac{3^n-2^n}{3^{n+1}+2^{n+1}}=\square$ （広島市立大－後）

（2） 無限数列 $\left\{\dfrac{x^n-5}{x^n+5}\right\}$ の収束・発散について，x の値を場合分けしたうえで調べなさい．

（前橋工科大）

4．三角関数の極限

（1） $\lim_{x\to\infty}x^2\sin\dfrac{1}{x^2}=\square$ （中部大）

（2） $\lim_{x\to0}\dfrac{\sin2x}{\sin3x}=\square$ （国士舘大・理工）

（3） $\lim_{x\to0}\dfrac{\sqrt{1-\tan2x}-\sqrt{1+\tan2x}}{x}$ を求めよ．

（奈良県医大）

（4） $\lim_{x\to0}\dfrac{1-\cos x}{\sqrt{4+x^2}-2}$ を求めよ． （電通大－後）

5．指数・対数関数の極限

（1） $\lim_{x\to0}\dfrac{e^x+x-1}{\sin x}=\square$ （立教大・理）

（2） $\lim_{x\to0}\dfrac{\log(1+x)-\log(1-x)}{x}=\square$

（関大・理工系）

（3） $\lim_{n\to\infty}\left(1+\dfrac{1}{n^2}\right)^{1+n^2}$ を求めよ． （小樽商大－後）

6．無限級数

（1） 無限級数 $\sum_{n=1}^{\infty}\dfrac{1}{4n^2+4n-3}$ の和は $\square$ である．

（神奈川大・理，工）

（2） 無限級数 $\sum_{n=1}^{\infty}\dfrac{3^n-2^n}{5^n}$ の和は $\square$ である．

（福岡大・理系）

（3） 初項 1，公比 $x(1-x)$ の無限等比級数が収束するための x のとりうる範囲は，$\square$ となる．

（類 自治医大・医）

7．やや応用的な問題

（1） $\lim_{x\to\pi}\dfrac{\sin x}{x^2-\pi^2}=\square$ （神奈川大・理，工）

（2） $\lim_{h\to0}\dfrac{h}{\tan2(x+h)-\tan2x}=\square$

（北見工大）

（3） 極限 $\lim_{x\to1}\dfrac{a\sqrt{x}-4}{x-1}$ が有限な値となるような定数 a の値は $\square$ であり，そのときの極限値は $\square$ である． （関学・教，総政，理工）

（4） $f'(a)$が存在するとき，

$$\lim_{h\to0}\frac{f(a+h)-f(a-h)}{h}=\square f'(a),$$

$$\lim_{h\to0}\frac{f(a+3h)-f(a+h)}{h}=\square f'(a)$$

が成り立つ． （玉川大）

◎問題の難易と目標時間（記号については☞ p.2）

5分もかからず解いて欲しい問題は無印です．

1…(1) A (2) A○ (3) A 2…(1) A (2) A○

3…(1) A (2) A○

4…(1) A (2) A (3) A○ (4) A○

5…(1) A (2) A (3) A 6…(1) A○ (2) A (3) A

7…(1) A○ (2) A○ (3) A○ (4) A○

解　　説

1. $n\to\infty$のとき，$\dfrac{\infty}{\infty}$になるものは，分母・分子を同じもので割って，各項が定数や$\dfrac{1}{n}$など収束する形に直します．分母・分子がnの多項式の場合は，その最高次の項（例えば3次ならn^3）で割ります．

なお，(1)(2)ともまず lim の中身を計算します．

(2)では，底を2にそろえ log を1つにまとめます．

(3)　$x\to1-0$のときは$x<1$なので絶対値が外れます．

解　(1)　$1^3+2^3+3^3+\cdots+n^3=\left\{\dfrac{1}{2}n(n+1)\right\}^2$

であるから，lim の中身をAとおくと，

$$A=\frac{n^4}{\left\{\frac{1}{2}n(n+1)\right\}^2}=4\cdot\frac{n^2}{(n+1)^2}\quad\left(\begin{matrix}\text{分母・分子を}\\ n^2\text{で割って}\end{matrix}\right)$$

$$=4\cdot\frac{1}{\left(1+\frac{1}{n}\right)^2}\xrightarrow{n\to\infty}4\cdot\frac{1}{(1+0)^2}=\mathbf{4}$$

(2)　lim の中身をBとおくと，

$$B=\log_2(64x^2-6x+9)-\log_4(x^4+x^2+6)$$

$$=\log_2(64x^2-6x+9)-\frac{\log_2(x^4+x^2+6)}{\log_2 4}$$

$$=\frac{1}{2}\{2\log_2(64x^2-6x+9)-\log_2(x^4+x^2+6)\}$$

$$=\frac{1}{2}\log_2\frac{(64x^2-6x+9)^2}{x^4+x^2+6}\quad\left(\begin{matrix}\text{分母・分子を}\\ x^4\text{で割って}\end{matrix}\right)$$

$$=\frac{1}{2}\log_2\frac{\left(64-\frac{6}{x}+\frac{9}{x^2}\right)^2}{1+\frac{1}{x^2}+\frac{6}{x^4}}\xrightarrow{x\to\infty}\frac{1}{2}\log_2 64^2$$

$$=\log_2 64=\log_2 2^6=\mathbf{6}$$

(3)　$x\to1-0$のとき，$x<1$であるから，このとき，

$$\frac{x^3-1}{|x-1|}=\frac{x^3-1}{-(x-1)}=-(x^2+x+1)$$

$$\xrightarrow{x\to1-0}-(1+1+1)=\mathbf{-3}$$

2. (1)　$\infty-\infty$になるものは，分母1の分数とみて，分子を有理化するのが定石です．

(2)　$x\to-\infty$のままでは符号ミスなどしやすいので，$x=-y$とおいて，$y\to\infty$に直しましょう（☞注）．

解　(1)　$A=(n+1)(n+3)$，$B=n(n+2)$とおくと，

$$\sqrt{(n+1)(n+3)}-\sqrt{n(n+2)}=\sqrt{A}-\sqrt{B}$$

$$=\frac{(\sqrt{A}-\sqrt{B})(\sqrt{A}+\sqrt{B})}{\sqrt{A}+\sqrt{B}}=\frac{A-B}{\sqrt{A}+\sqrt{B}}$$

$$=\frac{(n+1)(n+3)-n(n+2)}{\sqrt{(n+1)(n+3)}+\sqrt{n(n+2)}}$$

$$=\frac{2n+3}{\sqrt{(n+1)(n+3)}+\sqrt{n(n+2)}}$$

（分母・分子をnで割って）

$$=\frac{2+\frac{3}{n}}{\sqrt{1+\frac{4}{n}+\frac{3}{n^2}}+\sqrt{1+\frac{2}{n}}}\xrightarrow{n\to\infty}\frac{2}{1+1}=\mathbf{1}$$

(2)　$x=-y$とおくと，$x\to-\infty$のとき$y\to\infty$.

$$4x+3+\sqrt{16x^2+9}=\sqrt{16y^2+9}-(4y-3)$$

$$=\frac{\{\sqrt{16y^2+9}-(4y-3)\}\{\sqrt{16y^2+9}+(4y-3)\}}{\sqrt{16y^2+9}+(4y-3)}$$

$$=\frac{(16y^2+9)-(4y-3)^2}{\sqrt{16y^2+9}+(4y-3)}=\frac{24y}{\sqrt{16y^2+9}+(4y-3)}$$

$$=\frac{24}{\sqrt{16+\frac{9}{y^2}}+4-\frac{3}{y}}\xrightarrow{y\to\infty}\frac{24}{4+4}=\mathbf{3}$$

➩**注**　$\sqrt{16x^2+9}+4x+3$

$$=\frac{-24x}{\sqrt{16x^2+9}-4x-3}=\frac{-24}{\sqrt{16+\frac{9}{x^2}}-4-\frac{3}{x}}\xrightarrow{x\to-\infty}-\infty$$

とするのは間違いです．$x<0$のときは，$\sqrt{x^2}=-x$なので，〰〰の前にマイナスがつきます．このやり方はミスしやすいので止めましょう．

3. $n\to\infty$のとき，r^nが収束するのは，

- $r=1$のとき，$r^n\to1$　$(n\to\infty)$
- $-1<r<1$のとき，$r^n\to0$　$(n\to\infty)$

の2つの場合だけです．

(1)　●^{n}について，|●|が一番大きい●^{n}で，分母・分子を割ります．

解　(1)（分母・分子を3^nで割って）

$$\frac{3^n-2^n}{3^{n+1}+2^{n+1}}=\frac{1-\left(\frac{2}{3}\right)^n}{3+2\left(\frac{2}{3}\right)^n}\xrightarrow{n\to\infty}\frac{1-0}{3+0}=\mathbf{\frac{1}{3}}$$

(2)　**・$-1<x<1$のとき，**

$$\frac{x^n-5}{x^n+5}\xrightarrow{n\to\infty}\frac{0-5}{0+5}=\mathbf{-1}\ \textbf{（収束）}$$

・$x=1$のとき，$\dfrac{x^n-5}{x^n+5}=\dfrac{1-5}{1+5}=-\mathbf{\dfrac{2}{3}}$ **（収束）**

・$x=-1$のとき，$\dfrac{x^n-5}{x^n+5}=\dfrac{(-1)^n-5}{(-1)^n+5}$は，$n$が偶数のとき$-\dfrac{2}{3}$，$n$が奇数のとき$-\dfrac{3}{2}$となるので，**発散する．**

・$x<-1$，$1<x$ のとき，$\dfrac{x^n-5}{x^n+5}=\dfrac{1-\dfrac{5}{x^n}}{1+\dfrac{5}{x^n}}=1$ **(収束)**

4. (1)(2) $\displaystyle\lim_{x\to0}\frac{\sin x}{x}=1$ が最重要公式です．

$\dfrac{\sin●}{●}$（か $\dfrac{●}{\sin●}$）の形を作って極限を求めます（●には同じ式が入り，●→0 のとき極限値はともに 1）．まず sinの中身●を分母（か分子）にもってきて，そのあとつじつまが合うように係数などを調節します．

(3) 分子を有理化し，tan は $\dfrac{\sin}{\cos}$ に直します．

(4) 分母を有理化します．分母・分子に $1+\cos x$ を掛けると sin が作れます．

解 (1) $x\to\infty$ のとき，$\dfrac{1}{x^2}\to0$ であるから，

$$x^2\sin\frac{1}{x^2}=\frac{\sin\dfrac{1}{x^2}}{\dfrac{1}{x^2}}\xrightarrow{x\to\infty}\mathbf{1}$$

(2) $\dfrac{\sin2x}{\sin3x}=\dfrac{\sin2x}{2x}\cdot\dfrac{3x}{\sin3x}\cdot\dfrac{2}{3}\xrightarrow{x\to0}1\cdot1\cdot\dfrac{2}{3}=\boldsymbol{\dfrac{2}{3}}$

(3) $\dfrac{\sqrt{1-\tan2x}-\sqrt{1+\tan2x}}{x}$

$=\dfrac{1}{x}\cdot\dfrac{(1-\tan2x)-(1+\tan2x)}{\sqrt{1-\tan2x}+\sqrt{1+\tan2x}}$

$=-\dfrac{2\tan2x}{x}\cdot\dfrac{1}{\sqrt{1-\tan2x}+\sqrt{1+\tan2x}}$ ……①

ここで，①の右側の分数は，$x\to0$ のとき収束する．

また，$\dfrac{\tan\theta}{\theta}=\dfrac{\sin\theta}{\theta}\cdot\dfrac{1}{\cos\theta}$ により，$\displaystyle\lim_{\theta\to0}\frac{\tan\theta}{\theta}=1$

であるから，$\dfrac{2\tan2x}{x}=\dfrac{\tan2x}{2x}\cdot4\xrightarrow{x\to0}1\cdot4=4$

よって，① $\xrightarrow{x\to0}-4\cdot\dfrac{1}{1+1}=\mathbf{-2}$

(4) $\dfrac{1-\cos x}{\sqrt{4+x^2}-2}=\dfrac{(1-\cos x)(\sqrt{4+x^2}+2)}{(\sqrt{4+x^2}-2)(\sqrt{4+x^2}+2)}$

$=\dfrac{1-\cos x}{x^2}(\sqrt{4+x^2}+2)$ ……………………②

ここで，$\dfrac{1-\cos x}{x^2}=\dfrac{(1-\cos x)(1+\cos x)}{x^2(1+\cos x)}$

$=\dfrac{\sin^2x}{x^2(1+\cos x)}=\left(\dfrac{\sin x}{x}\right)^2\cdot\dfrac{1}{1+\cos x}\xrightarrow{x\to0}1^2\cdot\dfrac{1}{2}=\dfrac{1}{2}$

により，$\displaystyle\lim_{x\to0}\frac{1-\cos x}{x^2}=\frac{1}{2}$ ……………………③

よって，② $\xrightarrow{x\to0}\dfrac{1}{2}\cdot(2+2)=\mathbf{2}$

⇨**注** ③は半角の公式からも導けます．

$1-\cos x=2\sin^2\dfrac{x}{2}$ であり，$\dfrac{x}{2}=\theta$ とおくと（←見易くするためです），$x\to0$ のとき $\theta\to0$ であり，

$\dfrac{1-\cos x}{x^2}=\dfrac{2\sin^2\theta}{(2\theta)^2}=\dfrac{1}{2}\left(\dfrac{\sin\theta}{\theta}\right)^2\xrightarrow{\theta\to0}\dfrac{1}{2}\cdot1^2=\dfrac{1}{2}$

5. (1)(2)は，$\displaystyle\lim_{h\to0}\frac{e^h-1}{h}=1$，$\displaystyle\lim_{h\to0}\frac{\log(1+h)}{h}=1$ の公式を使います．(3)は，1^∞ の形をしていて，このタイプの極限は，$\displaystyle\lim_{n\to\infty}\left(1+\frac{1}{n}\right)^n=e$ …☆ か $\displaystyle\lim_{h\to0}(1+h)^{\frac{1}{h}}=e$ の公式に結び付けて求めます．これらの公式の利用の仕方も，前問の 4 番と同様です．例えば，(3)の問題は，$\left(1+\dfrac{1}{▲}\right)^{△}$ の形をしていますが，▲と△が一致していないのでそのままでは☆の公式が使えません．カッコの中身は変えようがないので，指数部分△で調節します．

解 (1) $\dfrac{e^x+x-1}{\sin x}=\dfrac{e^x-1}{\sin x}+\dfrac{x}{\sin x}$

$=\dfrac{e^x-1}{x}\cdot\dfrac{x}{\sin x}+\dfrac{x}{\sin x}\xrightarrow{x\to0}1\cdot1+1=\mathbf{2}$

(2) $\dfrac{\log(1+x)-\log(1-x)}{x}$

$=\dfrac{\log(1+x)}{x}+\dfrac{\log(1-x)}{-x}$ ……………………①

$x\to0$ のとき，$-x\to0$ でもあるから，

① $\to1+1=\mathbf{2}$

(3) $\left(1+\dfrac{1}{n^2}\right)^{1+n^2}=\left(1+\dfrac{1}{n^2}\right)^1\cdot\left(1+\dfrac{1}{n^2}\right)^{n^2}$

$\xrightarrow{n\to\infty}1^1\cdot e=\boldsymbol{e}$

6. $\displaystyle\sum_{n=1}^{\infty}a_n$ は，$\displaystyle\lim_{N\to\infty}\sum_{n=1}^{N}a_n$ として計算する（(1)は $\displaystyle\sum_{n=1}^{N}a_n$ を求めて解きます．シグマの中を差の形にします．加えたときに何個ずつ残るのかを間違えないように）のが原則です．ただし，無限等比級数（等比数列の無限級数）では次の公式が使えます．

$a\neq0$ とする．無限等比級数 $\displaystyle\sum_{n=1}^{\infty}ar^{n-1}$ は

$|r|<1$ のとき収束し，$\displaystyle\sum_{n=1}^{\infty}ar^{n-1}=\frac{a}{1-r}=\frac{初項}{1-公比}$

なお，無限等比級数が収束する条件は，「初項=0 または $-1<$公比<1」です．

解 (1) $4n^2+4n-3=(2n-1)(2n+3)$ である．

$\dfrac{1}{2n-1}-\dfrac{1}{2n+3}=\dfrac{4}{(2n-1)(2n+3)}=\dfrac{4}{4n^2+4n-3}$

により，

$$\sum_{n=1}^{N}\frac{1}{4n^2+4n-3}=\frac{1}{4}\sum_{n=1}^{N}\left(\frac{1}{2n-1}-\frac{1}{2n+3}\right)$$

$$=\frac{1}{4}\left\{\left(\frac{1}{1}-\frac{1}{5}\right)+\left(\frac{1}{3}-\frac{1}{7}\right)+\left(\frac{1}{5}-\frac{1}{9}\right)\right.$$

$$+\cdots+\left(\frac{1}{2N-5}-\frac{1}{2N-1}\right)+\left(\frac{1}{2N-3}-\frac{1}{2N+1}\right)$$

$$\left.+\left(\frac{1}{2N-1}-\frac{1}{2N+3}\right)\right\}$$

$$=\frac{1}{4}\left(\frac{1}{1}+\frac{1}{3}-\frac{1}{2N+1}-\frac{1}{2N+3}\right)\quad\cdots\cdots\cdots\cdots\cdots\cdots①$$

$$\therefore\ \sum_{n=1}^{\infty}\frac{1}{4n^2+4n-3}=\lim_{N\to\infty}①=\frac{1}{4}\left(\frac{1}{1}+\frac{1}{3}\right)=\mathbf{\frac{1}{3}}$$

(2) $\dfrac{3^n-2^n}{5^n}=\dfrac{3^n}{5^n}-\dfrac{2^n}{5^n}=\left(\dfrac{3}{5}\right)^n-\left(\dfrac{2}{5}\right)^n$

$\displaystyle\sum_{n=1}^{\infty}\left(\frac{3}{5}\right)^n$, $\displaystyle\sum_{n=1}^{\infty}\left(\frac{2}{5}\right)^n$ は，いずれも $-1<$公比<1 の無限等比級数であるから，収束して，その和は，

$$\sum_{n=1}^{\infty}\left(\frac{3}{5}\right)^n=\frac{\frac{3}{5}}{1-\frac{3}{5}}=\frac{3}{2},\quad \sum_{n=1}^{\infty}\left(\frac{2}{5}\right)^n=\frac{\frac{2}{5}}{1-\frac{2}{5}}=\frac{2}{3}$$

よって，$\displaystyle\sum_{n=1}^{\infty}\frac{3^n-2^n}{5^n}=\sum_{n=1}^{\infty}\left(\frac{3}{5}\right)^n-\sum_{n=1}^{\infty}\left(\frac{2}{5}\right)^n=\frac{3}{2}-\frac{2}{3}=\mathbf{\frac{5}{6}}$

(3) 初項が 0 でない，公比 $x(1-x)$ の無限等比級数が収束するための条件は，$-1<x(1-x)<1$ である．よって，

$$x^2-x-1<0 \text{ かつ } x^2-x+1>0$$

$x^2-x+1=\left(x-\dfrac{1}{2}\right)^2+\dfrac{3}{4}$ により，上の第 2 式は成り立つから，第 1 式を解いて，$\mathbf{\dfrac{1-\sqrt{5}}{2}<x<\dfrac{1+\sqrt{5}}{2}}$

7. (1) $\displaystyle\lim_{\theta\to0}\frac{\sin\theta}{\theta}=1$ の公式に結びつけ易くするために $x-\pi=\theta$ とおきましょう．$x\to\pi$ が $\theta\to0$ になって扱い易くなります．微分係数に結びつける方法もあります．

(2) 加法定理で展開してできます．前問と同様に，微分係数に結びる方法もあります．

(3) $x\to1$ のとき，$\dfrac{A}{0}$ になるものが有限の値に収束するなら，$A=0$ です．

(4) 強引に微分係数の定義に結びつけましょう．

解 (1) $x-\pi=\theta$ とおくと，$x\to\pi$ のとき $\theta\to0$．$x=\theta+\pi$ であり，$\sin x=\sin(\theta+\pi)=-\sin\theta$ であるから，

$$\frac{\sin x}{x^2-\pi^2}=\frac{\sin x}{(x-\pi)(x+\pi)}=\frac{-\sin\theta}{\theta(\theta+2\pi)}$$

$$=-\frac{\sin\theta}{\theta}\cdot\frac{1}{\theta+2\pi}\xrightarrow{\theta\to0}-1\cdot\frac{1}{0+2\pi}=\mathbf{-\frac{1}{2\pi}}$$

▨ 微分係数の定義に結び付けると：

$f(x)=\sin x$ とおくと，$f(\pi)=0$ であり，

$$\frac{\sin x}{x^2-\pi^2}=\frac{f(x)-f(\pi)}{(x-\pi)(x+\pi)}=\frac{f(x)-f(\pi)}{x-\pi}\cdot\frac{1}{x+\pi}\cdots①$$

$f'(x)=\cos x$ であり，

$$\lim_{x\to\pi}\frac{f(x)-f(\pi)}{x-\pi}=f'(\pi)=\cos\pi=-1$$

よって，$①\xrightarrow{x\to\pi}-1\cdot\dfrac{1}{\pi+\pi}=-\dfrac{1}{2\pi}$

(2) $\tan2(x+h)-\tan2x=\tan(2x+2h)-\tan2x$

$$=\frac{\tan2x+\tan2h}{1-\tan2x\tan2h}-\tan2x=\frac{(1+\tan^2 2x)\tan2h}{1-\tan2x\tan2h}\cdots①$$

$$\frac{h}{\tan2(x+h)-\tan2x}=\frac{h}{①}=\frac{2h}{\tan2h}\cdot\frac{1}{2}\cdot\frac{1-\tan2x\tan2h}{1+\tan^2 2x}$$

$$\xrightarrow{h\to0}1\cdot\frac{1}{2}\cdot\frac{1}{1+\tan^2 2x}=\mathbf{\frac{1}{2}\cos^2 2x}$$

▨ 微分係数の定義に結び付けると：

$f(x)=\tan2x$ とおくと，$f'(x)=\dfrac{1}{\cos^2 2x}\cdot2$ であり，

$$\lim_{h\to0}\frac{f(x+h)-f(x)}{h}=f'(x)=\frac{2}{\cos^2 2x}$$

求める極限は，この逆数です．

(3) $f(x)=\dfrac{a\sqrt{x}-4}{x-1}$ が $x\to1$ のとき収束する．

(分母) $\xrightarrow{x\to1}0$ であるから，(分子) $\xrightarrow{x\to1}0$

よって，$a\sqrt{1}-4=0$　　$\therefore$ $\mathbf{a=4}$

このとき，$f(x)$ の分子を有理化して，

$$f(x)=\frac{4(\sqrt{x}-1)}{x-1}=\frac{4(\sqrt{x}-1)(\sqrt{x}+1)}{(x-1)(\sqrt{x}+1)}$$

$$=\frac{4(x-1)}{(x-1)(\sqrt{x}+1)}=\frac{4}{\sqrt{x}+1}\xrightarrow{x\to1}\frac{4}{\sqrt{1}+1}=\mathbf{2}$$

(4) $\dfrac{f(a+h)-f(a-h)}{h}$

$$=\frac{f(a+h)-f(a)-\{f(a-h)-f(a)\}}{h}$$

$$=\frac{f(a+h)-f(a)}{h}+\frac{f(a-h)-f(a)}{-h}$$

$$\xrightarrow{h\to0}f'(a)+f'(a)=\mathbf{2f'(a)}$$

$\dfrac{f(a+3h)-f(a+h)}{h}$

$$=\frac{f(a+3h)-f(a)-\{f(a+h)-f(a)\}}{h}$$

$$=\frac{f(a+3h)-f(a)}{3h}\cdot3-\frac{f(a+h)-f(a)}{h}$$

$$\xrightarrow{h\to0}3f'(a)-f'(a)=\mathbf{2f'(a)}$$

⇨**注** 同様にして，p，q を定数とするとき，

$$\lim_{h\to0}\frac{f(a+ph)-f(a+qh)}{h}=(p-q)f'(a)$$

演習1 セット2

極限

▶テーマは「極限」ですが，区分求積法は「積分法（計算問題）」で扱います.◀

1. 分数式の極限

（1） $\displaystyle\lim_{n\to\infty}\frac{(1+2+3+\cdots+n)^2}{n(1^2+2^2+3^2+\cdots+n^2)}$ （東京電機大）

（2） $\displaystyle\lim_{x\to\infty}\{\log_3(27x+5)+\log_3(9x+2)-\log_3(x^2+5x+6)\}$

（国士舘大・理工）

2. $\sqrt{\quad}$ の極限

（1） $\displaystyle\lim_{x\to 0}\frac{x}{\sqrt{4+x}-2}$ （14 関東学院大・理工）

（2） $\displaystyle\lim_{n\to\infty}(\sqrt{n^2+5n}-\sqrt{n^2+n})$

（京都産大・理系）

（3） $\displaystyle\lim_{x\to-\infty}(\sqrt{x^2+3x}+x)$ （12 関西大・理工系）

3. r^n の極限

（1） $\displaystyle\lim_{n\to\infty}\frac{4^n+3^n}{2^{2n+3}}$ （京都産大・理系）

（2） a を正の定数とする．極限値 $\displaystyle\lim_{x\to-\infty}\frac{4a^{-x}}{2a^x+3a^{-x}}$ は $a>1$ のとき［(ア)］である．また，$a=1$ のとき［(イ)］で，$a<1$ のとき［(ウ)］である．

（国士舘大・理工）

4. 三角関数の極限

（1） $\displaystyle\lim_{x\to\infty}x\sin\frac{1}{x}$ （東京薬大・生命）

（2） $\displaystyle\lim_{x\to 0}\frac{\tan 3x}{4x}$ （金沢工大）

（3） $\displaystyle\lim_{x\to 0}\frac{\sin 5x-\sin x}{\sin 5x+\sin x}$ （東京電機大・工，未来）

（4） $\displaystyle\lim_{x\to 0}\frac{(5x^2+12x)\sin\left(\sin\frac{2}{3}x\right)}{x^2}$

（国士舘大・理工）

（5） $\displaystyle\lim_{x\to 0}\frac{1-\cos x}{x^2}$ （関東学院大・理工）

（6） $\displaystyle\lim_{h\to 0}\frac{\sin\left(\frac{\pi}{3}+h\right)-\sin\frac{\pi}{3}}{\sin h}$

（高知工科大・システム工，環境理工，情／後）

5. 指数・対数関数の極限

（1） $\displaystyle\lim_{h\to 0}\frac{e^{2h+2}-e^2}{h}$ （神奈川大・理，工）

（2） $\displaystyle\lim_{n\to\infty}n\{\log(n+1)-\log n\}$ （金沢工大）

（3） $\displaystyle\lim_{n\to\infty}\left(1+\frac{1}{2n}\right)^n$ （類 関西大・理工系）

6. 無限級数

（1） 無限級数 $\displaystyle\sum_{n=1}^{\infty}\frac{1}{4n^2-1}$ の和は［　］である．

（芝浦工大，茨城大・工／後）

（2） n を自然数とし，等比数列の和

$S_n=x+x(1-x)+x(1-x)^2+\cdots+x(1-x)^{n-1}$

を考える．$x=0$ のとき，$S_n=$［(ア)］である．また，$x\neq 0$ のとき，$S_n=$［(イ)］である．このことから，無限等比級数

$x+x(1-x)+x(1-x)^2+\cdots+x(1-x)^{n-1}+\cdots$

が収束するような x の値の範囲は［(ウ)］である．

（神奈川工科大）

7. やや応用的な問題

（1） $\displaystyle\lim_{x\to 0}\frac{x\log(1+x)}{1-\cos 2x}$ （茨城大・工／後）

（2） 関数 $f(x)=\dfrac{\sqrt{ax+4}-3}{x-1}$ が $x\to 1$ のとき収束するように定数 a の値を定めると $a=$［　］である．また，このときの $f(x)$ の極限値は［　］である．

（摂南大・理工）

（3） a を定数とする．極限値 $\displaystyle\lim_{x\to\frac{4}{3}\pi}\frac{\sin x+a\cos x}{3x-4\pi}$ が存在するとき，$a=$［　］であり，その極限値は［　］である． （関大・社会安全，理工系）

（4） a を定数とし，関数 $y=f(x)$ は $x=a$ で微分可能であるとする．このとき，極限値

$\displaystyle\lim_{h\to 0}\frac{f(a+3h)-f(a-2h)}{h}$ を $f'(a)$ を用いて表せ．

（高知工科大・システム工，環境理工，情）

◎**問題の難易と目標時間**（記号については☞ p.2）

5分もかからず解いて欲しい問題は無印です．

1…(1)A　(2)A　**2**…(1)A　(2)A　(3)A○
3…(1)A　(2)A○
4…(1)A　(2)A　(3)A　(4)A○　(5)A　(6)A○
5…(1)A　(2)A　(3)A　**6**…(1)A○　(2)A
7…(1)A○　(2)A*　(3)A*　(4)A○

解　　説

1．$n\to\infty$ のとき，$\dfrac{\infty}{\infty}$ になるものは，分母・分子を同じもので割って，各項が定数や $\dfrac{1}{n}$ など収束する形に直します．分母・分子が n の多項式の場合は，その最高次の項（例えば3次なら n^3）で割ります．

なお，(1)(2)ともまず lim の中身を計算します．

解　(1)　$(1+2+3+\cdots+n)^2=\left\{\dfrac{1}{2}n(n+1)\right\}^2$ …①

$n(1^2+2^2+3^2+\cdots+n^2)=n\cdot\dfrac{1}{6}n(n+1)(2n+1)$ …②

$$\therefore\ \frac{①}{②}=\frac{1}{4}n^2(n+1)^2\times\frac{6}{n^2(n+1)(2n+1)}=\frac{3}{2}\cdot\frac{n+1}{2n+1}$$

（分母・分子を n で割って）

$$=\frac{3}{2}\cdot\frac{1+\frac{1}{n}}{2+\frac{1}{n}}\xrightarrow{n\to\infty}\frac{3}{2}\cdot\frac{1+0}{2+0}=\mathbf{\frac{3}{4}}$$

(2)　lim の中身を A とおくと，

$$A=\log_3\frac{(27x+5)(9x+2)}{x^2+5x+6}\quad\left(\begin{array}{l}\text{分母・分子を}\\ x^2\text{で割って}\end{array}\right)$$

$$=\log_3\frac{\left(27+\frac{5}{x}\right)\left(9+\frac{2}{x}\right)}{1+\frac{5}{x}+\frac{6}{x^2}}\xrightarrow{x\to\infty}\log_3\frac{27\cdot9}{1}$$

$$=\log_3(3^3\times3^2)=\log_3 3^5=\mathbf{5}$$

2．(1)　$\dfrac{0}{0}$ になりますが，分母を有理化すると「約分」できて，分母の0が解消できます．

(2)　$\infty-\infty$ になるものは，分母1の分数とみて，分子を有理化するのが定石です．

(3)　$x\to-\infty$ のままでは符号ミスなどしやすいので，$x=-y$ とおいて，$y\to\infty$ に直しましょう（☞注）．

解　(1)　分母を有理化すると，

$$\frac{x}{\sqrt{4+x}-2}=\frac{x(\sqrt{4+x}+2)}{(4+x)-2^2}=\frac{x(\sqrt{4+x}+2)}{x}$$

$$=\sqrt{4+x}+2\xrightarrow{x\to0}2+2=\mathbf{4}$$

(2)　$\sqrt{n^2+5n}-\sqrt{n^2+n}$

$$=\frac{(\sqrt{n^2+5n}-\sqrt{n^2+n})(\sqrt{n^2+5n}+\sqrt{n^2+n})}{\sqrt{n^2+5n}+\sqrt{n^2+n}}$$

$$=\frac{(n^2+5n)-(n^2+n)}{\sqrt{n^2+5n}+\sqrt{n^2+n}}=\frac{4n}{\sqrt{n^2+5n}+\sqrt{n^2+n}}$$

（分母・分子を n で割って）

$$=\frac{4}{\sqrt{1+\frac{5}{n}}+\sqrt{1+\frac{1}{n}}}\xrightarrow{n\to\infty}\frac{4}{1+1}=\mathbf{2}$$

(3)　$x=-y$ とおくと，$x\to-\infty$ のとき $y\to\infty$．

$\sqrt{x^2+3x}+x=\sqrt{y^2-3y}-y$

$$=\frac{(\sqrt{y^2-3y}-y)(\sqrt{y^2-3y}+y)}{\sqrt{y^2-3y}+y}=\frac{(y^2-3y)-y^2}{\sqrt{y^2-3y}+y}$$

$$=\frac{-3y}{\sqrt{y^2-3y}+y}=\frac{-3}{\sqrt{1-\frac{3}{y}}+1}\xrightarrow{y\to\infty}\frac{-3}{1+1}=\mathbf{-\frac{3}{2}}$$

⇨**注**　$\sqrt{x^2+3x}+x$

$$=\frac{3x}{\sqrt{x^2+3x}-x}=\frac{3}{\underset{\sim\sim\sim}{\sqrt{1+\frac{3}{x}}}-1}\xrightarrow{x\to-\infty}-\infty$$

とするのは間違いです．$x<0$ のときは，$\sqrt{x^2}=-x$ なので～～の前にマイナスがつきます．このやり方はミスしやすいので止めましょう．

3．$n\to\infty$ のとき，r^n が収束するのは，

・$r=1$ のとき，$r^n\to1$（$n\to\infty$）
・$-1<r<1$ のとき，$r^n\to0$（$n\to\infty$）

の2つの場合だけです．

(1)　指数に n，$2n$ タイプが混在しているときは n にそろえた上で，●^{n} について，|●| が一番大きい ●^{n} で，分母・分子を割ります．

解　(1)　$\dfrac{4^n+3^n}{2^{2n+3}}=\dfrac{4^n+3^n}{2^{2n}\cdot2^3}=\dfrac{4^n+3^n}{4^n\cdot8}$

（分母・分子を 4^n で割って）

$$=\frac{1+\left(\frac{3}{4}\right)^n}{8}\xrightarrow{n\to\infty}\frac{1+0}{8}=\mathbf{\frac{1}{8}}$$

(2)　$x=-y$ とおくと，$x\to-\infty$ のとき $y\to\infty$．

$$\frac{4a^{-x}}{2a^x+3a^{-x}}=\frac{4a^y}{2a^{-y}+3a^y}\quad\cdots\cdots①$$

ア：　$a>1$ のとき，①の分母・分子を a^y で割って，

$$①=\frac{4}{2a^{-2y}+3}=\frac{4}{2(a^{-2})^y+3}\xrightarrow{y\to\infty}\frac{4}{2\cdot0+3}=\mathbf{\frac{4}{3}}$$

（$0<a^{-2}<1$ に注意）

イ：　$a=1$ のとき，$①=\dfrac{4}{2+3}=\mathbf{\dfrac{4}{5}}$

ウ：　$(0<)\ a<1$ のとき，①の分母・分子を a^{-y} で割って，つまり a^y をかけて，

$$①=\frac{4a^{2y}}{2+3a^{2y}}\xrightarrow{y\to\infty}\frac{4\cdot 0}{2+3\cdot 0}=\mathbf{0}$$

4. (1)(3)(4) $\displaystyle\lim_{x\to 0}\frac{\sin x}{x}=1$ が最重要公式です．

$\dfrac{\sin●}{●}$ の形を作って極限を求めます（●には同じ式が入り，●→0 のとき極限値 1）．まず sin の中身●を分母にもってきて，そのあとつじつまが合うように係数などを調節します．

(2) tan は $\dfrac{\sin}{\cos}$ に直します．

(5) 分母・分子に $1+\cos x$ をかけると sin が作れます．

(6) 加法定理を使えば解決します．

解 (1) $x\to\infty$ のとき，$\dfrac{1}{x}\to 0$ であるから，

$$x\sin\frac{1}{x}=\frac{\sin\frac{1}{x}}{\frac{1}{x}}\xrightarrow{x\to\infty}\mathbf{1}$$

(2) $$\frac{\tan 3x}{4x}=\frac{\sin 3x}{\cos 3x}\cdot\frac{1}{4x}=\frac{\sin 3x}{3x}\cdot\frac{3}{4}\cdot\frac{1}{\cos 3x}$$

$$\xrightarrow{x\to 0}1\cdot\frac{3}{4}\cdot\frac{1}{1}=\mathbf{\frac{3}{4}}$$

(3) $$\frac{\sin 5x-\sin x}{\sin 5x+\sin x}=\frac{\frac{\sin 5x}{5x}\cdot 5-\frac{\sin x}{x}}{\frac{\sin 5x}{5x}\cdot 5+\frac{\sin x}{x}}$$

$$\xrightarrow{x\to 0}\frac{5-1}{5+1}=\mathbf{\frac{2}{3}}$$

(4) $$\frac{(5x^2+12x)\sin\left(\sin\frac{2}{3}x\right)}{x^2}$$

$$=\frac{\sin\left(\sin\frac{2}{3}x\right)}{\sin\frac{2}{3}x}\cdot\frac{\sin\frac{2}{3}x}{\frac{2}{3}x}\cdot\frac{2}{3}\cdot(5x+12)$$

$$\xrightarrow{x\to 0}1\cdot 1\cdot\frac{2}{3}\cdot 12=\mathbf{8}$$

(5) $$\frac{1-\cos x}{x^2}=\frac{(1-\cos x)(1+\cos x)}{x^2(1+\cos x)}$$

$$=\frac{\sin^2 x}{x^2(1+\cos x)}=\left(\frac{\sin x}{x}\right)^2\cdot\frac{1}{1+\cos x}\xrightarrow{x\to 0}1^2\cdot\frac{1}{2}=\mathbf{\frac{1}{2}}$$

別解 半角の公式を使うと：

$1-\cos x=2\sin^2\dfrac{x}{2}$ であり，$\dfrac{x}{2}=\theta$ とおくと（←見易くするためです），$x\to 0$ のとき $\theta\to 0$ であり，

$$\frac{1-\cos x}{x^2}=\frac{2\sin^2\theta}{(2\theta)^2}=\frac{1}{2}\left(\frac{\sin\theta}{\theta}\right)^2\xrightarrow{\theta\to 0}\frac{1}{2}\cdot 1^2=\mathbf{\frac{1}{2}}$$

(6) lim の中身を A とおく．

$$\sin\left(\frac{\pi}{3}+h\right)=\sin\frac{\pi}{3}\cos h+\cos\frac{\pi}{3}\sin h$$

$$=\frac{\sqrt{3}}{2}\cos h+\frac{1}{2}\sin h$$

であるから，

$$A=\frac{1}{\sin h}\left\{\frac{\sqrt{3}}{2}(\cos h-1)+\frac{1}{2}\sin h\right\}$$

$$=\frac{\sqrt{3}}{2}\cdot\frac{\cos h-1}{\sin h}+\frac{1}{2}$$

ここで，$$\frac{\cos h-1}{\sin h}=\frac{(\cos h-1)(\cos h+1)}{\sin h(\cos h+1)}$$

$$=\frac{-\sin^2 h}{\sin h(\cos h+1)}=-\frac{\sin h}{\cos h+1}\xrightarrow{h\to 0}0$$

であるから，$\displaystyle\lim_{h\to 0}A=\mathbf{\frac{1}{2}}$

▨ 和積の公式，2 倍角の公式を使っても解けます．

$$A=\frac{2\cos\left(\frac{\pi}{3}+\frac{h}{2}\right)\sin\frac{h}{2}}{2\sin\frac{h}{2}\cos\frac{h}{2}}=\frac{\cos\left(\frac{\pi}{3}+\frac{h}{2}\right)}{\cos\frac{h}{2}}\xrightarrow{h\to 0}\frac{1}{2}$$

5. $\displaystyle\lim_{n\to\infty}\left(1+\frac{1}{n}\right)^n=e$ ……☆，$\displaystyle\lim_{h\to 0}(1+h)^{\frac{1}{h}}=e$

$$\lim_{h\to 0}\frac{\log(1+h)}{h}=1,\ \lim_{h\to 0}\frac{e^h-1}{h}=1$$

の公式に結びつけます．これらの公式の利用の仕方も，前問の 4 番と同様です．例えば，(3)の問題は，$\left(1+\dfrac{1}{▲}\right)^{△}$ の形をしていますが，▲と△が一致していないのでそのままでは☆の公式が使えません．カッコの中身は変えようがないので，指数部分△で調節します．

解 (1) $$\frac{e^{2h+2}-e^2}{h}=e^2\cdot\frac{e^{2h}-1}{h}$$

$$=e^2\cdot\frac{e^{2h}-1}{2h}\cdot 2\xrightarrow{h\to 0}e^2\cdot 1\cdot 2=\mathbf{2e^2}$$

(2) $n\{\log(n+1)-\log n\}$

$$=n\log\left(\frac{n+1}{n}\right)=n\log\left(1+\frac{1}{n}\right)=\log\left(1+\frac{1}{n}\right)^n$$

$$\xrightarrow{n\to\infty}\log e=\mathbf{1}$$

別解 $\displaystyle\lim_{h\to 0}\frac{\log(1+h)}{h}=1$ に結びつけると：

$n\to\infty$ のとき，$\dfrac{1}{n}\to 0$ であるから，

$$n\{\log(n+1)-\log n\}=\frac{\log\left(1+\frac{1}{n}\right)}{\frac{1}{n}}\xrightarrow{n\to\infty}\mathbf{1}$$

(3) $$\left(1+\frac{1}{2n}\right)^n=\left(1+\frac{1}{2n}\right)^{2n\cdot\frac{1}{2}}$$

$$=\left\{\left(1+\frac{1}{2n}\right)^{2n}\right\}^{\frac{1}{2}}\xrightarrow{n\to\infty}\boldsymbol{e}^{\frac{1}{2}}$$

⇨注　同様にして，$\displaystyle\lim_{n\to\infty}\left(1+\frac{a}{n}\right)^n=e^a$

6. $\displaystyle\sum_{n=1}^{\infty}a_n$ は，$\displaystyle\lim_{N\to\infty}\sum_{n=1}^{N}a_n$ として計算する（$\displaystyle\sum_{n=1}^{N}a_n$ を求めて(1)は解きます）のが原則です．ただし，無限等比級数（等比数列の無限級数）では次の公式が使えます．

$a\neq0$ とする．無限等比級数 $\displaystyle\sum_{n=1}^{\infty}ar^{n-1}$ は

$|r|<1$ のとき収束し，$\displaystyle\sum_{n=1}^{\infty}ar^{n-1}=\frac{a}{1-r}=\frac{\text{初項}}{1-\text{公比}}$

なお，無限等比級数が収束する条件は，
「初項$=0$ または $-1<$公比<1」です．

解　(1)　$4n^2-1=(2n-1)(2n+1)$ である．

$\dfrac{1}{2n-1}-\dfrac{1}{2n+1}=\dfrac{2}{(2n-1)(2n+1)}=\dfrac{2}{4n^2-1}$ であるから，

$$\sum_{n=1}^{N}\frac{1}{4n^2-1}=\frac{1}{2}\sum_{n=1}^{N}\left(\frac{1}{2n-1}-\frac{1}{2n+1}\right)$$

$$=\frac{1}{2}\left\{\left(\frac{1}{1}-\frac{1}{3}\right)+\left(\frac{1}{3}-\frac{1}{5}\right)+\left(\frac{1}{5}-\frac{1}{7}\right)+\cdots+\left(\frac{1}{2N-1}-\frac{1}{2N+1}\right)\right\}\quad\cdots①$$

$$\therefore\quad\sum_{n=1}^{\infty}\frac{1}{4n^2-1}=\lim_{N\to\infty}①=\lim_{N\to\infty}\frac{1}{2}\left(1-\frac{1}{2N+1}\right)=\boldsymbol{\frac{1}{2}}$$

(2)　**ア**：　$x=0$ のとき，$S_n=\boldsymbol{0}$

イ：　S_n は，初項 x，公比 $1-x$ $(\neq1)$ の等比数列の第 n 項までの和であるから，

$$S_n=x\cdot\frac{1-(1-x)^n}{1-(1-x)}=\boldsymbol{1-(1-x)^n}$$

ウ：　$n\to\infty$ のとき，S_n が収束する条件は，

$x=0$ または $-1<1-x<1$　∴　$\boldsymbol{0\leqq x<2}$

7. (2)　$x\to1$ のとき，$\dfrac{A}{0}$ になるものが有限の値に収束するなら，少なくとも $A=0$ です．

(3)　(2)と同様にして a が求められます．a を求めた後は，$\displaystyle\lim_{\theta\to0}\frac{\sin\theta}{\theta}=1$ の公式に結びつけ易くするために $x-\dfrac{4}{3}\pi=\theta$ とおきましょう．$x\to\dfrac{4}{3}\pi$ が $\theta\to0$ になって扱い易くなります．

(4)　強引に微分係数の定義に結びつけましょう．

解　(1)　$\dfrac{x\log(1+x)}{1-\cos2x}=\dfrac{x\log(1+x)}{2\sin^2x}$

$$=\frac{1}{2}\cdot\frac{\log(1+x)}{x}\cdot\frac{1}{\left(\dfrac{\sin x}{x}\right)^2}\xrightarrow{x\to0}\frac{1}{2}\cdot1\cdot\frac{1}{1^2}=\boldsymbol{\frac{1}{2}}$$

(2)　$f(x)=\dfrac{\sqrt{ax+4}-3}{x-1}$ が $x\to1$ のとき収束する．

(分母) $\xrightarrow{x\to1}0$ であるから，(分子) $\xrightarrow{x\to1}0$

よって，

$$\sqrt{a+4}-3=0\qquad\therefore\quad \boldsymbol{a=5}$$

このとき，$f(x)$ の分子を有理化して，

$$f(x)=\frac{(\sqrt{5x+4}-3)(\sqrt{5x+4}+3)}{(x-1)(\sqrt{5x+4}+3)}$$

$$=\frac{(5x+4)-9}{(x-1)(\sqrt{5x+4}+3)}=\frac{5(x-1)}{(x-1)(\sqrt{5x+4}+3)}$$

$$=\frac{5}{\sqrt{5x+4}+3}\xrightarrow{x\to1}\frac{5}{\sqrt{9}+3}=\boldsymbol{\frac{5}{6}}$$

▨　後半は，微分係数の定義，この場合は，

$$\lim_{x\to1}\frac{g(x)-g(1)}{x-1}=g'(1)$$

に結びつけて，求めることもできます．

$g(x)=\sqrt{5x+4}-3$ とおくと，$g(1)=0$

$$\lim_{x\to1}f(x)=\lim_{x\to1}\frac{g(x)}{x-1}=\lim_{x\to1}\frac{g(x)-g(1)}{x-1}=g'(1)$$

$g'(x)=\dfrac{(5x+4)'}{2\sqrt{5x+4}}=\dfrac{5}{2\sqrt{5x+4}}$ により，$g'(1)=\dfrac{5}{6}$

(3)　$\dfrac{\sin x+a\cos x}{3x-4\pi}$ が $x\to\dfrac{4}{3}\pi$ のとき収束する．

(分母)$\to0$ であるから，(分子)$\to0$．よって，

$$\sin\frac{4}{3}\pi+a\cos\frac{4}{3}\pi=0$$

$$\therefore\quad -\frac{\sqrt{3}}{2}-\frac{1}{2}a=0\qquad\therefore\quad \boldsymbol{a=-\sqrt{3}}$$

$x-\dfrac{4}{3}\pi=\theta$ とおくと，$x\to\dfrac{4}{3}\pi$ のとき $\theta\to0$.

$\sin x-\sqrt{3}\cos x$

$=\sin\left(\theta+\dfrac{4}{3}\pi\right)-\sqrt{3}\cos\left(\theta+\dfrac{4}{3}\pi\right)$　（加法定理で展開）

$=\sin\theta\cdot\left(-\dfrac{1}{2}\right)+\cos\theta\cdot\left(-\dfrac{\sqrt{3}}{2}\right)$

$\quad-\sqrt{3}\left\{\cos\theta\cdot\left(-\dfrac{1}{2}\right)-\sin\theta\cdot\left(-\dfrac{\sqrt{3}}{2}\right)\right\}$

$=-2\sin\theta$

$$\therefore\quad\frac{\sin x-\sqrt{3}\cos x}{3x-4\pi}=\frac{-2}{3}\cdot\frac{\sin\theta}{\theta}\xrightarrow{\theta\to0}\boldsymbol{-\frac{2}{3}}$$

(4)　$\dfrac{f(a+3h)-f(a-2h)}{h}$

$=\dfrac{f(a+3h)-f(a)-\{f(a-2h)-f(a)\}}{h}$

$=\dfrac{f(a+3h)-f(a)}{3h}\cdot3+\dfrac{f(a-2h)-f(a)}{-2h}\cdot2$

$\xrightarrow{h\to0}f'(a)\cdot3+f'(a)\cdot2=\boldsymbol{5f'(a)}$

演習2 セット1

微分法

【微分の計算その1】

1. 次の関数を微分せよ.

（1） $f(x)=\dfrac{1}{\sqrt[5]{x^3}}$ （関東学院大・理工）

（2） $y=\dfrac{1-x}{1+x^2}$ （福島大・共生－後）

（3） $y=x^2\log_e x$ （福島大・共生）

（4） $f(x)=\log(x+\sqrt{x^2+1})$ （北見工大，東京薬大・生命）

（5） $y=\dfrac{1-\cos x}{1+\cos x}$ （岡山理科大）

（6） $y=e^{-2x}\cos 3x$ （岡山理科大）

（7） $y=e^{x^2}(3x+1)^{\frac{2}{3}}$ （広島市立大－後）

（8） $y=\dfrac{x}{1+e^{\frac{1}{x}}}$ （宮崎大・教，工）

（9） $y=\dfrac{e^{\frac{x}{2}}}{\sqrt{\sin x}}$ （広島市立大）

（10） $f(x)=(x+1)2^{x-3}-2^x-1$ （類　東京都市大・工，知識工）

【微分の計算その2】

2.（1） 次の関数を微分せよ.

$y=x^{\cos x}$ $(x>0)$ （岡山県立大）

（2） サイクロイド $x=\theta-\sin\theta$，$y=1-\cos\theta$ の点 $\left(\dfrac{\pi}{6}-\dfrac{1}{2},\ 1-\dfrac{\sqrt{3}}{2}\right)$ における接線の傾きは $\boxed{}$ である. （東京薬大・生命）

【最大・最小，極値】

3.（1） $0\leqq x\leqq 1$ のとき，関数 $f(x)=\sqrt{x}+2\sqrt{1-x}$ は，$x=\boxed{}$ において最大値 $\boxed{}$ をとる. （立教大・理）

（2） 関数 $f(x)=(2x^2+ax+2a-4)e^{-x}$ が極値をもたないような定数 a の値の範囲を求めよ. （東京電機大）

【接線・法線】

4.（1） 関数 $y=\dfrac{\sin x}{x}$ のグラフの $x=\pi$ における接線の方程式を求めよ. （東京都市大・工，知識工）

（2） 曲線 $y=\sin x$ 上の点Pの x 座標を θ とする. ただし，$0<\theta<\dfrac{\pi}{2}$ とする. この曲線上の点Pにおける法線が x 軸と交わる点をQとおき，点Pから x 軸に下ろした垂線をPRとする. このとき，△PQRの面積の最大値を求めよ. （日本女子大・理）

（3） a を定数とする. 放物線 $y=ax^2$ と曲線 $y=\log x$ がただ1つの共有点Pをもち，点Pで共通の接線をもつ. a の値と点Pの座標を求めよ. ただし，log は自然対数とする. （東京都市大・工）

【グラフ】

5. 関数 $f(x)=\dfrac{x^2+4x-2}{x^2+1}$ について，次の問いに答えよ.

（1） $f'(x)=0$ となる x の値を求めよ.

（2） 極限値 $\displaystyle\lim_{x\to\infty}f(x)$ および $\displaystyle\lim_{x\to-\infty}f(x)$ を求めよ.

（3） 関数 $y=f(x)$ のグラフをかけ. ただし，曲線の凹凸，変曲点は調べなくてよい. （岡山理科大）

6. 関数 $y=\dfrac{1}{x-1}-\dfrac{1}{x}$ のグラフの概形をかけ. （弘前大・教，医，理工）

【その他】

7. $x\neq 1$ とする. $f(x)=-x+2$，$g(x)=\dfrac{1}{x-1}$ であるとき，合成関数 $f(g(x))=\boxed{}$ であるから，$y=f(g(x))$ の逆関数は $y=\boxed{}$ である. また，$g(f(x))=\boxed{}$ であるから，$y=g(f(x))$ の導関数は $y'=\boxed{}$ である. （神奈川工科大）

8. $f(x)=x-1-\log x$ $(x>0)$ とする. $x\neq 1$ のとき，$f(x)>0$ を示せ. （明大・総合数理）

9. $a>0$ とする. $x>0$ で定義された関数 $y=x^2+ax-3a^2\log x$ のグラフが x 軸と共有点をもつような a の範囲を求めよ. （兵庫県立大・工）

◎**問題の難易と目標時間**（記号については☞p.2）

1…A∗∗∗　2…A∗　3…A∗○　4…A∗○　5…A∗○
6…A∗○　7…A∗○　8…A○　9…B∗

解　　説

1．基本関数の導関数の公式

$(x^\alpha)'=\alpha x^{\alpha-1}$，$(\sin x)'=\cos x$，$(\cos x)'=-\sin x$，

$(e^x)'=e^x$，$(a^x)'=a^x\log a$，$(\log|x|)'=\dfrac{1}{x}$

をしっかり覚え，さらに積の微分法，商の微分法，合成関数の微分法（☞p.105 の[2]）を使って計算します．合成関数の微分法の公式を印象的に表すと，

$$\{g(●)\}'=g'(●)\cdot●'$$

です．これを使って，例えば次の公式が導けます．

$$\left\{\frac{1}{f(x)}\right\}'=\{f(x)^{-1}\}'=-f(x)^{-2}\cdot f'(x)=-\frac{f'(x)}{\{f(x)\}^2}$$

$[g(●)=●^{-1},\ ●=f(x)]$

$$\{\log|f(x)|\}'=\frac{1}{f(x)}\cdot f'(x)=\frac{f'(x)}{f(x)}$$

$[g(●)=\log|●|,\ ●=f(x)]$

（1）$x^{\square}$ の形に直して微分しましょう．

（9）分母のルートを $-1/2$ 乗の形にした方が簡単です．

（10）$(a^x)'=xa^{x-1}$ ではありません！ a^x は指数関数であって〰〰は使えません．$(a^x)'=a^x\log a$ です．

なお，答えはなるべく因数分解した形にしておきましょう（$f'(x)$ の符号を調べることが多いから）．

解　（1）

$$\left(\frac{1}{\sqrt[5]{x^3}}\right)'=\left(x^{-\frac{3}{5}}\right)'=-\frac{3}{5}x^{-\frac{8}{5}}\quad\left(=-\frac{3}{5}\cdot\frac{1}{\sqrt[5]{x^8}}\right)$$

（2）
$$\left(\frac{1-x}{1+x^2}\right)'=\frac{(1-x)'(1+x^2)-(1-x)(1+x^2)'}{(1+x^2)^2}$$
$$=\frac{-(1+x^2)-(1-x)\cdot 2x}{(1+x^2)^2}=\frac{x^2-2x-1}{(x^2+1)^2}$$

（3）
$$(x^2\log x)'=(x^2)'\log x+x^2(\log x)'$$
$$=2x\log x+x^2\cdot\frac{1}{x}=2x\log x+x\quad(=x(2\log x+1))$$

（4）
$$\{\log(x+\sqrt{x^2+1})\}'=\frac{(x+\sqrt{x^2+1})'}{x+\sqrt{x^2+1}}$$
$$=\frac{1+\dfrac{(x^2+1)'}{2\sqrt{x^2+1}}}{x+\sqrt{x^2+1}}=\frac{1+\dfrac{x}{\sqrt{x^2+1}}}{x+\sqrt{x^2+1}}=\frac{\dfrac{\sqrt{x^2+1}+x}{\sqrt{x^2+1}}}{x+\sqrt{x^2+1}}=\frac{1}{\sqrt{x^2+1}}$$

⇨**注**　この結果から，

$\displaystyle\int\frac{1}{\sqrt{x^2+1}}dx=\log(x+\sqrt{x^2+1})+C$ が分かります．

（5）
$$\left(\frac{1-\cos x}{1+\cos x}\right)'$$
$$=\frac{(1-\cos x)'(1+\cos x)-(1-\cos x)(1+\cos x)'}{(1+\cos x)^2}$$
$$=\frac{\sin x(1+\cos x)-(1-\cos x)(-\sin x)}{(1+\cos x)^2}=\frac{2\sin x}{(1+\cos x)^2}$$

（6）
$$(e^{-2x}\cos 3x)'=(e^{-2x})'\cos 3x+e^{-2x}(\cos 3x)'$$
$$=e^{-2x}(-2x)'\cos 3x+e^{-2x}(-\sin 3x)(3x)'$$
$$=-2e^{-2x}\cos 3x-3e^{-2x}\sin 3x$$
$$(=-e^{-2x}(2\cos 3x+3\sin 3x))$$

（7）
$$\left(e^{x^2}(3x+1)^{\frac{2}{3}}\right)'$$
$$=(e^{x^2})'(3x+1)^{\frac{2}{3}}+e^{x^2}\left\{(3x+1)^{\frac{2}{3}}\right\}'$$
$$=e^{x^2}(x^2)'(3x+1)^{\frac{2}{3}}+e^{x^2}\cdot\frac{2}{3}(3x+1)^{-\frac{1}{3}}(3x+1)'$$
$$=2xe^{x^2}(3x+1)^{\frac{2}{3}}+2e^{x^2}(3x+1)^{-\frac{1}{3}}$$
$$=2e^{x^2}\cdot\frac{x(3x+1)+1}{(3x+1)^{\frac{1}{3}}}=2e^{x^2}\cdot\frac{3x^2+x+1}{(3x+1)^{\frac{1}{3}}}$$

（8）
$$\left(\frac{x}{1+e^{\frac{1}{x}}}\right)'=\frac{x'\left(1+e^{\frac{1}{x}}\right)-x\left(1+e^{\frac{1}{x}}\right)'}{\left(1+e^{\frac{1}{x}}\right)^2}$$
$$=\frac{1+e^{\frac{1}{x}}-xe^{\frac{1}{x}}\left(\dfrac{1}{x}\right)'}{\left(1+e^{\frac{1}{x}}\right)^2}=\frac{1+e^{\frac{1}{x}}-xe^{\frac{1}{x}}\cdot\left(-\dfrac{1}{x^2}\right)}{\left(1+e^{\frac{1}{x}}\right)^2}$$
$$=\frac{x+(x+1)e^{\frac{1}{x}}}{x\left(1+e^{\frac{1}{x}}\right)^2}$$

（9）
$$\left(\frac{e^{\frac{x}{2}}}{\sqrt{\sin x}}\right)'=\left\{e^{\frac{x}{2}}(\sin x)^{-\frac{1}{2}}\right\}'$$
$$=\left(e^{\frac{x}{2}}\right)'(\sin x)^{-\frac{1}{2}}+e^{\frac{x}{2}}\left\{(\sin x)^{-\frac{1}{2}}\right\}'$$
$$=e^{\frac{x}{2}}\left(\frac{x}{2}\right)'(\sin x)^{-\frac{1}{2}}+e^{\frac{x}{2}}\cdot\frac{-1}{2}(\sin x)^{-\frac{3}{2}}(\sin x)'$$
$$=\frac{1}{2}e^{\frac{x}{2}}(\sin x)^{-\frac{1}{2}}-\frac{1}{2}e^{\frac{x}{2}}(\sin x)^{-\frac{3}{2}}\cos x$$
$$=\frac{1}{2}e^{\frac{x}{2}}\frac{\sin x-\cos x}{(\sin x)^{\frac{3}{2}}}$$

（10）$f(x)=(x+1)2^{x-3}-2^x-1$

$=(x+1)2^{x-3}-2^3\cdot 2^{x-3}-1=(x-7)2^{x-3}-1$ のとき，

$$f'(x)=(x-7)'2^{x-3}+(x-7)(2^{x-3})'$$
$$=2^{x-3}+(x-7)(2^{x-3})(\log 2)(x-3)'$$
$$=2^{x-3}\{x\log 2-(7\log 2-1)\}$$

2．（1）■$^●$ で，■と●がともに変数の関数を微分するときは，対数微分を使います．

（2）$\dfrac{dy}{dx}=\dfrac{dy/d\theta}{dx/d\theta}$ の公式を使いましょう．

解 (1) $y=x^{\cos x}$ の両辺で log をとって,

$\log y=\cos x\log x$

この両辺を x で微分すると,

$$\frac{y'}{y}=-\sin x\log x+(\cos x)\cdot\frac{1}{x} \quad \cdots\cdots①$$

∴ $y'=y\cdot①=\boldsymbol{x^{\cos x}\left(-\sin x\log x+\frac{\cos x}{x}\right)}$

(2) $x=\theta-\sin\theta$, $y=1-\cos\theta$ ……①

のとき, $\frac{dx}{d\theta}=1-\cos\theta$, $\frac{dy}{d\theta}=\sin\theta$

よって, $\frac{dy}{dx}=\frac{\frac{dy}{d\theta}}{\frac{dx}{d\theta}}=\frac{\sin\theta}{1-\cos\theta}$ ……②

点 $\left(\frac{\pi}{6}-\frac{1}{2},\ 1-\frac{\sqrt{3}}{2}\right)$ は, ①の $\theta=\frac{\pi}{6}$ に対応する点であるから, ②により, 求める接線の傾きは,

$$\frac{\sin(\pi/6)}{1-\cos(\pi/6)}=\frac{1/2}{1-(\sqrt{3}/2)}=\frac{1}{2-\sqrt{3}}=\mathbf{2+\sqrt{3}}$$

3. (1) 分子が $\sqrt{A}-\sqrt{B}$ の形のとき, その符号は, 分子を有理化すると分かりやすくなります.

(2) $f(x)$ が極値をもたない条件は, $f'(x)$が実数解をもたないことではありません. $f'(x)$が符号変化しないこと (つねに 0 以上またはつねに 0 以下) が条件です.

解 (1) $f(x)=\sqrt{x}+2\sqrt{1-x}$ のとき,

$$f'(x)=\frac{1}{2\sqrt{x}}+2\cdot\frac{(1-x)'}{2\sqrt{1-x}}=\frac{1}{2\sqrt{x}}-\frac{2}{2\sqrt{1-x}}$$

$$=\frac{\sqrt{1-x}-2\sqrt{x}}{2\sqrt{x}\sqrt{1-x}}=\frac{(\sqrt{1-x}-2\sqrt{x})(\sqrt{1-x}+2\sqrt{x})}{2\sqrt{x}\sqrt{1-x}(\sqrt{1-x}+2\sqrt{x})}$$

$$=\frac{1-5x}{2\sqrt{x}\sqrt{1-x}(\sqrt{1-x}+2\sqrt{x})}$$

x	0	…	$\frac{1}{5}$	…	1
$f'(x)$		+	0	−	
$f(x)$		↗		↘	

よって, 増減は右表のようになるから, $x=\mathbf{\frac{1}{5}}$ のとき, 最大値 $\sqrt{\frac{1}{5}}+2\sqrt{\frac{4}{5}}=\mathbf{\sqrt{5}}$ をとる.

(2) $f(x)=(2x^2+ax+2a-4)e^{-x}$ のとき,

$$f'(x)=(4x+a)e^{-x}+(2x^2+ax+2a-4)e^{-x}(-x)'$$

$$=-\{2x^2+(a-4)x+a-4\}e^{-x}$$

よって, $f(x)$ が極値をもたない条件は, $f'(x)$がつねに 0 以下であること, つまり, $2x^2+(a-4)x+a-4$ がつねに 0 以上であること. その条件は,

$2x^2+(a-4)x+a-4=0$ の判別式が 0 以下と同値.

(判別式)$=(a-4)^2-8(a-4)\leqq 0$

∴ $(a-4)(a-12)\leqq 0$ ∴ $\mathbf{4\leqq a\leqq 12}$

4. (3) 共有点Pの x 座標を t とおき, Pが 2 曲線上にあることと, Pにおける接線の傾きが等しいことから, t と a の値を求めます.

解 (1) $y=\frac{\sin x}{x}$ ……① の $x=\pi$ に対応する点をPとすると, P(π, 0)

①のとき, $y'=\frac{(\cos x)x-(\sin x)\cdot 1}{x^2}=\frac{x\cos x-\sin x}{x^2}$

であり, $x=\pi$ のとき, $y'=-1/\pi$

Pにおける接線は, $\boldsymbol{y=-\frac{1}{\pi}(x-\pi)}$ $\left(\boldsymbol{y=-\frac{1}{\pi}x+1}\right)$

(2) $y=\sin x$ のとき, $y'=\cos x$ であるから, 点Pにおける法線の式は,

$$y=-\frac{1}{\cos\theta}(x-\theta)+\sin\theta$$

$y=0$ として, Qの x 座標は

$x=\theta+\cos\theta\sin\theta$ ∴ $\mathrm{QR}=\cos\theta\sin\theta$

∴ $\triangle\mathrm{PQR}=\frac{1}{2}\cos\theta\sin\theta\cdot\sin\theta=\frac{1}{2}\cos\theta(1-\cos^2\theta)$

$\cos\theta=t$ とおくと, $\triangle\mathrm{PQR}=\frac{1}{2}(t-t^3)$ ($=f(t)$ とおく)

$0<\theta<\pi/2$ により, $0<t<1$

$f'(t)=\frac{1}{2}(1-3t^2)$ により, $f(t)$ の増減は右表のようになるから, 求める最大値は

t	0	…	$\frac{1}{\sqrt{3}}$	…	1
$f'(t)$		+	0	−	
$f(t)$		↗		↘	

$$f\left(\frac{1}{\sqrt{3}}\right)=\frac{1}{2}\left(\frac{1}{\sqrt{3}}-\frac{1}{3}\cdot\frac{1}{\sqrt{3}}\right)=\mathbf{\frac{1}{3\sqrt{3}}}$$

(3) Pの x 座標を t とおく. Pは, $y=ax^2$ ……① 上にも, $y=\log x$ ……② 上にもあるから y 座標について,

$at^2=\log t$ ……③

①のとき $y'=2ax$, ②のとき $y'=1/x$ であり, Pにおける①, ②の接線の傾きが等しいから,

$2at=\frac{1}{t}$ ∴ $a=\frac{1}{2t^2}$

③に代入して, $\frac{1}{2}=\log t$ ∴ $t=e^{\frac{1}{2}}$

よって, $\boldsymbol{a=\frac{1}{2e}}$, $\mathbf{P}\left(\boldsymbol{\sqrt{e}},\ \boldsymbol{\frac{1}{2}}\right)$

⇨**注** このとき, ①は下に凸, ②は上に凸なので, 確かに共有点はただ一つ (Pのみ) です.

5. 分数関数について, 分母が 0 になるとき, そこから y 軸に平行な漸近線が現れます (本問の場合は分母が 0 にはならないので y 軸に平行な漸近線は存在しない).

また, 分数式は, 分子を分母より低次の形にするのが定

石で，これから$x\to\pm\infty$のときの漸近線が分かります．

分数式＝多項式＋(分子が分母より低次の分数式)…※

の形に変形すると，$x\to\pm\infty$のとき，〰〰→0 なので，多項式の部分が1次以下なら，それが漸近線の式です．

また，※の形の方が微分がしやすいので，本問では，まず※の形に変形しておきます．

解　(1) $f(x)=\dfrac{x^2+4x-2}{x^2+1}=\dfrac{x^2+1+(4x-3)}{x^2+1}$

$=1+\dfrac{4x-3}{x^2+1}$ ……………………①

$\therefore\ f'(x)=\dfrac{4(x^2+1)-(4x-3)\cdot 2x}{(x^2+1)^2}$

$=\dfrac{-2(2x^2-3x-2)}{(x^2+1)^2}=\dfrac{-2(2x+1)(x-2)}{(x^2+1)^2}$

$f'(x)=0$ の解は，$\boldsymbol{x=-\dfrac{1}{2},\ 2}$

(2) ①により，$\displaystyle\lim_{x\to\infty}\boldsymbol{f(x)=1}$，$\displaystyle\lim_{x\to-\infty}\boldsymbol{f(x)=1}$

(3) (1)により，増減は右表のようになり，

x	…	$-1/2$	…	2	…
$f'(x)$	−	0	＋	0	−
$f(x)$	↘		↗		↘

極値は $f\left(-\dfrac{1}{2}\right)=-3$,

$f(2)=2$

また(2)により，漸近線は $y=1$ である．

よって，$y=f(x)$ のグラフは，右図のようになる．

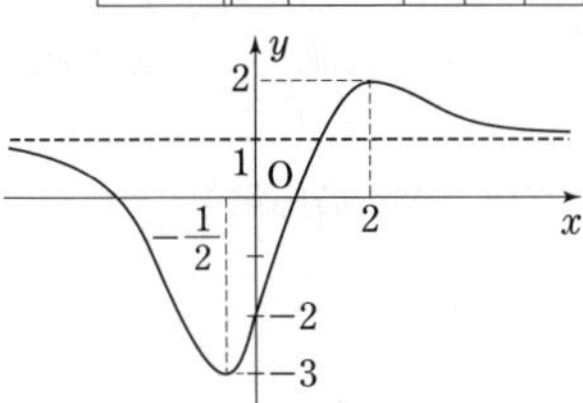

6. 前問と同様に考えます．問題文で凹凸を調べよと書かれてないときは，y'' を調べる必要はないでしょう．

解　$y=\dfrac{1}{x-1}-\dfrac{1}{x}$ ……① のとき，

$y'=-\dfrac{1}{(x-1)^2}+\dfrac{1}{x^2}$

$=\dfrac{-2x+1}{(x-1)^2x^2}$

x	…	0	…	$\frac{1}{2}$	…	1	…
$f'(x)$	＋	×	＋	0	−	×	−
$f(x)$	↗	×	↗		↘	×	↘

よって増減は右表のようになる．また①により，

$\displaystyle\lim_{x\to\pm\infty}y=0$

$\displaystyle\lim_{x\to\pm0}y=\mp\infty$

$\displaystyle\lim_{x\to1\pm0}y=\pm\infty$

であるから，漸近線は

$y=0,\ x=0,\ x=1$

極値は $x=1/2$ のとき $y=-4$

グラフは右図のようになる．

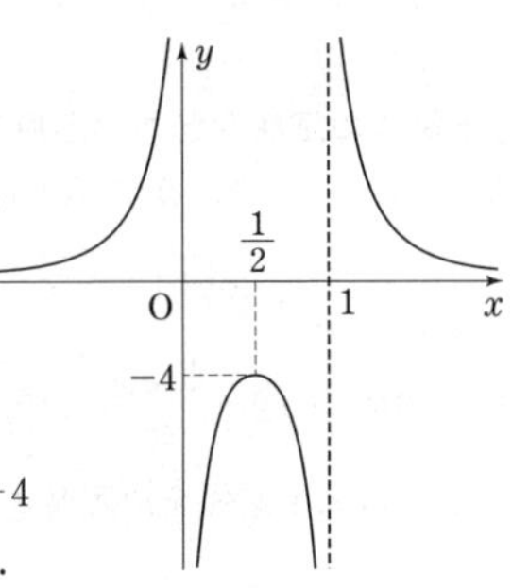

▨　グラフは直線 $x=\dfrac{1}{2}$ に関して対称です．

7. $f(g(x))$ は，$f(●)=-●+2$ の●に $g(x)$ を代入したものです．$y=h(x)$ の逆関数は，$y=h(x)$ を x の方程式とみて x を y で表し，x と y を入れ替えて求めます（この y を x の関数と見たものが求める逆関数）．

解　$f(x)=-x+2$，$g(x)=\dfrac{1}{x-1}$ のとき，

$f(g(x))=-g(x)+2=-\dfrac{1}{x-1}+2=\boldsymbol{\dfrac{2x-3}{x-1}}$

$y=\dfrac{2x-3}{x-1}$ の逆関数を求める．分母を払って，

$y(x-1)=2x-3\qquad\therefore\ (y-2)x=y-3$

よって，$x=\dfrac{y-3}{y-2}$ であり，x と y を入れ替えて，

$y=f(g(x))$ の逆関数は，$y=\boldsymbol{\dfrac{x-3}{x-2}}$

次に，$g(f(x))=\dfrac{1}{f(x)-1}=\dfrac{1}{(-x+2)-1}=-\boldsymbol{\dfrac{1}{x-1}}$

$y=-\dfrac{1}{x-1}$ のとき，$y'=\boldsymbol{\dfrac{1}{(x-1)^2}}$

8. 不等式を微分を用いて証明する典型問題です．

解　$f(x)=x-1-\log x$ のとき，

$f'(x)=1-\dfrac{1}{x}=\dfrac{x-1}{x}$

x	(0)	…	1	…
$f'(x)$		−	0	＋
$f(x)$		↘		↗

よって，$f(x)$ の増減は右表のようになるから，$x\neq1$ のとき

$f(x)>f(1)=0$

9. $x\to+0$ のとき $y\to\infty$ なので，グラフが x 軸と共有点をもつとき，y の最小値は0以下です．

解　$y=x^2+ax-3a^2\log x$ $(a>0)$ ………………①

$x=1$ のとき $y=1+a>0$ であるから，①のグラフが x 軸と共有点をもつのは，①の最小値が0以下のときである．

①を微分して，

$y'=2x+a-3a^2\cdot\dfrac{1}{x}=\dfrac{2x^2+ax-3a^2}{x}$

$=\dfrac{(x-a)(2x+3a)}{x}$

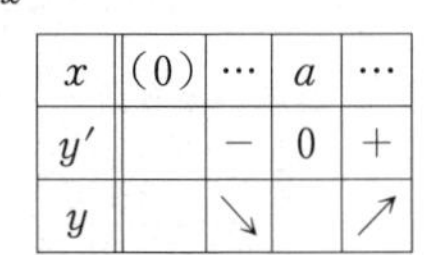

x	(0)	…	a	…
y'		−	0	＋
y		↘		↗

よって，y の増減は右表のようになり，$x=a$ で最小値

$y=2a^2-3a^2\log a=a^2(2-3\log a)$

をとる．この最小値が0以下であるから，$2-3\log a\leqq0$

$\therefore\ \log a\geqq\dfrac{2}{3}\qquad\therefore\ \boldsymbol{a\geqq e^{\frac{2}{3}}}$

演習 2 セット2

微分法

【微分の計算その 1】

1. 次の関数を微分せよ.

（1） $f(x)=(x^2+1)^5$ （甲南大・理工）

（2） $f(x)=\sqrt{(x+1)(x^2+1)}$ （類　関東学院大・理工）

（3） $y=\dfrac{1}{x^2-2x}$ （前橋工大）

（4） $y=\dfrac{(x-2)(x-3)}{x-1}$ （福島大・共生）

（5） $y=\dfrac{(x-3)^3}{(x-1)(x-2)^2}$ （福島大・共生／後）

（6） $y=\sin^4 x$ （前橋工大）

（7） $y=\sin(\cos x)$ （宮崎大・教，工）

（8） $f(x)=xe^{-2x}$ （東京都市大・工／一部）

（9） $f(x)=\dfrac{e^x-e^{-x}}{e^x+e^{-x}}$ （甲南大・理工）

（10） $y=\dfrac{e^{2x}}{x+1}$ （宮崎大・教，工）

（11） $y=x^2 2^{\frac{1}{x}}$ （広島市立大）

（12） $f(x)=\log(\sin 3x)$ （甲南大・理工）

（13） $y=\log(\cos^2 x)$ （岡山理科大）

（14） $y=\log_{10}(x^2+1)^2$ （滋賀県立大／後）

【微分の計算その 2】

2. （1） $y=x^{\sqrt{x}}$ $(x>0)$ を微分せよ.

（東京理科大・工）

（2） $x=\tan y$ $\left(-\dfrac{\pi}{2}<y<\dfrac{\pi}{2}\right)$ のとき，$\dfrac{dy}{dx}$ を x で表せ. （東京薬大・生命／一部略）

（3） x の関数 y が，θ を媒介変数として次の式で表されるとき，$\dfrac{dy}{dx}$ を θ の関数として表せ.

$$x=\frac{\cos\theta}{1+\sin\theta},\ y=\frac{\sin\theta}{1+\cos\theta}$$

（広島市立大／後）

【最大・最小，極値】

3. （1） 関数 $y=e^{\sqrt{3}x}\sin x$ の区間 $-\dfrac{\pi}{2}\leqq x\leqq\dfrac{\pi}{2}$ における最大値と最小値を求めよ.

（類　国士舘大・理工）

（2） 関数 $y=x(\log x)^3$ が極値をとるときの x の値を求めよ. （東京電機大・工，未来）

【接線・法線】

4. （1） 曲線 $y=xe^x+1$ の $x=1$ に対応する点における接線と法線の方程式を求めなさい.

（福島大・人間発達文化）

（2） 曲線 $y=kx^3-1$ と曲線 $y=\log x$ が共有点をもち，その点において共通の接線をもつとするとき，定数 k の値と，共通接線の方程式を求めよ.

（北里大・医）

【グラフとその応用】

5. 関数 $f(x)=\dfrac{x^2+4x-1}{(x+1)^2}$ について，

（1） $f'(x)$ と $f''(x)$ を求めよ.

（2） 関数 $f(x)$ の増減および関数 $y=f(x)$ のグラフの凹凸を調べ，グラフをかけ．また，漸近線の方程式をすべて示せ. （中京大・工）

6. （1） xy 平面において，関数 $y=\dfrac{\log x}{x^2}$ $(x>0)$ の増減を調べ，グラフの概形をかけ．ただし，$\displaystyle\lim_{x\to\infty}\frac{\log x}{x^2}=0$ を用いてよい.

（2） a を定数とする．xy 平面において，2 つの曲線 $y=ax^2$ と $y=\log x$ の共有点の個数を調べよ.

（愛知工大・工）

【不等式の証明などへの応用】

7. $a>0$ のとき，次の不等式を証明しなさい.

$$\frac{a}{1+a}<\log(1+a)<a$$

（城西大・理(数)）

8. 関数 $f(x)=\dfrac{\log x}{x}$ の増減を調べ，2 つの数 59^{61}，61^{59} の大小関係を決定せよ.

（弘前大・教，医，理工）

◎**問題の難易と目標時間**（記号については☞ p.2）

1…A**** **2**…A*○ **3**…A* **4**…A*○
5…A** **6**…B*○ **7**…A* **8**…B*

解　　説

1．基本関数の導関数の公式

$(x^\alpha)'=\alpha x^{\alpha-1}$，$(\sin x)'=\cos x$，$(\cos x)'=-\sin x$，

$(e^x)'=e^x$，$(a^x)'=a^x\log a$，$(\log|x|)'=\dfrac{1}{x}$

をしっかり覚え，さらに積の微分法，商の微分法，合成関数の微分法（☞p.105 の②）を使って計算します．合成関数の微分法の公式を印象的に表すと，

$$\{g(●)\}'=g'(●)\cdot●'$$

です．これを使って，例えば次の公式が導けます．

$$\left\{\frac{1}{f(x)}\right\}'=\{f(x)^{-1}\}'=-f(x)^{-2}\cdot f'(x)=-\frac{f'(x)}{\{f(x)\}^2}$$

$[g(●)=●^{-1},\ ●=f(x)]$

$$\{\log|f(x)|\}'=\frac{1}{f(x)}\cdot f'(x)=\frac{f'(x)}{f(x)}$$

$[g(●)=\log|●|,\ ●=f(x)]$

（2） ルートの中身を展開しておきましょう．$\sqrt{\ }$ 表示を 1/2 乗に直せば，〰〰の公式が使えます．

（4） 分子を展開しておきましょう．

（5） 分母の微分が必要になります．展開して微分するのは面倒な形なので，積の微分法を使います．

（11） $(a^x)'=xa^{x-1}$ ではありません！ a^x は指数関数であって〰〰は使えません．$(a^x)'=a^x\log a$ です．

（14） $(\log_e x)'=\dfrac{1}{x}$ ですが，$(\log_{10}x)'=\dfrac{1}{x}$ ではありません．底を変換しましょう．

なお，答えはなるべく因数分解した形にしておきましょう（$f'(x)$ の符号を調べることが多いから）．

解 （1） $\{(x^2+1)^5\}'=5(x^2+1)^4\cdot(x^2+1)'$

$=5(x^2+1)^4\cdot 2x=\boldsymbol{10x(x^2+1)^4}$

（2） $\{\sqrt{(x+1)(x^2+1)}\}'=\{(x^3+x^2+x+1)^{\frac{1}{2}}\}'$

$=\dfrac{1}{2}(x^3+x^2+x+1)^{-\frac{1}{2}}\cdot(3x^2+2x+1)$

$=\dfrac{3x^2+2x+1}{2\sqrt{x^3+x^2+x+1}}=\boldsymbol{\dfrac{3x^2+2x+1}{2\sqrt{(x+1)(x^2+1)}}}$

（3） $\left(\dfrac{1}{x^2-2x}\right)'=-\dfrac{(x^2-2x)'}{(x^2-2x)^2}=\boldsymbol{-\dfrac{2x-2}{x^2(x-2)^2}}$

（4） $\left(\dfrac{(x-2)(x-3)}{x-1}\right)'=\left(\dfrac{x^2-5x+6}{x-1}\right)'$

$=\dfrac{(x^2-5x+6)'\cdot(x-1)-(x^2-5x+6)\cdot(x-1)'}{(x-1)^2}$

$=\dfrac{(2x-5)(x-1)-(x^2-5x+6)\cdot 1}{(x-1)^2}=\boldsymbol{\dfrac{x^2-2x-1}{(x-1)^2}}$

（5） $\{(x-3)^3\}'=3(x-3)^2$，

$\{(x-1)(x-2)^2\}'$

$=(x-1)'\cdot(x-2)^2+(x-1)\cdot\{(x-2)^2\}'$

$=(x-2)^2+(x-1)\cdot 2(x-2)=(x-2)(3x-4)$

であるから，

$\left(\dfrac{(x-3)^3}{(x-1)(x-2)^2}\right)'$

$=\dfrac{3(x-3)^2\cdot(x-1)(x-2)^2-(x-3)^3\cdot(x-2)(3x-4)}{\{(x-1)(x-2)^2\}^2}$

$=\dfrac{(x-3)^2\{3(x-1)(x-2)-(x-3)(3x-4)\}}{(x-1)^2(x-2)^3}$

$=\boldsymbol{\dfrac{(x-3)^2(4x-6)}{(x-1)^2(x-2)^3}}$

（6） $(\sin^4 x)'=4\sin^3 x\cdot(\sin x)'$

$=\boldsymbol{4\sin^3 x\cos x}$

（7） $\{\sin(\cos x)\}'=\cos(\cos x)\cdot(\cos x)'$

$=\boldsymbol{-\cos(\cos x)\cdot\sin x}$

（8） $(xe^{-2x})'=(x)'e^{-2x}+x(e^{-2x})'$

$=1\cdot e^{-2x}+x\cdot e^{-2x}\cdot(-2x)'=\boldsymbol{(1-2x)e^{-2x}}$

（9） $(e^{-x})'=(e^{-x})(-x)'=-e^{-x}$ に注意すると，

$\left(\dfrac{e^x-e^{-x}}{e^x+e^{-x}}\right)'$

$=\dfrac{(e^x-e^{-x})'\cdot(e^x+e^{-x})-(e^x-e^{-x})\cdot(e^x+e^{-x})'}{(e^x+e^{-x})^2}$

$=\dfrac{(e^x+e^{-x})\cdot(e^x+e^{-x})-(e^x-e^{-x})\cdot(e^x-e^{-x})}{(e^x+e^{-x})^2}$

$=\boldsymbol{\dfrac{4}{(e^x+e^{-x})^2}}$

（10） $\left(\dfrac{e^{2x}}{x+1}\right)'=\dfrac{(e^{2x})'\cdot(x+1)-e^{2x}\cdot(x+1)'}{(x+1)^2}$

$=\dfrac{e^{2x}\cdot 2\cdot(x+1)-e^{2x}}{(x+1)^2}$ $\left(\because\ \begin{aligned}(e^{2x})'&=e^{2x}\cdot(2x)'\\&=e^{2x}\cdot 2\end{aligned}\right)$

$=\boldsymbol{\dfrac{(2x+1)e^{2x}}{(x+1)^2}}$

（11） $\left(\dfrac{1}{x}\right)'=(x^{-1})'=-x^{-2}=-\dfrac{1}{x^2}$ に注意すると，

$(x^2 2^{\frac{1}{x}})'=(x^2)'\cdot 2^{\frac{1}{x}}+x^2\cdot(2^{\frac{1}{x}})'$

$=2x\cdot 2^{\frac{1}{x}}+x^2\cdot 2^{\frac{1}{x}}\log 2\cdot\left(\dfrac{1}{x}\right)'$

$=2x\cdot 2^{\frac{1}{x}}+x^2\cdot 2^{\frac{1}{x}}\log 2\cdot\left(-\dfrac{1}{x^2}\right)$

$=\boldsymbol{(2x-\log 2)2^{\frac{1}{x}}}$

（12） $\{\log(\sin 3x)\}'=\dfrac{(\sin 3x)'}{\sin 3x}$

$=\dfrac{\cos 3x\cdot(3x)'}{\sin 3x}=\dfrac{\mathbf{3\cos 3x}}{\mathbf{\sin 3x}}$

(13) $\{\log(\cos^2 x)\}'=(2\log|\cos x|)'$

$=2\cdot\dfrac{(\cos x)'}{\cos x}=2\cdot\dfrac{-\sin x}{\cos x}=\mathbf{-2\tan x}$

(14) $\{\log_{10}(x^2+1)^2\}'=\{2\log_{10}(x^2+1)\}'$

$=\left(2\cdot\dfrac{\log(x^2+1)}{\log 10}\right)'=\dfrac{2}{\log 10}\cdot\dfrac{(x^2+1)'}{x^2+1}=\dfrac{\mathbf{4}}{\mathbf{\log 10}}\cdot\dfrac{\boldsymbol{x}}{\boldsymbol{x^2+1}}$

2. (1) ■$^●$で，■と●がともに変数の関数を微分するときは，対数微分を使います．

(2)は $\dfrac{dy}{dx}=\dfrac{1}{dx/dy}$，(3)は $\dfrac{dy}{dx}=\dfrac{dy/d\theta}{dx/d\theta}$ の公式を使います．なお，$(\tan x)'=\dfrac{1}{\cos^2 x}$ $(=1+\tan^2 x)$

解 (1) $y=x^{\sqrt{x}}$ の両辺で log をとって，

$\log y=\log x^{\sqrt{x}}=\sqrt{x}\log x=x^{\frac{1}{2}}\cdot\log x$

この両辺を x で微分すると，

$\dfrac{y'}{y}=\dfrac{1}{2}x^{-\frac{1}{2}}\cdot\log x+x^{\frac{1}{2}}\cdot\dfrac{1}{x}=\dfrac{1}{2}x^{-\frac{1}{2}}(\log x+2)$

$\therefore\ y'=\dfrac{1}{2}x^{-\frac{1}{2}}(\log x+2)\cdot y=\dfrac{\mathbf{1}}{\mathbf{2}}\boldsymbol{x}^{\sqrt{x}-\frac{1}{2}}(\boldsymbol{\log x+2})$

(2) $x=\tan y$ のとき，

$\dfrac{dy}{dx}=\dfrac{1}{\dfrac{dx}{dy}}=\dfrac{1}{\dfrac{1}{\cos^2 y}}=\dfrac{1}{1+\tan^2 y}=\dfrac{\mathbf{1}}{\boldsymbol{1+x^2}}$

(3) $x=\dfrac{\cos\theta}{1+\sin\theta}$，$y=\dfrac{\sin\theta}{1+\cos\theta}$ のとき，

$\dfrac{dx}{d\theta}=\dfrac{-\sin\theta(1+\sin\theta)-\cos\theta\cdot\cos\theta}{(1+\sin\theta)^2}$

$=-\dfrac{\sin\theta+(\sin^2\theta+\cos^2\theta)}{(1+\sin\theta)^2}=-\dfrac{1}{1+\sin\theta}$

$\dfrac{dy}{d\theta}=\dfrac{\cos\theta(1+\cos\theta)-\sin\theta(-\sin\theta)}{(1+\cos\theta)^2}$

$=\dfrac{\cos\theta+(\cos^2\theta+\sin^2\theta)}{(1+\cos\theta)^2}=\dfrac{1}{1+\cos\theta}$

よって，$\dfrac{dy}{dx}=\dfrac{\dfrac{dy}{d\theta}}{\dfrac{dx}{d\theta}}=\dfrac{\dfrac{1}{1+\cos\theta}}{-\dfrac{1}{1+\sin\theta}}=-\dfrac{\boldsymbol{1+\sin\theta}}{\boldsymbol{1+\cos\theta}}$

3. (2) $f'(x)=0$ の解がすべて $f(x)$ の極値を与える x の値ではありません．解の前後で $f'(x)$ が符号変化しなければ極値を与えません．

解 (1) $y=e^{\sqrt{3}x}\sin x$ のとき，

$y'=e^{\sqrt{3}x}(\sqrt{3}x)'\cdot\sin x+e^{\sqrt{3}x}\cdot\cos x$

$=e^{\sqrt{3}x}(\sqrt{3}\sin x+\cos x)$

$=e^{\sqrt{3}x}\cdot 2\left(\sin x\cdot\dfrac{\sqrt{3}}{2}+\cos x\cdot\dfrac{1}{2}\right)$

$=e^{\sqrt{3}x}\cdot 2\sin\left(x+\dfrac{\pi}{6}\right)$

よって，増減は右表のようになるから，

x	$-\frac{\pi}{2}$	…	$-\frac{\pi}{6}$	…	$\frac{\pi}{2}$
y'		$-$	0	$+$	
y	負	↘		↗	正

$x=\dfrac{\pi}{2}$ で，**最大値** $\boldsymbol{e^{\frac{\sqrt{3}}{2}\pi}}$

$x=-\dfrac{\pi}{6}$ で，**最小値** $\boldsymbol{-\dfrac{1}{2}e^{-\frac{\sqrt{3}}{6}\pi}}$ をとる．

(2) $y=x(\log x)^3$ のとき，

$y'=1\cdot(\log x)^3+x\cdot 3(\log x)^2(\log x)'$

$=(\log x)^3+3x(\log x)^2\cdot\dfrac{1}{x}=(\log x)^2(\log x+3)$

$y'=0$ を満たす x のうち，その前後で y' が符号変化するものを求めると，$\log x=-3$ により，$\boldsymbol{x=e^{-3}}$

⇨**注** $x=e^{-3}$ の前後で，y' の符号が負→正と変わるので，極小になっています．

4. (2) 共有点Pの x 座標を t とおき，Pが2曲線上にあることと，Pにおける接線の傾きが等しいことから，t と k の値を求めます．

解 (1) $y=xe^x+1$ ……① の $x=1$ に対応する点をPとすると，P$(1,\ e+1)$

①のとき，$y'=1\cdot e^x+x\cdot e^x=(x+1)e^x$ であり，$x=1$ のとき，$y'=2e$

よって，Pにおける**接線は**，$y=2e(x-1)+e+1$ つまり，$\boldsymbol{y=2ex-e+1}$ である．また，**法線は**，

$y=-\dfrac{1}{2e}(x-1)+e+1$ $\therefore$ $\boldsymbol{y=-\dfrac{1}{2e}x+\dfrac{1}{2e}+e+1}$

(2) 共有点をPとし，Pの x 座標を t とおく．Pは，$y=kx^3-1$ ……① 上にも，$y=\log x$ ……② 上にもあるから，y 座標について，

$kt^3-1=\log t$ ……………………………③

①のとき $y'=3kx^2$，②のとき $y'=\dfrac{1}{x}$ であり，Pにおける①，②の接線の傾きが等しいから，

$3kt^2=\dfrac{1}{t}$ $\therefore$ $k=\dfrac{1}{3t^3}$

③に代入して，

$-\dfrac{2}{3}=\log t$ $\therefore$ $t=e^{-\frac{2}{3}}$ $\therefore$ $\boldsymbol{k}=\dfrac{1}{3e^{-2}}=\boldsymbol{\dfrac{e^2}{3}}$

$\mathrm{P}\left(e^{-\frac{2}{3}},\ -\dfrac{2}{3}\right)$ における接線は，傾きが $\dfrac{1}{t}=e^{\frac{2}{3}}$ より

$y=e^{\frac{2}{3}}(x-e^{-\frac{2}{3}})-\dfrac{2}{3}$ $\therefore$ $\boldsymbol{y=e^{\frac{2}{3}}x-\dfrac{5}{3}}$

5. 分数関数について，分母が0になるとき，そこから y 軸に平行な漸近線が現れます（本問の場合 $x=-1$）．また，分数式は，分子を分母より低次の形にするのが定石で，これから $x\to\pm\infty$ のときの漸近線が分かります．

分数式＝多項式＋(分子が分母より低次の分数式)…※

の形に変形すると，$x\to\pm\infty$ のとき，〜〜〜→0 なので，多項式の部分が1次以下なら，それが漸近線です．

また，※の形の方が微分がしやすいので，本問では，まず※の形に変形しておきます．

解　(1)　x^2+4x-1 を $(x+1)^2=x^2+2x+1$ で割ると，商は1で余りは $2x-2$ であるから，

$$f(x)=\frac{x^2+4x-1}{(x+1)^2}=\frac{(x+1)^2+2x-2}{(x+1)^2}$$

$$=1+2\cdot\frac{x-1}{(x+1)^2}\quad\cdots\cdots①$$

$$\therefore\ \boldsymbol{f'(x)}=2\cdot\frac{1\cdot(x+1)^2-(x-1)\cdot2(x+1)}{(x+1)^4}$$

$$=2\cdot\frac{(x+1)-2(x-1)}{(x+1)^3}=\boldsymbol{2\cdot\frac{-x+3}{(x+1)^3}}$$

$$\therefore\ \boldsymbol{f''(x)}=2\cdot\frac{(-1)\cdot(x+1)^3-(-x+3)\cdot3(x+1)^2}{(x+1)^6}$$

$$=2\cdot\frac{-(x+1)-3(-x+3)}{(x+1)^4}=\boldsymbol{4\cdot\frac{x-5}{(x+1)^4}}$$

(2)　(1)により，$y=f(x)$ の増減・凹凸は右表のよう．

x	$\cdots$	-1	$\cdots$	3	$\cdots$	5	$\cdots$
$f'(x)$	$-$	×	$+$	0	$-$	$-$	$-$
$f''(x)$	$-$	×	$-$	$-$	$-$	0	$+$
$f(x)$	↘	×	↗		↘		↘

また，①により，

$$\lim_{x\to-1}f(x)=-\infty,$$

$$\lim_{x\to\pm\infty}\{f(x)-1\}=\lim_{x\to\pm\infty}\frac{2(x-1)}{(x+1)^2}=0$$

であるから，漸近線は

$x=-1$，$y=1$

であり，$y=f(x)$ のグラフの概形は右図のようになる．

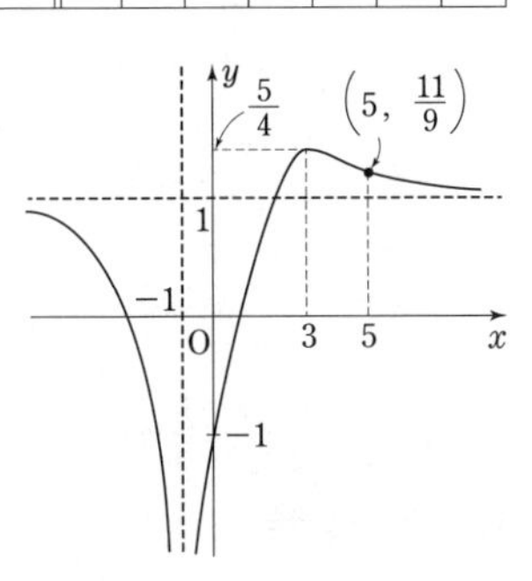

6.（2）　共有点の x 座標は，$ax^2=\log x$，つまり

$a=\dfrac{\log x}{x^2}$ ……☆ を満たし，この異なる実数解の個数は，

直線 $y=a$ と曲線 $y=\dfrac{\log x}{x^2}$ の共有点の個数に等しいです．よって(1)が使えます．

解　(1)　$y=\dfrac{\log x}{x^2}$ のとき，

$$y'=\frac{\frac{1}{x}\cdot x^2-(\log x)\cdot2x}{(x^2)^2}$$

$$=\frac{1-2\log x}{x^3}$$

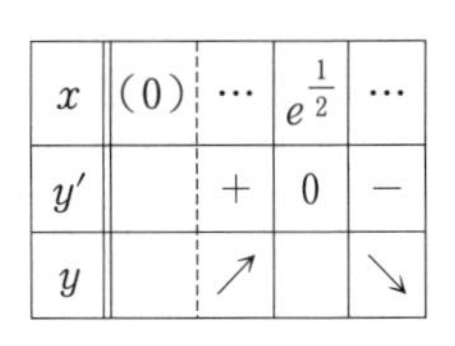

x	(0)	$\cdots$	$e^{\frac{1}{2}}$	$\cdots$
y'		$+$	0	$-$
y		↗		↘

よって，増減は右表のようで，

$$\lim_{x\to+0}\frac{\log x}{x^2}=-\infty,\quad\lim_{x\to\infty}\frac{\log x}{x^2}=0$$

とから，グラフは右図のよう．

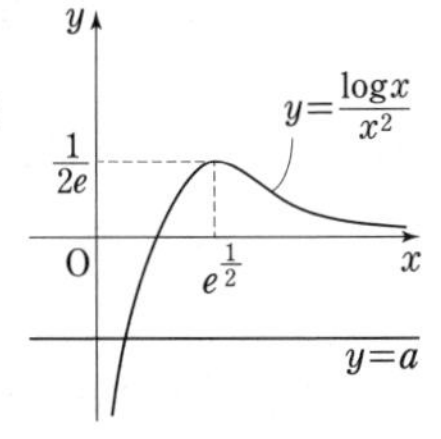

(2)　$ax^2=\log x$，つまり

$a=\dfrac{\log x}{x^2}$ の異なる実数解の個数を調べればよい．この個数は，直線 $y=a$ と曲線 $y=\dfrac{\log x}{x^2}$ の共有点の個数に等しく，上図により，

$a\leqq0$ のとき1個，$0<a<\dfrac{1}{2e}$ のとき2個，

$a=\dfrac{1}{2e}$ のとき1個，$\dfrac{1}{2e}<a$ のとき0個

7. $f(x)>g(x)$ の証明では，$h(x)=f(x)-g(x)$ とおき，$h(x)>0$ を示します（両辺に x が入ったままでは扱いにくいから，両辺の差をとって $h(x)$ とおく）．

解　$f(a)=\log(1+a)-\dfrac{a}{1+a}$ とおくと，

$$f'(a)=\frac{1}{1+a}-\frac{1\cdot(1+a)-a\cdot1}{(1+a)^2}=\frac{a}{(1+a)^2}$$

$a>0$ のとき $f'(a)>0$ であるから，$f(a)$ は増加し，$f(0)=0$ とから，$f(a)>0$ $(a>0)$

$g(a)=a-\log(1+a)$ とおくと，

$$g'(a)=1-\frac{1}{1+a}=\frac{a}{1+a}$$

$a>0$ のときは $g'(a)>0$ であるから，$g(a)$ は増加し，$g(0)=0$ とから，$g(a)>0$ $(a>0)$

以上により，題意の不等式が成り立つ．

8. $f(59)$ と $f(61)$ の大小から，求める2数の大小関係が分かります．

解　$f'(x)=\dfrac{\frac{1}{x}\cdot x-(\log x)\cdot1}{x^2}=\dfrac{1-\log x}{x^2}$

であるから，$f(x)$ の増減は下表のようになる．よって，

$f(59)>f(61)$

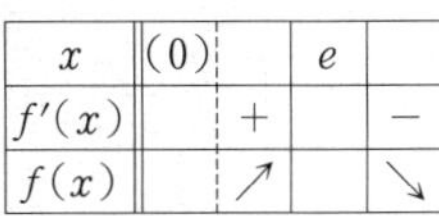

x	(0)		e	
$f'(x)$		$+$		$-$
$f(x)$		↗		↘

$$\therefore\ \frac{\log59}{59}>\frac{\log61}{61}$$

$$\therefore\ 61\log59>59\log61$$

$$\therefore\ \log59^{61}>\log61^{59}\qquad\therefore\ \boldsymbol{59^{61}>61^{59}}$$

演習3　セット1

積分法（計算問題）

▶区分求積法も扱います．◀

1．基本公式に結びつける積分

（1）$\displaystyle\int_0^1 \sqrt{x+3}\,dx$　（岡山理科大）

（2）$\displaystyle\int_9^{25} \frac{1+\sqrt{x}}{x}dx$　（関東学院大・理系）

（3）$\displaystyle\int_0^{\frac{\pi}{3}} (\sin 2x+\cos 3x)\,dx$　（国士舘大・理工）

（4）$\displaystyle\int_{\frac{\pi}{3}}^{\frac{\pi}{2}} \sin^2 x\,dx$　（滋賀県立大－後）

（5）$\displaystyle\int_0^{\frac{\pi}{3}} \sin^2 x\cos^2 x\,dx$　（東京理科大・工）

（6）$\displaystyle\int_2^3 \frac{x^3-1}{x^2-1}dx$　（東京都市大・工）

（7）$\displaystyle\int_0^1 \frac{3}{9-x^2}dx$　（芝浦工大）

（8）$\displaystyle\int_1^2 \frac{2x+1}{x^2-7x+12}dx$　（東京電機大）

2．部分積分

（1）$\displaystyle\int_2^3 (x^2+5)e^x\,dx$　（東京電機大）

（2）$\displaystyle\int_1^e \sqrt{x}\log x\,dx$　（岩手大・理工－後）

（3）$\displaystyle\int \log(x+1)\,dx$　（岡山県立大）

（4）$\displaystyle\int_0^1 x^2\log(1+x)\,dx$　（電通大－後）

（5）$\displaystyle\int_0^{\frac{\pi}{3}} x\sin^2(2x)\,dx$　（宮崎大・教，工）

3．$\{f(x)\}^k f'(x)$ の積分

（1）$\displaystyle\int_0^1 xe^{-\frac{1}{2}x^2}dx$　（福島大・共生）

（2）$\displaystyle\int_{\log 3}^{\log 10} \frac{e^x}{e^x+5}dx$　（東京工科大）

（3）$\displaystyle\int \frac{dx}{x\log x}$

（高知工科大・システム工，環境理工，情－後）

（4）$\displaystyle\int_1^e \frac{\sqrt{1+\log x}}{x}dx$　（宮崎大・教，工）

（5）$\displaystyle\int_0^{\frac{5}{6}\pi} \sin^3 x\,dx$　（関東学院大・理工）

4．置換積分Ⅰ

（1）$\displaystyle\int_1^2 x\sqrt{2-x}\,dx$　（弘前大・教，医，理工）

（2）$\displaystyle\int_0^{16} \frac{1}{\sqrt{x}+1}dx$　（愛知工大）

（3）$\displaystyle\int_0^1 \frac{x^2-x+1}{(x+1)^2}dx$　（東京電機大）

（4）$\displaystyle\int_0^9 e^{-\sqrt{x}}dx$　（信州大・理，繊維－後）

（5）$\displaystyle\int_0^{\frac{\pi}{2}} \cos^2 x\sin^3 x\,dx$　（奈良県医大－推薦）

5．置換積分Ⅱ

（1）$\displaystyle\int_0^2 \sqrt{4-x^2}\,dx$　（関西学院大・理系）

（2）$\displaystyle\frac{16}{\pi}\int_0^1 x^2\sqrt{1-x^2}\,dx$　（自治医大・医）

（3）$\displaystyle\int_0^{\frac{3}{2}} \frac{6}{\sqrt{9-x^2}}dx$　（福島大・共生）

（4）$\displaystyle\int_0^1 \frac{x+1}{x^2+1}dx$　（茨城大・工－後）

6．区分求積

（1）$\displaystyle\lim_{n\to\infty}\frac{1}{n}\sum_{k=1}^{n}\cos\left(\frac{k\pi}{2n}\right)$　（会津大）

（2）$\displaystyle\lim_{n\to\infty}\sum_{k=1}^{n}\frac{k^4}{n^5}$　（城西大・理(数)）

（3）$\displaystyle\lim_{n\to\infty}\sum_{k=1}^{n}\frac{n+2k}{n^2+nk+k^2}$　（中部大）

（4）$\displaystyle S_n=\frac{1}{2n+1}+\frac{1}{2n+2}+\cdots\cdots+\frac{1}{3n}$ で与えられた数列 $\{S_n\}$ に対して，$\displaystyle\lim_{n\to\infty}S_n=$ $\boxed{}$ である．

（愛媛大・理，工－後）

7．絶対値記号のついた関数の積分

（1）　$\displaystyle\int_0^2 |e^x-2|\,dx$　（宮崎大・教，工）

（2）　$\displaystyle\int_0^{\frac{\pi}{2}} |\cos 3x\cos x|\,dx$　（山形大・工）

（3）　$\displaystyle\int_0^{\pi} |2\cos^2 x-\sin x-1|\,dx$　（中部大）

◎問題の難易と目標時間（記号については☞ p.2）

1…A＊＊＊　2…A＊＊○　3…A＊＊○　4…A＊＊○
5…A＊＊　6…B＊＊　7…B＊＊＊

解　　説

1．基本公式で求まる原始関数（不定積分）を求めるときは，微分すると元に戻るような関数のアタリをつけ，実際に微分して元に戻るように係数を調整するのが良いでしょう．

（1）（$x+3$）をかたまりと見ます．ルート表示は○$^{□}$の形に直しましょう．

（2）まず，二つの数の和の形に直します．

（4）sin や cos の 2 乗は，sin や cos の 1 乗の形に直します．本問では，$\sin^2 x=\dfrac{1-\cos 2x}{2}$ を使います．

（5）まず，$\sin x\cos x=\dfrac{\sin 2x}{2}$ を使います．

（6）まず約分します．そして，分子を分母より低次な形に直して積分します．

（7）(8)　分母が 1 次式なら計算できるので，分数 2 個の和の形へ分解します（部分分数分解）．

解　（1）　$\displaystyle\int_0^1 \sqrt{x+3}\,dx=\int_0^1 (x+3)^{\frac{1}{2}}dx$

$\displaystyle=\left[(x+3)^{\frac{3}{2}}\cdot\frac{2}{3}\right]_0^1=\frac{2}{3}\left(4^{\frac{3}{2}}-3^{\frac{3}{2}}\right)=\boldsymbol{\frac{2}{3}(8-3\sqrt{3})}$

（2）　$\displaystyle\int_9^{25}\frac{1+\sqrt{x}}{x}dx=\int_9^{25}\left(\frac{1}{x}+\frac{1}{\sqrt{x}}\right)dx$

$\displaystyle=\int_9^{25}\left(\frac{1}{x}+x^{-\frac{1}{2}}\right)dx=\left[\log x+x^{\frac{1}{2}}\cdot 2\right]_9^{25}$

$=\log 25-\log 9+5\cdot 2-3\cdot 2=\log 5^2-\log 3^2+4$

$\displaystyle=\boldsymbol{2\log 5-2\log 3+4}\ \left(=\boldsymbol{2\log\frac{5}{3}+4}\right)$

（3）　$\displaystyle\int_0^{\frac{\pi}{3}}(\sin 2x+\cos 3x)\,dx=\left[-\frac{\cos 2x}{2}+\frac{\sin 3x}{3}\right]_0^{\frac{\pi}{3}}$

$\displaystyle=-\frac{1}{2}\cdot\left(-\frac{1}{2}\right)+\frac{1}{2}=\boldsymbol{\frac{3}{4}}$

（4）　$\displaystyle\int_{\frac{\pi}{3}}^{\frac{\pi}{2}}\sin^2 x\,dx=\int_{\frac{\pi}{3}}^{\frac{\pi}{2}}\frac{1-\cos 2x}{2}dx$

$\displaystyle=\left[\frac{x}{2}-\frac{\sin 2x}{2\cdot 2}\right]_{\frac{\pi}{3}}^{\frac{\pi}{2}}=\frac{\pi}{4}-\frac{\pi}{6}+\frac{1}{4}\cdot\frac{\sqrt{3}}{2}=\boldsymbol{\frac{\pi}{12}+\frac{\sqrt{3}}{8}}$

（5）　$\displaystyle\int_0^{\frac{\pi}{3}}\sin^2 x\cos^2 x\,dx=\int_0^{\frac{\pi}{3}}(\sin x\cos x)^2dx$

$\displaystyle=\int_0^{\frac{\pi}{3}}\left(\frac{\sin 2x}{2}\right)^2dx=\frac{1}{4}\int_0^{\frac{\pi}{3}}\sin^2 2x\,dx$

$\displaystyle=\frac{1}{4}\int_0^{\frac{\pi}{3}}\frac{1-\cos 4x}{2}dx=\frac{1}{4}\left[\frac{x}{2}-\frac{\sin 4x}{2\cdot 4}\right]_0^{\frac{\pi}{3}}$

$\displaystyle=\frac{\pi}{24}-\frac{1}{32}\left(-\frac{\sqrt{3}}{2}\right)=\boldsymbol{\frac{\pi}{24}+\frac{\sqrt{3}}{64}}$

（6）　$\displaystyle\frac{x^3-1}{x^2-1}=\frac{(x-1)(x^2+x+1)}{(x-1)(x+1)}=\frac{x^2+x+1}{x+1}$

$\displaystyle=\frac{(x+1)x+1}{x+1}=x+\frac{1}{x+1}$ であるから，

$\displaystyle\int_2^3\frac{x^3-1}{x^2-1}dx=\int_2^3\left(x+\frac{1}{x+1}\right)dx$

$\displaystyle=\left[\frac{x^2}{2}+\log(x+1)\right]_2^3=\frac{9}{2}-2+\log 4-\log 3$

$\displaystyle=\boldsymbol{\frac{5}{2}+2\log 2-\log 3}\ \left(=\boldsymbol{\frac{5}{2}+\log\frac{4}{3}}\right)$

（7）　$\displaystyle\frac{1}{x+3}-\frac{1}{x-3}=\frac{-6}{(x+3)(x-3)}=\frac{-6}{x^2-9}=\frac{6}{9-x^2}$

$\displaystyle\therefore\ \int_0^1\frac{3}{9-x^2}dx=\frac{1}{2}\int_0^1\left(\frac{1}{x+3}-\frac{1}{x-3}\right)dx$

$\displaystyle=\frac{1}{2}\Big[\log|x+3|-\log|x-3|\Big]_0^1$

$\displaystyle=\frac{1}{2}(\log 4-\log 3-\log 2+\log 3)=\boldsymbol{\frac{1}{2}\log 2}$

（8）　$x^2-7x+12=(x-4)(x-3)$ に注意して，

$\displaystyle\frac{2x+1}{x^2-7x+12}=\frac{a}{x-4}+\frac{b}{x-3}$ とおき，分母を払うと，

$2x+1=a(x-3)+b(x-4)=(a+b)x-(3a+4b)$

$\therefore\ a+b=2,\ 3a+4b=-1$　　$\therefore\ a=9,\ b=-7$

$\displaystyle\therefore\ \int_1^2\frac{2x+1}{x^2-7x+12}dx=\int_1^2\left(\frac{9}{x-4}-\frac{7}{x-3}\right)dx$

$\displaystyle=\Big[9\log|x-4|-7\log|x-3|\Big]_1^2$

$=9\log 2-9\log 3+7\log 2=\boldsymbol{16\log 2-9\log 3}$

2．部分積分の公式

$$\int f(x)g'(x)dx=f(x)g(x)-\int f'(x)g(x)dx\ \cdots♡$$

（$f(x)$：そのまま→$f(x)$，$f(x)$：微分→$f'(x)$；$g'(x)$：積分→$g(x)$，$g(x)$：そのまま）

を使って計算します．$x^k\times$（指数 or 三角関数）の場合，x^k を微分する側（$f(x)$），（指数 or 三角関数）を積分する側（$g'(x)$）とします．$x^k\times$（対数関数）の場合は，x^k を積分する側，（対数関数）を微分する側にします．

（1） 2つの積分に分けて計算することにします．

（3） $\log(x+1)=1\cdot\log(x+1)$ と見ます．$(x+1)$ をかたまりにして，$1=(x+1)'$ としましょう．

解 （1） $\displaystyle\int_2^3(x^2+5)e^x dx=\int_2^3 x^2e^x dx+\int_2^3 5e^x dx$

$$\int_2^3 x^2e^x dx=\int_2^3 x^2(e^x)'dx$$

$$=\Big[x^2e^x\Big]_2^3-\int_2^3 2xe^x dx=\Big[x^2e^x\Big]_2^3-\int_2^3 2x(e^x)'dx$$

$$=\Big[x^2e^x\Big]_2^3-\left(\Big[2xe^x\Big]_2^3-\int_2^3 2e^x dx\right)$$

$$=\Big[x^2e^x-2xe^x+2e^x\Big]_2^3=\Big[(x^2-2x+2)e^x\Big]_2^3$$

$$\therefore\ \int_2^3(x^2+5)e^x dx=\Big[(x^2-2x+7)e^x\Big]_2^3=\boldsymbol{10e^3-7e^2}$$

⇨注 不定積分は，微分して元に戻ることを確認すればミスをチェックできます．定積分を求める場合であっても，先に数値を代入せず，上のように不定積分を求めておけば同様のチェックができます．各自 $(x^2-2x+2)e^x$ を微分すると x^2e^x になることを確認しておきましょう．

（2） $\sqrt{x}=x^{\frac{1}{2}}=\left(x^{\frac{3}{2}}\right)'\cdot\dfrac{2}{3}$ であるから，

$$\int_1^e\sqrt{x}\log x\,dx=\frac{2}{3}\int_1^e\left(x^{\frac{3}{2}}\right)'\log x\,dx$$

$$=\frac{2}{3}\left(\Big[x^{\frac{3}{2}}\log x\Big]_1^e-\int_1^e \underset{\sim\sim\sim}{x^{\frac{3}{2}}\cdot\frac{1}{x}}dx\right)\quad\left(\sim\sim\sim=x^{\frac{1}{2}}\right)$$

$$=\frac{2}{3}\left(\Big[x^{\frac{3}{2}}\log x-x^{\frac{3}{2}}\cdot\frac{2}{3}\Big]_1^e\right)=\frac{2}{3}\left(\frac{1}{3}e^{\frac{3}{2}}+\frac{2}{3}\right)$$

$$=\boldsymbol{\frac{2}{9}e^{\frac{3}{2}}+\frac{4}{9}}$$

（3） $\displaystyle\int\log(x+1)dx=\int(x+1)'\log(x+1)dx$

$$=(x+1)\log(x+1)-\int(x+1)\cdot\frac{1}{x+1}dx$$

$$=\boldsymbol{(x+1)\log(x+1)-x+C}\quad(C\text{ は積分定数})$$

（4） $x^2=(x^3)'\cdot\dfrac{1}{3}$ であるから，

$$\int_0^1 x^2\log(1+x)dx=\frac{1}{3}\int_0^1(x^3)'\log(x+1)dx$$

$$=\frac{1}{3}\left\{\Big[x^3\log(x+1)\Big]_0^1-\int_0^1 x^3\cdot\frac{1}{x+1}dx\right\}\ \cdots\cdots\text{①}$$

ここで，x^3 を $x+1$ で割ることにより，

$$x^3=(x+1)(x^2-x+1)-1$$

よって，$\dfrac{x^3}{x+1}=x^2-x+1-\dfrac{1}{x+1}$ であるから，

$$\text{①}=\frac{1}{3}\left\{\left[x^3\log(x+1)-\left(\frac{x^3}{3}-\frac{x^2}{2}+x-\log(x+1)\right)\right]_0^1\right\}$$

$$=\frac{1}{3}\left\{\log2-\left(\frac{1}{3}-\frac{1}{2}+1-\log2\right)\right\}=\boldsymbol{\frac{2}{3}\log2-\frac{5}{18}}$$

（5） $\sin^2(2x)=\dfrac{1-\cos4x}{2}$ であるから，

$$\int_0^{\frac{\pi}{3}}x\sin^2(2x)dx=\frac{1}{2}\left(\int_0^{\frac{\pi}{3}}x\,dx-\int_0^{\frac{\pi}{3}}x\cos4x\,dx\right)$$

ここで，$\displaystyle\int_0^{\frac{\pi}{3}}x\,dx=\left[\frac{x^2}{2}\right]_0^{\frac{\pi}{3}}=\frac{\pi^2}{18}$ ……………………①

$$\int_0^{\frac{\pi}{3}}x\cos4x\,dx=\int_0^{\frac{\pi}{3}}x\left(\frac{\sin4x}{4}\right)'dx$$

$$=\left[x\cdot\frac{\sin4x}{4}\right]_0^{\frac{\pi}{3}}-\int_0^{\frac{\pi}{3}}\frac{\sin4x}{4}dx$$

$$=\left[x\cdot\frac{\sin4x}{4}+\frac{\cos4x}{16}\right]_0^{\frac{\pi}{3}}$$

$$=\frac{\pi}{3}\cdot\frac{1}{4}\cdot\left(-\frac{\sqrt{3}}{2}\right)+\frac{1}{16}\cdot\left(-\frac{1}{2}\right)-\frac{1}{16}$$

$$=-\frac{\sqrt{3}}{24}\pi-\frac{3}{32}\ \cdots\cdots\cdots\cdots\text{②}$$

答えは，$\dfrac{1}{2}(\text{①}-\text{②})=\boldsymbol{\dfrac{\pi^2}{36}+\dfrac{\sqrt{3}}{48}\pi+\dfrac{3}{64}}$

3． $\underset{\sim\sim\sim}{\{f(x)\}^k f'(x)}$ の積分は，$f(x)=t$ とおいて置換積分で求めることができますが，便利な公式があります．

$\{f(x)\}^{k+1}$ を微分してみると，

$(\{f(x)\}^{k+1})'=(k+1)\{f(x)\}^k f'(x)$ なので，

$$\int\{f(x)\}^k f'(x)dx=\frac{1}{k+1}\{f(x)\}^{k+1}+C\quad(k\neq-1)$$

という公式が得られます．〰〰 で $k=-1$ のときは，

$$\int\frac{f'(x)}{f(x)}dx=\log|f(x)|+C$$

となります（右辺を微分して確認してみよう）．

上の公式が使えることが見抜ければ，置換積分するまでもなく積分できます（見抜けないとき，あるいは見抜けてもカタマリを文字でおいたほうが見易いときは，4番のように置換積分しましょう）．

（1）は $\left(e^{-\frac{1}{2}x^2}\right)'=e^{-\frac{1}{2}x^2}\left(-\dfrac{1}{2}x^2\right)'=e^{-\frac{1}{2}x^2}(-x)$，

（2）は $(e^x+5)'=e^x$，（4）は $(1+\log x)'=\dfrac{1}{x}$，

（5）は $\sin x=-(\cos x)'$ に着目します．

なお，（2）では，$e^{\log a}=a$ に注意しましょう．

解 （1） $\displaystyle\int_0^1 xe^{-\frac{1}{2}x^2}dx=\int_0^1\left(e^{-\frac{1}{2}x^2}\right)'(-1)dx$

$$=\Big[-e^{-\frac{1}{2}x^2}\Big]_0^1=-e^{-\frac{1}{2}}+1=\boldsymbol{-\frac{1}{\sqrt{e}}+1}$$

（2） $\displaystyle\int_{\log3}^{\log10}\frac{e^x}{e^x+5}dx=\int_{\log3}^{\log10}\frac{(e^x+5)'}{e^x+5}dx$

$$=\Big[\log(e^x+5)\Big]_{\log3}^{\log10}=\boldsymbol{\log15-\log8}\ \left(=\boldsymbol{\log\frac{15}{8}}\right)$$

(3) $\displaystyle\int\frac{dx}{x\log x}=\int\frac{1}{\log x}(\log x)'dx$

$=\boldsymbol{\log|\log x|+C}$（$C$ は積分定数）

(4) $\displaystyle\int_1^e\frac{\sqrt{1+\log x}}{x}dx=\int_1^e\left\{(1+\log x)^{\frac{3}{2}}\right\}'\cdot\frac{2}{3}dx$

$\displaystyle=\frac{2}{3}\left[(1+\log x)^{\frac{3}{2}}\right]_1^e=\frac{2}{3}\left(2^{\frac{3}{2}}-1\right)=\boldsymbol{\frac{2}{3}(2\sqrt{2}-1)}$

(5) $\sin^3x=(1-\cos^2x)\sin x$

$=(1-\cos^2x)(\cos x)'\cdot(-1)$ であるから，

$\displaystyle\int_0^{\frac{5}{6}\pi}\sin^3x\,dx=-\int_0^{\frac{5}{6}\pi}(1-\cos^2x)(\cos x)'dx$

$\displaystyle=-\int_0^{\frac{5}{6}\pi}\{(\cos x)'-\cos^2x(\cos x)'\}dx$

$\displaystyle=-\left[\cos x-\frac{1}{3}\cos^3x\right]_0^{\frac{5}{6}\pi}$

$\displaystyle=-\left\{-\frac{\sqrt{3}}{2}-\frac{1}{3}\left(-\frac{\sqrt{3}}{2}\right)^3\right\}+\left(1-\frac{1}{3}\right)=\boldsymbol{\frac{3\sqrt{3}}{8}+\frac{2}{3}}$

⇨**注**　$\cos x=t$ とおいて，置換積分したことと同じです．

4．カタマリを文字でおいて，積分する式を簡単な形に直して積分します．文字を x⇨t とする場合，dx も含めてすべて t の式に直します（例えば $x^2=t$ とおくと，$\dfrac{dt}{dx}=2x$ ですが，これを $2xdx=dt$ のように，$\dfrac{dx}{dt}$ は，dx，dt を1つの数として，普通の分数のように扱ってよい）．もしも x が残ったり，積分できる式が出て来なければ失敗です．なお，定積分の場合，積分区間の置換も忘れないように！(不定積分の場合，文字を x に戻します)

ルートがらみの場合，ルートを丸ごとおいた方が楽なことが多いです（かたまりは大き目におく）．

(2) $\sqrt{x}$ を t とおくのではなく，$\sqrt{x}+1$ を t とおいたほうが，分母がキレイになるので簡単です．

(5) $\cos^2x\sin^3x=-\cos^2x(1-\cos^2x)(\cos x)'$ なので，3番の手法が使えますが，やや式がふくらむので，ここでは $\cos x=t$ とおくことにします．

解　(1) $\sqrt{2-x}=t$ とおくと，$x=2-t^2$

$\dfrac{dx}{dt}=-2t$　　∴　$dx=-2tdt$

積分区間は右のように対応し，

x	$1\to2$
t	$1\to0$

$\displaystyle\int_1^2x\sqrt{2-x}\,dx=\int_1^0(2-t^2)t\cdot(-2t)dt$

$\displaystyle=\int_0^1(2-t^2)t\cdot2tdt=\int_0^1(4t^2-2t^4)dt$

$\displaystyle=\left[\frac{4}{3}t^3-\frac{2}{5}t^5\right]_0^1=\boldsymbol{\frac{14}{15}}$

(2) $\sqrt{x}+1=t$ とおくと，$\dfrac{dt}{dx}=\dfrac{1}{2\sqrt{x}}=\dfrac{1}{2(t-1)}$

∴　$dx=2(t-1)dt$

積分区間は右のように対応し，

x	$0\to16$
t	$1\to5$

$\displaystyle\int_0^{16}\frac{1}{\sqrt{x}+1}dx=\int_1^5\frac{1}{t}\cdot2(t-1)dt$

$\displaystyle=\int_1^5\left(2-\frac{2}{t}\right)dt=\Big[2t-2\log t\Big]_1^5=\boldsymbol{8-2\log5}$

(3) $x+1=t$ とおくと，$x=t-1$

$\dfrac{dx}{dt}=1$　　∴　$dx=dt$

積分区間は右のように対応し，

x	$0\to1$
t	$1\to2$

$\displaystyle\int_0^1\frac{x^2-x+1}{(x+1)^2}dx=\int_1^2\frac{(t-1)^2-(t-1)+1}{t^2}dt$

$\displaystyle=\int_1^2\frac{t^2-3t+3}{t^2}dt=\int_1^2\left(1-\frac{3}{t}+\frac{3}{t^2}\right)dt$

$\displaystyle=\left[t-3\log t-\frac{3}{t}\right]_1^2=2-3\log2-\frac{3}{2}-1+3$

$\displaystyle=\boldsymbol{\frac{5}{2}-3\log2}$

(4) $\sqrt{x}=t$ とおくと，$\dfrac{dt}{dx}=\dfrac{1}{2\sqrt{x}}=\dfrac{1}{2t}$

∴　$dx=2tdt$

積分区間は右のように対応し，

x	$0\to9$
t	$0\to3$

$\displaystyle\int_0^9e^{-\sqrt{x}}dx=\int_0^3e^{-t}\cdot2tdt$

$\displaystyle=2\int_0^3te^{-t}dt=2\int_0^3t(e^{-t})'\cdot(-1)dt=-2\int_0^3t(e^{-t})'dt$

$\displaystyle=-2\left(\Big[te^{-t}\Big]_0^3-\int_0^3e^{-t}dt\right)=-2\Big[te^{-t}+e^{-t}\Big]_0^3$

$\displaystyle=-2(3e^{-3}+e^{-3}-1)=\boldsymbol{-\frac{8}{e^3}+2}$

(5) $\cos x=t$ とおくと，$\dfrac{dt}{dx}=-\sin x$

∴　$\sin x\,dx=(-1)dt$

積分区間は右のように対応し，

x	$0\to\frac{\pi}{2}$
t	$1\to0$

$\displaystyle\int_0^{\frac{\pi}{2}}\cos^2x\sin^3x\,dx$

$\displaystyle=\int_0^{\frac{\pi}{2}}\cos^2x(1-\cos^2x)\sin x\,dx=\int_1^0t^2(1-t^2)(-1)dt$

$\displaystyle=-\int_1^0(t^2-t^4)dt=\int_0^1(t^2-t^4)dt=\frac{1}{3}-\frac{1}{5}=\boldsymbol{\frac{2}{15}}$

⇨**注**　$\cos^mx\sin^nx$ は，m が偶数で n が奇数のとき，$\cos x=t$ とおいて，m が奇数で n が偶数のとき $\sin x=t$ とおいて積分できます．

5．かたまりではなく，式の形でおき方が知られているタイプの置換積分です．

- $\sqrt{a^2-x^2}$ ⇨ $x=a\sin\theta$ とおく
- 分母に a^2+x^2 が出てくる ⇨ $x=a\tan\theta$ とおく

$\left(\dfrac{1}{a^2+x^2}=\dfrac{1}{a^2(1+\tan^2\theta)}=\dfrac{1}{a^2}\cos^2\theta\text{ になる}\right)$
のが定石です．

（1）は $x=2\sin\theta$ とおけばできますが，面積に結びつけるほうが簡単です．（4）は分数の和の形に直すと，最初の項は3番の形です．

解　（1）　$x=2\sin\theta$ とおくと，$\dfrac{dx}{d\theta}=2\cos\theta$

$\therefore\ dx=2\cos\theta d\theta$

積分区間は右のように対応し，

x	$0\ \to\ 2$
θ	$0\ \to\ \dfrac{\pi}{2}$

この区間において，

$$\sqrt{4-x^2}=\sqrt{4(1-\sin^2\theta)}=2\sqrt{\cos^2\theta}=2\cos\theta$$

であるから，

$$\int_0^2\sqrt{4-x^2}\,dx=\int_0^{\frac{\pi}{2}}2\cos\theta\cdot2\cos\theta d\theta$$

$$=2\int_0^{\frac{\pi}{2}}2\cos^2\theta d\theta=2\int_0^{\frac{\pi}{2}}(1+\cos2\theta)d\theta$$

$$=2\left[\theta+\frac{\sin2\theta}{2}\right]_0^{\frac{\pi}{2}}=\boldsymbol{\pi}$$

別解　$y=\sqrt{4-x^2}$ は，円 $x^2+y^2=4$ の $y\geqq0$ の部分を表すから，$\displaystyle\int_0^2\sqrt{4-x^2}\,dx$ は右図の網目部の面積を表す．

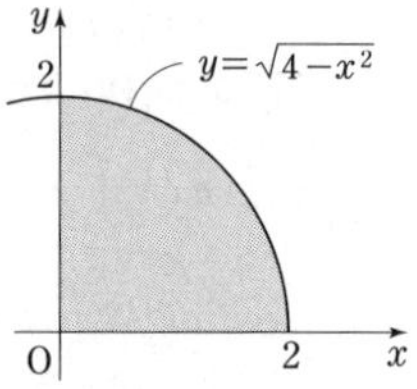

よって，$\displaystyle\int_0^2\sqrt{4-x^2}\,dx=\frac{\pi\cdot2^2}{4}=\boldsymbol{\pi}$

（2）　$x=\sin\theta$ とおくと，$\dfrac{dx}{d\theta}=\cos\theta$

$\therefore\ dx=\cos\theta d\theta$

積分区間は右のように対応し，

x	$0\ \to\ 1$
θ	$0\ \to\ \dfrac{\pi}{2}$

この区間において，

$$\sqrt{1-x^2}=\sqrt{1-\sin^2\theta}=\sqrt{\cos^2\theta}=\cos\theta$$

であるから，

$$\int_0^1x^2\sqrt{1-x^2}\,dx=\int_0^{\frac{\pi}{2}}\sin^2\theta\cos\theta\cos\theta d\theta$$

$$=\int_0^{\frac{\pi}{2}}(\sin\theta\cos\theta)^2d\theta=\int_0^{\frac{\pi}{2}}\left(\frac{\sin2\theta}{2}\right)^2d\theta$$

$$=\frac{1}{4}\int_0^{\frac{\pi}{2}}\sin^22\theta d\theta=\frac{1}{4}\int_0^{\frac{\pi}{2}}\frac{1-\cos4\theta}{2}d\theta$$

$$=\frac{1}{4}\left[\frac{1}{2}\theta-\frac{\sin4\theta}{2\cdot4}\right]_0^{\frac{\pi}{2}}=\frac{\pi}{16}$$

よって，答えは，$\dfrac{16}{\pi}\cdot\dfrac{\pi}{16}=\boldsymbol{1}$

（3）　$x=3\sin\theta$ とおくと，$\dfrac{dx}{d\theta}=3\cos\theta$

$\therefore\ dx=3\cos\theta d\theta$

積分区間は右のように対応し，

x	$0\ \to\ 3/2$
θ	$0\ \to\ \pi/6$

この区間において，

$$\sqrt{9-x^2}=\sqrt{9(1-\sin^2\theta)}=3\sqrt{\cos^2\theta}=3\cos\theta$$

であるから，

$$\int_0^{\frac{3}{2}}\frac{6}{\sqrt{9-x^2}}dx=\int_0^{\frac{\pi}{6}}\frac{6}{3\cos\theta}\cdot3\cos\theta d\theta=\int_0^{\frac{\pi}{6}}6d\theta=\boldsymbol{\pi}$$

（4）　$\displaystyle\int_0^1\frac{x+1}{x^2+1}dx=\int_0^1\frac{x}{x^2+1}dx+\underset{\sim\sim\sim\sim\sim}{\int_0^1\frac{1}{x^2+1}dx}$ …①

$$\int_0^1\frac{x}{x^2+1}dx=\int_0^1\frac{(x^2+1)'}{x^2+1}\cdot\frac{1}{2}dx$$

$$=\left[\frac{1}{2}\log(x^2+1)\right]_0^1=\frac{1}{2}\log2$$

〰〰 で，$x=\tan\theta$ とおくと，$\dfrac{dx}{d\theta}=\dfrac{1}{\cos^2\theta}$

$\therefore\ dx=\dfrac{1}{\cos^2\theta}d\theta$

積分区間は右のように対応し，

x	$0\ \to\ 1$
θ	$0\ \to\ \dfrac{\pi}{4}$

$$\int_0^1\frac{1}{x^2+1}dx=\int_0^{\frac{\pi}{4}}\frac{1}{\tan^2\theta+1}\cdot\frac{1}{\cos^2\theta}d\theta$$

$$=\int_0^{\frac{\pi}{4}}1\cdot d\theta=\frac{\pi}{4}$$

よって，①$=\boldsymbol{\dfrac{1}{2}\log2+\dfrac{\pi}{4}}$

6. 区分求積法の公式

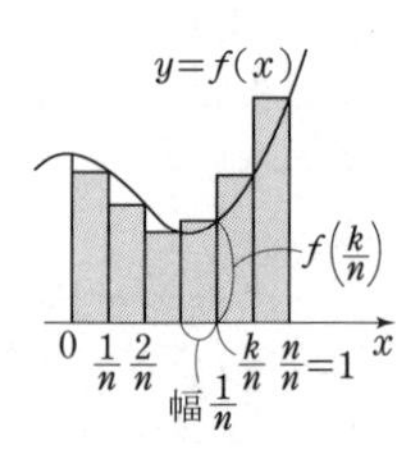

$$\lim_{n\to\infty}\frac{1}{n}\sum_{k=1}^{n}f\left(\frac{k}{n}\right)=\int_0^1f(x)dx$$

は，右図とともに理解しておきましょう．右図の網目部は横幅が $\dfrac{1}{n}$ の短冊の束で，$\dfrac{k}{n}$ が右辺の x に対応します．この公式を利用するには，まず $\dfrac{1}{n}$ をくくり出し，残りを $\dfrac{k}{n}$ の式にします．

上式の公式で，$\displaystyle\sum_{k=1}^{n}$ は $\displaystyle\sum_{k=0}^{n}$ や $\displaystyle\sum_{k=1}^{n-1}$ でも右辺は同じです．はじっこの1つや2つは極限に影響を与えません．（$n\to\infty$ のとき，短冊1つずつは0に収束し，短冊がたとえ100個あっても，その面積の和は0に収束するから．なお，$\displaystyle\sum_{k=1}^{2n}$ なら極限も変わってきます．上のような図を描いて，積分区間を求めます．）

（2）～（4）は横幅 $\dfrac{1}{n}$ がないので，シグマを $\dfrac{1}{n}$ でくくります．（3）ではそのために，まず分子を n，分母を n^2 でくくると見易いでしょう．

解　(1)　与式

$=\lim_{n\to\infty}\frac{1}{n}\sum_{k=1}^{n}\cos\left(\frac{\pi}{2}\cdot\frac{k}{n}\right)$

$=\int_0^1\cos\left(\frac{\pi}{2}x\right)dx$

$=\left[\frac{2}{\pi}\sin\left(\frac{\pi}{2}x\right)\right]_0^1=\boldsymbol{\frac{2}{\pi}}$

y
1
$y=\cos\left(\frac{\pi}{2}x\right)$
1　x
O　$\frac{1}{n}$ $\frac{2}{n}$ … $\frac{k}{n}$ …… $\frac{n}{n}=1$

⇨注　図を描く（関数の式も書き込む）と間違えにくいでしょう．(2)〜(4)は各自で描いておいて下さい．

(2)　$\lim_{n\to\infty}\sum_{k=1}^{n}\frac{k^4}{n^5}=\lim_{n\to\infty}\frac{1}{n}\sum_{k=1}^{n}\frac{k^4}{n^4}=\lim_{n\to\infty}\frac{1}{n}\sum_{k=1}^{n}\left(\frac{k}{n}\right)^4$

$=\int_0^1 x^4dx=\boldsymbol{\frac{1}{5}}$

(3)　$\lim_{n\to\infty}\sum_{k=1}^{n}\frac{n+2k}{n^2+nk+k^2}$

$=\lim_{n\to\infty}\sum_{k=1}^{n}\frac{n\left(1+2\cdot\frac{k}{n}\right)}{n^2\left(1+\frac{k}{n}+\frac{k^2}{n^2}\right)}=\lim_{n\to\infty}\frac{1}{n}\sum_{k=1}^{n}\frac{1+2\cdot\frac{k}{n}}{1+\frac{k}{n}+\left(\frac{k}{n}\right)^2}$

$=\int_0^1\frac{1+2x}{1+x+x^2}dx=\int_0^1\frac{(1+x+x^2)'}{1+x+x^2}dx$

$=\left[\log(1+x+x^2)\right]_0^1=\boldsymbol{\log 3}$

(4)　$S_n=\frac{1}{2n+1}+\frac{1}{2n+2}+\cdots\cdots+\frac{1}{3n}=\sum_{k=1}^{n}\frac{1}{2n+k}$

であるから，

$\lim_{n\to\infty}S_n=\lim_{n\to\infty}\sum_{k=1}^{n}\frac{1}{2n+k}=\lim_{n\to\infty}\frac{1}{n}\sum_{k=1}^{n}\frac{1}{2+\frac{k}{n}}$

$=\int_0^1\frac{1}{2+x}dx=\left[\log(2+x)\right]_0^1$

$=\boldsymbol{\log 3-\log 2}\ \left(=\boldsymbol{\log\frac{3}{2}}\right)$

7．絶対値記号のついた関数は，絶対値の中身の正負で区間を分けて計算します．グラフが容易に描けるときは，グラフを補助にしましょう．

(2)　積分計算では，積→和の公式を使います．

(3)　絶対値の中身を sin の式に直して，中身の符号を調べます．

解　(1)　右図により，

y
$y=e^x-2$
O
log2　2　x

$\int_0^2|e^x-2|\,dx$

$=\int_0^{\log 2}\{-(e^x-2)\}\,dx$

$\quad+\int_{\log 2}^2(e^x-2)\,dx$

$=\int_{\log 2}^0(e^x-2)\,dx+\int_{\log 2}^2(e^x-2)\,dx$ ……………①

e^x-2 の原始関数の1つ e^x-2x を $F(x)$ とおくと，

①$=F(0)+F(2)-2F(\log 2)$ ……②（☞注）

$=1+e^2-4-2(2-2\log 2)$（∵　$e^{\log 2}=2$）

$=\boldsymbol{e^2+4\log 2-7}$

⇨注　②のようにまとめれば，代入計算でのミスを防ぎやすくなります．

(2)　$0\leqq x\leqq\frac{\pi}{2}$ で $\cos x\geqq 0$

$0\leqq x\leqq\frac{\pi}{6}$ で $\cos 3x\geqq 0$，$\frac{\pi}{6}\leqq x\leqq\frac{\pi}{2}$ で $\cos 3x\leqq 0$

よって，$f(x)=\cos 3x\cos x$ とおくと，

$\int_0^{\frac{\pi}{2}}|f(x)|\,dx=\int_0^{\frac{\pi}{6}}f(x)\,dx+\int_{\frac{\pi}{6}}^{\frac{\pi}{2}}\{-f(x)\}\,dx$

$=\int_0^{\frac{\pi}{6}}f(x)\,dx+\int_{\frac{\pi}{2}}^{\frac{\pi}{6}}f(x)\,dx$ ……①

$\cos 3x\cos x=\frac{1}{2}\{\cos(3x-x)+\cos(3x+x)\}$

$=\frac{1}{2}(\cos 2x+\cos 4x)$

であるから，$f(x)$ の原始関数の1つ $\frac{\sin 2x}{4}+\frac{\sin 4x}{8}$ を $F(x)$ とおくと，

①$=2F\left(\frac{\pi}{6}\right)-F(0)-F\left(\frac{\pi}{2}\right)=2\left(\frac{1}{4}\cdot\frac{\sqrt{3}}{2}+\frac{1}{8}\cdot\frac{\sqrt{3}}{2}\right)$

$=\boldsymbol{\frac{3}{8}\sqrt{3}}$

(3)　$2\cos^2x-\sin x-1=2(1-\sin^2x)-\sin x-1$

$=-(2\sin^2x+\sin x-1)=-(\sin x+1)(2\sin x-1)$…①

①の正負を考えて，

$0\leqq x\leqq\frac{\pi}{6}$，$\frac{5}{6}\pi\leqq x\leqq\pi$ のとき，①$\geqq 0$

$\frac{\pi}{6}\leqq x\leqq\frac{5}{6}\pi$ のとき，①$\leqq 0$

よって，$f(x)=2\cos^2x-\sin x-1$ とおくと，

与式$=\int_0^{\frac{\pi}{6}}f(x)\,dx+\int_{\frac{\pi}{6}}^{\frac{5}{6}\pi}\{-f(x)\}\,dx+\int_{\frac{5}{6}\pi}^{\pi}f(x)\,dx$

$=\int_0^{\pi}f(x)\,dx-2\int_{\frac{\pi}{6}}^{\frac{5}{6}\pi}f(x)\,dx$ ………………①

$f(x)=(1+\cos 2x)-\sin x-1=\cos 2x-\sin x$ の原始関数の1つ $\frac{\sin 2x}{2}+\cos x$ を $F(x)$ とおくと，

①$=F(\pi)-F(0)-2F\left(\frac{5\pi}{6}\right)+2F\left(\frac{\pi}{6}\right)$

$=-1-1-\left(-\frac{\sqrt{3}}{2}-\sqrt{3}\right)+\left(\frac{\sqrt{3}}{2}+\sqrt{3}\right)=\boldsymbol{3\sqrt{3}-2}$

演習3 セット2

積分法（計算問題）

▶区分求積法も扱います.◀

1. 基本公式に結びつける積分

（1） $\int_{-1}^{1}\sqrt{2x+5}\,dx$ （関大・理工系）

（2） $\int_{0}^{\frac{\pi}{2}}\sin 2x dx$ （東海大・理，工）

（3） $\int_{0}^{\frac{\pi}{2}}\sin^2 x dx$ （東海大・理，工）

（4） $\int\frac{x^2+1}{x+1}dx$ （前橋工科大）

（5） $\int_{0}^{1}\frac{dx}{x^2-2x-3}$ （福島大・人間発達文化）

（6） $\int_{0}^{\frac{1}{2}}\frac{x^3+2x^2-3}{x^2-1}dx$ （宮崎大・教，工）

（7） $\int_{0}^{\frac{\pi}{3}}\frac{1}{1+\cos 2x}dx$ （東京電機大・工，未来）

（8） 定積分 $\int_{0}^{2\pi}\cos mx\cos nx dx$ の値は，$m\neq n$ のとき□となり，$m=n$ のとき□となる．ただし，m および n は自然数とする．
（茨城大・工－後）

2. 部分積分

（1） $\int x^2e^x dx$ （北見工大）

（2） $\int_{1}^{e}x^2\log x^9 dx$ （芝浦工大）

（3） $\int_{0}^{1}\log(2x+1)dx$ （会津大）

（4） $\int x\cos x dx$ （山梨大・工，生環）

（5） $\int_{0}^{\pi}x\sin^2\frac{x}{2}dx$ （広島市立大－後）

3. $\{f(x)\}^k f'(x)$ の積分

（1） $\int\frac{e^x}{(e^x+1)^2}dx$ （関西学院大・理系）

（2） $\int_{0}^{1}\frac{e^{-2x}}{1+e^{-2x}}dx$ （滋賀県立大－後）

（3） $\int_{1}^{e^2}\frac{1}{x}\log x dx$ （津田塾大・情）

（4） $\int_{1}^{2}x\sqrt{x^2-1}\,dx$ （国士舘大・理工）

（5） $\int_{0}^{\pi}\sin^3 x dx$ （東海大・医）

4. 置換積分Ⅰ

（1） $\tan x=t$ とおくとき，$\sin 2x$ を t で表すと $\sin 2x=$□である．また，

$\int_{\frac{\pi}{4}}^{\frac{\pi}{3}}\frac{1}{\sin 2x}dx=$□である． （愛知工大・工）

（2） $\int_{-\frac{3}{2}}^{3}x^2\sqrt{2x+3}\,dx$ （関東学院大・理工）

（3） $\int_{1}^{9}\frac{\sqrt{1+\sqrt{x}}}{\sqrt{x}}dx$ （東京電機大・工，未来）

（4） $\int_{1}^{4}\frac{1}{\sqrt{x}(1+\sqrt{x})}dx$
（東京都市大・工，知識工）

（5） $\int_{0}^{1}x^7e^{x^4}dx$ （国士舘大・理工）

（6） $\int_{0}^{1}e^{-\sqrt{1-x}}dx$ （広島市立大）

（7） $\frac{35}{2}\int_{0}^{\frac{\pi}{2}}\sin^7 x dx$ （自治医大・医）

5. 置換積分Ⅱ

（1） $\int_{0}^{1}\frac{1}{x^2+1}dx$ （東洋大・理工）

（2） $\int_{0}^{\frac{1}{3}}\frac{9x^2+2}{9x^2+1}dx$ （芝浦工大）

（3） $\int_{0}^{\frac{1}{2}}\frac{x^2}{\sqrt{1-x^2}}dx$ （広島市立大）

（4） $\int_{0}^{1}\frac{1}{\sqrt{4-x^2}}dx$
（東京都市大・工，知識工）

6. 区分求積

（1） $\lim_{n\to\infty}\left(\frac{1^9}{n^{10}}+\frac{2^9}{n^{10}}+\frac{3^9}{n^{10}}+\cdots\cdots+\frac{n^9}{n^{10}}\right)$

（広島市立大）

（2） $\lim_{n\to\infty}\left(\frac{1}{n+1}+\frac{1}{n+2}+\frac{1}{n+3}+\cdots\cdots+\frac{1}{2n}\right)$

（北見工大）

（3）

$$\lim_{n\to\infty}\left(\frac{1}{n^2+1^2}+\frac{2}{n^2+2^2}+\frac{3}{n^2+3^2}+\cdots\cdots+\frac{n}{n^2+n^2}\right)$$

（長崎大・教，医，歯，薬，工）

（4） $\lim_{n\to\infty}\frac{1}{n^2}\sum_{k=1}^{n}\sqrt{4n^2-k^2}$ （電通大－後）

7. 絶対値記号がついた関数の積分

（1） $\int_{\frac{1}{e}}^{e}|\log x|dx$ （愛媛大・理，工）

（2） $\int_0^{\pi}|\sin 2x|dx$ （会津大）

（3） $\int_0^{\pi}|\cos 2x+\cos x|dx$ （国士舘大・理工）

◎問題の難易と目標時間（記号については☞ p.2）

1…A＊＊＊　2…A＊＊○　3…A＊＊○　4…A＊＊＊○
5…A＊○　6…B＊＊　7…B＊＊＊

解　　説

1. 基本公式で求まる原始関数（不定積分）を求めるときは，微分すると元に戻るような関数のアタリをつけ，実際に微分して元に戻るように係数を調整するのがよいでしょう．

（1） $(2x+5)$ をかたまりと見ます．

（3） sin や cos の 2 乗は，sin や cos の 1 乗の形に直します．本問では，$\sin^2 x=\frac{1-\cos 2x}{2}$ を使います．

（4）（6） 分子を分母より低次な形に直して積分します．

（5） 分母が 1 次式なら計算できるので，分数 2 個の和へ分解します（部分分数分解）．

（7） $\int\frac{1}{\cos^2 x}dx=\tan x+C$ の公式に結びつけます．

（8） 積→和の公式を使います．

解 （1） $\int_{-1}^{1}\sqrt{2x+5}\,dx=\int_{-1}^{1}(2x+5)^{\frac{1}{2}}dx$

$=\left[(2x+5)^{\frac{3}{2}}\cdot\frac{2}{3}\cdot\frac{1}{2}\right]_{-1}^{1}=\boldsymbol{\frac{1}{3}(7\sqrt{7}-3\sqrt{3})}$

（2） $\int_0^{\frac{\pi}{2}}\sin 2x dx=\left[-\frac{\cos 2x}{2}\right]_0^{\frac{\pi}{2}}=\frac{1}{2}+\frac{1}{2}=\boldsymbol{1}$

（3） $\int_0^{\frac{\pi}{2}}\sin^2 x dx=\int_0^{\frac{\pi}{2}}\frac{1-\cos 2x}{2}dx$

$=\left[\frac{x}{2}-\frac{\sin 2x}{2\cdot 2}\right]_0^{\frac{\pi}{2}}=\boldsymbol{\frac{\pi}{4}}$

（4） x^2+1 を $x+1$ で割ることにより，

$x^2+1=(x+1)(x-1)+2$

よって，$\int\frac{x^2+1}{x+1}dx=\int\left(x-1+\frac{2}{x+1}\right)dx$

$=\boldsymbol{\frac{1}{2}x^2-x+2\log|x+1|+C}$（$C$ は積分定数）

（5） $\frac{1}{x^2-2x-3}=\frac{1}{(x-3)(x+1)}=\frac{a}{x-3}+\frac{b}{x+1}$

とおき，分母を払って，$1=a(x+1)+b(x-3)$

∴ $a+b=0$，$a-3b=1$　　∴ $a=\frac{1}{4}$，$b=-\frac{1}{4}$

∴ $\int_0^1\frac{dx}{x^2-2x-3}=\frac{1}{4}\int_0^1\left(\frac{1}{x-3}-\frac{1}{x+1}\right)dx$

$=\frac{1}{4}\left[\log|x-3|-\log|x+1|\right]_0^1=\boldsymbol{-\frac{1}{4}\log 3}$

➾**注** $\frac{1}{x-3}-\frac{1}{x+1}=\frac{4}{(x-3)(x+1)}$ により，

$\frac{1}{(x-3)(x+1)}=\frac{1}{4}\left(\frac{1}{x-3}-\frac{1}{x+1}\right)$

とすることもできます．

（6） x^3+2x^2-3 を x^2-1 で割ることにより，

$x^3+2x^2-3=(x^2-1)(x+2)+x-1$

∴ $\int_0^{\frac{1}{2}}\frac{x^3+2x^2-3}{x^2-1}dx=\int_0^{\frac{1}{2}}\left(x+2+\frac{x-1}{x^2-1}\right)dx$

$=\int_0^{\frac{1}{2}}\left(x+2+\frac{1}{x+1}\right)dx=\left[\frac{1}{2}x^2+2x+\log|x+1|\right]_0^{\frac{1}{2}}$

$=\frac{1}{8}+1+\log\frac{3}{2}=\boldsymbol{\frac{9}{8}+\log\frac{3}{2}}$

（7） $\int_0^{\frac{\pi}{3}}\frac{1}{1+\cos 2x}dx=\int_0^{\frac{\pi}{3}}\frac{1}{2\cos^2 x}dx$

$=\left[\frac{1}{2}\tan x\right]_0^{\frac{\pi}{3}}=\boldsymbol{\frac{1}{2}\sqrt{3}}$

（8） 求める定積分を I とおく．

$\cos mx\cos nx=\frac{1}{2}\{\cos(m-n)x+\cos(m+n)x\}$

であるから，$\boldsymbol{m\neq n}$ **のとき**，

$I=\frac{1}{2}\int_0^{2\pi}\{\cos(m-n)x+\cos(m+n)x\}dx$

$=\frac{1}{2}\left[\frac{\sin(m-n)x}{m-n}+\frac{\sin(m+n)x}{m+n}\right]_0^{2\pi}=\boldsymbol{0}$

$m=n$ のとき，$\cos(m-n)x=\cos 0=1$ であるから，

$$I=\frac{1}{2}\int_0^{2\pi}(1+\cos 2nx)dx=\frac{1}{2}\left[x+\frac{\sin 2nx}{2n}\right]_0^{2\pi}=\boldsymbol{\pi}$$

2. 部分積分の公式

$$\int \underset{\text{そのまま}}{f(x)}\underset{\text{積分}}{g'(x)}dx=f(x)g(x)-\int \underset{\text{微分}}{f'(x)}\underset{\text{そのまま}}{g(x)}dx \cdots\heartsuit$$

を使って計算します．$x^k\times$(指数 or 三角関数) の場合，x^k を微分する側 ($f(x)$)，(指数 or 三角関数) を積分する側 ($g'(x)$) とします．$x^k\times$(対数関数) の場合は，x^k を積分する側，(対数関数) を微分する側にします．

(2)　$\log x^9=9\log x$ です．

(3)　$\log(2x+1)=1\cdot\log(2x+1)$ と見ます．$(2x+1)$ をかたまりにして，$1=(2x+1)'\cdot\frac{1}{2}$ とします．

(5)　1.(3)と同様に，$\sin^2\frac{x}{2}=\frac{1-\cos x}{2}$ とした後，部分積分をします．

解　(1)　$\int x^2e^xdx=\int x^2(e^x)'dx$

$=x^2e^x-\int 2x\cdot e^xdx=x^2e^x-\int 2x(e^x)'dx$

$=x^2e^x-\left(2xe^x-\int 2e^xdx\right)$

$=\boldsymbol{x^2e^x-2xe^x+2e^x+C}$ (C は積分定数)

(2)　$\int_1^e x^2\log x^9dx=9\int_1^e x^2\log x\,dx$ ……………①

$\int_1^e x^2\log x\,dx=\int_1^e\left(\frac{x^3}{3}\right)'\log x\,dx$

$=\left[\frac{x^3}{3}\log x\right]_1^e-\int_1^e\frac{x^3}{3}\cdot\frac{1}{x}dx$ 　($\sim\sim=\frac{x^2}{3}$)

$=\left[\frac{x^3}{3}\log x-\frac{x^3}{9}\right]_1^e=\frac{e^3}{3}-\frac{e^3}{9}+\frac{1}{9}=\frac{2e^3+1}{9}$

よって，①$=\boldsymbol{2e^3+1}$

⇨**注**　不定積分は，微分して元に戻ることを確認すればミスをチェックできます．(2)のように定積分を求める場合でも，先に数値を代入せずに，------のように不定積分を求めておけば同様のチェックができます．

(3)

$\int_0^1\log(2x+1)dx=\int_0^1\frac{1}{2}(2x+1)'\log(2x+1)dx$

$=\left[\frac{1}{2}(2x+1)\log(2x+1)\right]_0^1-\int_0^1\frac{1}{2}(2x+1)\cdot\frac{2}{2x+1}dx$

$=\left[\frac{1}{2}(2x+1)\log(2x+1)-x\right]_0^1=\boldsymbol{\frac{3}{2}\log 3-1}$

(4)　$\int x\cos x\,dx=\int x(\sin x)'dx$

$=x\sin x-\int 1\cdot\sin x\,dx=\boldsymbol{x\sin x+\cos x+C}$

(C は積分定数)

(5)　$\sin^2\frac{x}{2}=\frac{1-\cos x}{2}$ であるから，

$\int_0^\pi x\sin^2\frac{x}{2}dx=\frac{1}{2}\int_0^\pi(x-x\cos x)dx$

[(4)の結果を使うと]

$=\frac{1}{2}\left[\frac{1}{2}x^2-x\sin x-\cos x\right]_0^\pi=\boldsymbol{\frac{\pi^2}{4}+1}$

3. $\{f(x)\}^kf'(x)$ の積分は，$f(x)=t$ とおいて置換積分で求めることができますが，便利な公式があります．

$\{f(x)\}^{k+1}$ を微分してみると，

$(\{f(x)\}^{k+1})'=(k+1)\{f(x)\}^kf'(x)$ なので，

$\int\{f(x)\}^kf'(x)dx=\frac{1}{k+1}\{f(x)\}^{k+1}+C$ ($k\neq-1$)

という公式が得られます．$\sim\sim$で $k=-1$ のときは，

$$\int\frac{f'(x)}{f(x)}dx=\log|f(x)|+C$$

となります (右辺を微分して確認してみよ)．

上の公式が使えることが見抜ければ，置換積分するまでもなく積分できます (見抜けないときは，4番のように，カタマリを文字でおいて，置換積分する)．

(1)は $(e^x+1)'=e^x$，(2)は $(1+e^{-2x})'=-2e^{-2x}$，

(3)は $(\log x)'=\frac{1}{x}$，(4)は $(x^2-1)'=2x$，

(5)は $\sin x=-(\cos x)'$ に着目します．

解　(1)　$\int\frac{e^x}{(e^x+1)^2}dx=\int(e^x+1)^{-2}\cdot(e^x+1)'dx$

$=-(e^x+1)^{-1}=\boldsymbol{-\frac{1}{e^x+1}+C}$ (C は積分定数)

(2)　$\int_0^1\frac{e^{-2x}}{1+e^{-2x}}dx=\int_0^1\frac{(1+e^{-2x})'}{1+e^{-2x}}\cdot\left(-\frac{1}{2}\right)dx$

$=-\frac{1}{2}\left[\log(1+e^{-2x})\right]_0^1=\boldsymbol{\frac{1}{2}\{\log 2-\log(1+e^{-2})\}}$

⇨**注**　答えの表し方はいろいろあり，

$\frac{1}{2}\log\frac{2}{1+e^{-2}}=\frac{1}{2}\log\frac{2e^2}{e^2+1}$ などとも表せます．

(3)　$\int_1^{e^2}\frac{1}{x}\log x\,dx=\int_1^{e^2}\log x\cdot(\log x)'dx$

$=\left[\frac{1}{2}(\log x)^2\right]_1^{e^2}=\frac{1}{2}(\log e^2)^2=\frac{1}{2}\cdot 2^2=\boldsymbol{2}$

(4)　$\int_1^2 x\sqrt{x^2-1}\,dx=\int_1^2(x^2-1)^{\frac{1}{2}}\cdot(x^2-1)'\cdot\frac{1}{2}dx$

$=\frac{1}{2}\left[(x^2-1)^{\frac{3}{2}}\cdot\frac{2}{3}\right]_1^2=\frac{1}{3}\cdot 3^{\frac{3}{2}}=3^{\frac{1}{2}}=\boldsymbol{\sqrt{3}}$

(5)　$\sin^3 x=(1-\cos^2 x)\sin x$

$=(1-\cos^2 x)(\cos x)'\cdot(-1)$　であるから，

$$\int_0^{\pi}\sin^3 x dx=-\int_0^{\pi}(1-\cos^2 x)(\cos x)'dx$$

$$=-\int_0^{\pi}\{(\cos x)'-\cos^2 x(\cos x)'\}dx$$

$$=-\left[\cos x-\frac{1}{3}\cos^3 x\right]_0^{\pi}=-\left(-\frac{2}{3}-\frac{2}{3}\right)=\boldsymbol{\frac{4}{3}}$$

➩**注**　$\cos x=t$ とおいて，置換積分したのと同じです．一般に n が奇数のとき，$\sin^n x$ は $\cos x=t$ とおいて，$\cos^n x$ は $\sin x=t$ とおいて積分できます．

4．カタマリを文字でおいて，積分する式を簡単な形に直して積分します．文字を x➩t とする場合，dx も含めてすべて t の式に直します（例えば $x^2=t$ とおくと，$\dfrac{dt}{dx}=2x$ ですが，これを $2xdx=dt$ のように，$\dfrac{dx}{dt}$ は，dx，dt を1つの数として，普通の分数のように扱ってよい）．もしも x が残ったり，積分できる式が出て来なければ失敗です．なお，定積分の場合，積分区間の置換も忘れないように！（不定積分の場合，文字を x に戻します）

ルートがらみの場合，ルートを丸ごとおいた方が楽なことが多いです（かたまりは大き目におく）．

(4)　$\sqrt{x}$ を t とおいても，$1+\sqrt{x}$ を t とおいても，定数の違いしかないので，大差ありません．ここでは $\sqrt{x}=t$ とおくことにします．

(7)　$\sin^7 x=-(1-\cos^2 x)^3(\cos x)'$ なので，3番の手法が使えますが，式がふくらむので $\cos x=t$ と置換した方が見易いでしょう．3.(5)の注も参照．

解　(1)　$\sin 2x=\dfrac{\sin 2x}{1}=\dfrac{2\sin x\cos x}{\cos^2 x+\sin^2 x}$

分母・分子を $\cos^2 x$ で割ると，

$$\boldsymbol{\sin 2x}=\frac{2\tan x}{1+\tan^2 x}=\boldsymbol{\frac{2t}{1+t^2}}$$

$t=\tan x$ のとき，$\dfrac{dt}{dx}=\dfrac{1}{\cos^2 x}=1+\tan^2 x=1+t^2$

$\therefore\ dx=\dfrac{1}{1+t^2}dt$

積分区間は右のように対応し，

x	$\frac{\pi}{4}$ → $\frac{\pi}{3}$
t	1 → $\sqrt{3}$

$$\int_{\frac{\pi}{4}}^{\frac{\pi}{3}}\frac{1}{\sin 2x}dx=\int_1^{\sqrt{3}}\frac{1+t^2}{2t}\cdot\frac{1}{1+t^2}dt=\frac{1}{2}\int_1^{\sqrt{3}}\frac{1}{t}dt$$

$$=\frac{1}{2}\Big[\log t\Big]_1^{\sqrt{3}}=\frac{1}{2}\log\sqrt{3}=\boldsymbol{\frac{1}{4}\log 3}$$

(2)　$\sqrt{2x+3}=t$ とおくと，$x=\dfrac{t^2-3}{2}$

$\dfrac{dx}{dt}=t$　$\therefore\ dx=tdt$

積分区間は右のように対応し，

x	$-\frac{3}{2}$ → 3
t	0 → 3

$$\int_{-\frac{3}{2}}^{3}x^2\sqrt{2x+3}\,dx=\int_0^3\left(\frac{t^2-3}{2}\right)^2 t\cdot tdt$$

$$=\frac{1}{4}\int_0^3(t^6-6t^4+9t^2)dt=\frac{1}{4}\left[\frac{t^7}{7}-\frac{6}{5}t^5+3t^3\right]_0^3$$

$$=\frac{1}{4}\left(\frac{3^7}{7}-\frac{6}{5}\cdot 3^5+3^4\right)$$

$$=\frac{3^4}{4}\left(\frac{27}{7}-\frac{18}{5}+1\right)=\frac{81}{4}\cdot\frac{44}{35}=\frac{81\times 11}{35}=\boldsymbol{\frac{891}{35}}$$

(3)　$\sqrt{1+\sqrt{x}}=t$ とおくと，$\sqrt{x}=t^2-1$

$\therefore\ x=(t^2-1)^2$　$\therefore\ \dfrac{dx}{dt}=2(t^2-1)\cdot 2t$

$\therefore\ dx=4t(t^2-1)dt$

積分区間は右のように対応し，

x	1 → 9
t	$\sqrt{2}$ → 2

$$\int_1^9\frac{\sqrt{1+\sqrt{x}}}{\sqrt{x}}dx=\int_{\sqrt{2}}^2\frac{t}{t^2-1}\cdot 4t(t^2-1)dt$$

$$=\int_{\sqrt{2}}^2 4t^2dt=\left[\frac{4}{3}t^3\right]_{\sqrt{2}}^2=\frac{4}{3}(8-2\sqrt{2})=\boldsymbol{\frac{32-8\sqrt{2}}{3}}$$

➩**注**　$\sqrt{x}=t$ とおくと，$\dfrac{dx}{2\sqrt{x}}=dt$ により，与式は

$$\int_1^3\sqrt{1+t}\cdot 2dt=2\left[(1+t)^{\frac{3}{2}}\cdot\frac{2}{3}\right]_1^3=\frac{4}{3}(8-2\sqrt{2})$$

(4)　$\sqrt{x}=t$ とおくと，

$\dfrac{dt}{dx}=\dfrac{1}{2\sqrt{x}}$　$\therefore\ \dfrac{dx}{\sqrt{x}}=2dt$

積分区間は右のように対応し，

x	1 → 4
t	1 → 2

$$\int_1^4\frac{1}{\sqrt{x}(1+\sqrt{x})}dx=\int_1^2\frac{2}{1+t}dt$$

$$=\Big[2\log(1+t)\Big]_1^2=\boldsymbol{2\log 3-2\log 2}$$

(5)　$x^4=t$ とおくと，

$\dfrac{dt}{dx}=4x^3$　$\therefore\ x^3dx=\dfrac{1}{4}dt$

積分区間は右のように対応し，

x	0 → 1
t	0 → 1

$$\int_0^1 x^7e^{x^4}dx=\int_0^1 x^4e^{x^4}\cdot x^3dx=\int_0^1 te^t\cdot\frac{1}{4}dt\cdots\cdots①$$

ここで，

$$\int_0^1 te^tdt=\int_0^1 t(e^t)'dt=\Big[te^t\Big]_0^1-\int_0^1 e^tdt=\Big[te^t-e^t\Big]_0^1=1$$

よって，$①=\boldsymbol{\dfrac{1}{4}}$

(6)　$\sqrt{1-x}=t$ とおくと，$x=1-t^2$

$\dfrac{dx}{dt}=-2t$　$\therefore\ dx=-2tdt$

積分区間は右のように対応し，

x	0 → 1
t	1 → 0

$$\int_0^1 e^{-\sqrt{1-x}}dx=\int_1^0 e^{-t}(-2t)dt=\int_1^0 2t(-e^{-t})dt$$

$$=\int_1^0 2t(e^{-t})'dt=\Big[2te^{-t}\Big]_1^0-\int_1^0 2e^{-t}dt$$

$$=\Big[2te^{-t}+2e^{-t}\Big]_1^0=2-4e^{-1}=\mathbf{2-\frac{4}{e}}$$

（7） $\cos x=t$ とおくと，$\dfrac{dt}{dx}=-\sin x$

$\therefore\ -\sin x dx=dt$

積分区間は右のように対応し，

x	$0\ \to\ \pi/2$
t	$1\ \to\ 0$

$$\int_0^{\frac{\pi}{2}}\sin^7 x dx=-\int_0^{\frac{\pi}{2}}\sin^6 x\cdot(-\sin x)dx$$

$$=-\int_1^0(1-t^2)^3dt=\int_0^1(1-t^2)^3dt$$

$$=\int_0^1(1-3t^2+3t^4-t^6)dt=1-1+\frac{3}{5}-\frac{1}{7}=\frac{16}{35}$$

よって，$\dfrac{35}{2}\displaystyle\int_0^{\frac{\pi}{2}}\sin^7 x dx=\frac{35}{2}\times\frac{16}{35}=\mathbf{8}$

5．かたまりではなく，式の形でおき方が知られているタイプの置換積分です．

・分母に a^2+x^2 が出てくる ⇨ $x=a\tan\theta$ とおく

$\left(\dfrac{1}{a^2+x^2}=\dfrac{1}{a^2(1+\tan^2\theta)}=\dfrac{1}{a^2}\cos^2\theta\text{ になる}\right)$

・$\sqrt{a^2-x^2}$ ⇨ $x=a\sin\theta$ とおく

のが定石です．

（2）では，まず分子を分母より低次な形にします．

（2）では $3x=\tan\theta$，（4）では $x=2\sin\theta$ とおきます．

解　（1） $x=\tan\theta$ とおくと，$\dfrac{dx}{d\theta}=\dfrac{1}{\cos^2\theta}$

$\therefore\ dx=\dfrac{1}{\cos^2\theta}d\theta$

積分区間は右のように対応し，

x	$0\ \to\ 1$
θ	$0\ \to\ \dfrac{\pi}{4}$

$$\int_0^1\frac{1}{x^2+1}dx=\int_0^{\frac{\pi}{4}}\frac{1}{\tan^2\theta+1}\cdot\frac{1}{\cos^2\theta}d\theta$$

$$=\int_0^{\frac{\pi}{4}}1\cdot d\theta=\mathbf{\frac{\pi}{4}}$$

（2） $\displaystyle\int_0^{\frac{1}{3}}\frac{9x^2+2}{9x^2+1}dx=\int_0^{\frac{1}{3}}\left(1+\frac{1}{9x^2+1}\right)dx$ ……①

$3x=\tan\theta$ とおくと，$\dfrac{dx}{d\theta}=\dfrac{1}{3}\cdot\dfrac{1}{\cos^2\theta}$

$\therefore\ dx=\dfrac{1}{3}\cdot\dfrac{1}{\cos^2\theta}d\theta$

積分区間は右のように対応し，

x	$0\ \to\ 1/3$
$\tan\theta$	$0\ \to\ 1$
θ	$0\ \to\ \pi/4$

$$\int_0^{\frac{1}{3}}\frac{1}{9x^2+1}dx=\int_0^{\frac{\pi}{4}}\frac{1}{\tan^2\theta+1}\cdot\frac{1}{3}\cdot\frac{1}{\cos^2\theta}d\theta$$

$$=\int_0^{\frac{\pi}{4}}\frac{1}{3}d\theta=\frac{1}{3}\cdot\frac{\pi}{4}=\frac{\pi}{12}$$

よって，①$=\mathbf{\dfrac{1}{3}+\dfrac{\pi}{12}}$

（3） $x=\sin\theta$ とおくと，$\dfrac{dx}{d\theta}=\cos\theta$

$\therefore\ dx=\cos\theta d\theta$

積分区間は右のように対応し，この区間において，

x	$0\ \to\ 1/2$
θ	$0\ \to\ \pi/6$

$\sqrt{1-x^2}=\sqrt{1-\sin^2\theta}=\sqrt{\cos^2\theta}=\cos\theta$

であるから，

$$\int_0^{\frac{1}{2}}\frac{x^2}{\sqrt{1-x^2}}dx=\int_0^{\frac{\pi}{6}}\frac{\sin^2\theta}{\cos\theta}\cdot\cos\theta d\theta=\int_0^{\frac{\pi}{6}}\sin^2\theta d\theta$$

$$=\int_0^{\frac{\pi}{6}}\frac{1-\cos 2\theta}{2}d\theta=\left[\frac{\theta}{2}-\frac{\sin 2\theta}{2\cdot 2}\right]_0^{\frac{\pi}{6}}=\mathbf{\frac{\pi}{12}-\frac{\sqrt{3}}{8}}$$

（4） $x=2\sin\theta$ とおくと，$\dfrac{dx}{d\theta}=2\cos\theta$

$\therefore\ dx=2\cos\theta d\theta$

積分区間は右のように対応し，この区間において，

x	$0\ \to\ 1$
$\sin\theta$	$0\ \to\ 1/2$
θ	$0\ \to\ \pi/6$

$\sqrt{4-x^2}=\sqrt{4(1-\sin^2\theta)}$

$=\sqrt{4\cos^2\theta}=2\cos\theta$ であるから，

$$\int_0^1\frac{1}{\sqrt{4-x^2}}dx=\int_0^{\frac{\pi}{6}}\frac{1}{2\cos\theta}\cdot 2\cos\theta d\theta=\int_0^{\frac{\pi}{6}}1\cdot d\theta=\mathbf{\frac{\pi}{6}}$$

6．区分求積法の公式

$$\lim_{n\to\infty}\frac{1}{n}\sum_{k=1}^{n}f\left(\frac{k}{n}\right)=\int_0^1 f(x)dx$$

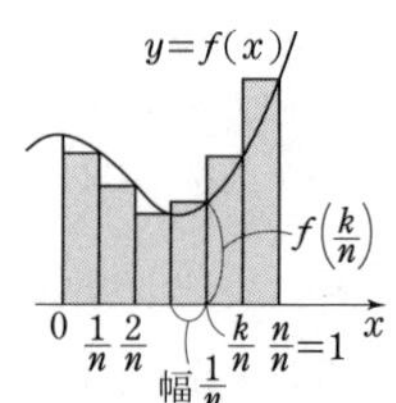

は，右図とともに理解しておきましょう．右図の網目部は横幅が $\dfrac{1}{n}$ の短冊の束で，$\dfrac{k}{n}$ が右辺の x に対応します．この公式を利用するには，まず $\dfrac{1}{n}$ をくくり出し，残りを $\dfrac{k}{n}$ の式にします．

上式の公式で，$\displaystyle\sum_{k=1}^{n}$ は $\displaystyle\sum_{k=0}^{n}$ や $\displaystyle\sum_{k=1}^{n-1}$ でも右辺は同じです．はじっこの 1 つや 2 つは極限に影響を与えません．

（$n\to\infty$ のとき，短冊 1 つずつは 0 に収束し，短冊がたとえ 100 個あっても，その面積の和は 0 に収束するから．なお，$\displaystyle\sum_{k=1}^{2n}$ なら極限も変わってきます．上のような図を描いて，積分区間を求めます．）

（1）～（3）は横幅 $\dfrac{1}{n}$ がないので，カッコを $\dfrac{1}{n}$ でく

くります．（4）は $\frac{1}{n}$ を $\sqrt{\quad}$ の中に入れます．

解　（1）与式

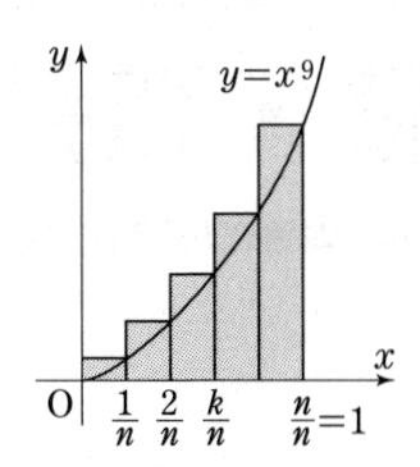

$=\lim_{n\to\infty}\frac{1}{n}\left(\frac{1^9}{n^9}+\frac{2^9}{n^9}+\cdots+\frac{n^9}{n^9}\right)$

$=\lim_{n\to\infty}\frac{1}{n}\sum_{k=1}^{n}\left(\frac{k}{n}\right)^9$

$=\int_0^1 x^9dx=\mathbf{\frac{1}{10}}$

➾注　図を描く（関数の式も書き込む）と間違えにくいでしょう．（2）～（4）は各自で描いておいて下さい．

（2）　与式$=\lim_{n\to\infty}\sum_{k=1}^{n}\frac{1}{n+k}=\lim_{n\to\infty}\frac{1}{n}\sum_{k=1}^{n}\frac{1}{1+\frac{k}{n}}$

$$=\int_0^1\frac{1}{1+x}dx=\Big[\log(1+x)\Big]_0^1=\mathbf{\log 2}$$

（3）　与式$=\lim_{n\to\infty}\sum_{k=1}^{n}\frac{k}{n^2+k^2}=\lim_{n\to\infty}\frac{1}{n}\sum_{k=1}^{n}\frac{k}{n+\frac{k^2}{n}}$

$\left(\frac{k}{n}\right.$ の式になるように分母・分子を n で割って$\left.\right)$

$$=\lim_{n\to\infty}\frac{1}{n}\sum_{k=1}^{n}\frac{\frac{k}{n}}{1+\left(\frac{k}{n}\right)^2}=\int_0^1\frac{x}{1+x^2}dx$$

$$=\int_0^1\frac{(1+x^2)'}{1+x^2}\cdot\frac{1}{2}dx=\frac{1}{2}\Big[\log(1+x^2)\Big]_0^1=\mathbf{\frac{\log 2}{2}}$$

（4）　$\lim_{n\to\infty}\frac{1}{n^2}\sum_{k=1}^{n}\sqrt{4n^2-k^2}=\lim_{n\to\infty}\frac{1}{n}\sum_{k=1}^{n}\sqrt{\frac{4n^2-k^2}{n^2}}$

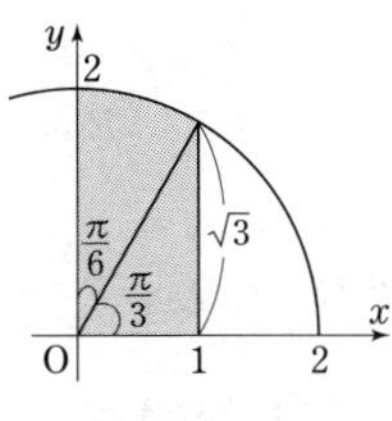

$=\lim_{n\to\infty}\frac{1}{n}\sum_{k=1}^{n}\sqrt{4-\left(\frac{k}{n}\right)^2}$

$=\int_0^1\sqrt{4-x^2}\,dx$ （☞注）…①

$y=\sqrt{4-x^2}$ は，$x^2+y^2=4$ の $y\geqq 0$ の部分を表すから，この定積分は右図の網目部の面積を表す．よって，

$$\int_0^1\sqrt{4-x^2}\,dx=\frac{1}{2}\cdot 1\cdot\sqrt{3}+\frac{1}{2}\cdot 2^2\cdot\frac{\pi}{6}=\mathbf{\frac{\sqrt{3}}{2}+\frac{\pi}{3}}$$

➾注　①は $x=2\sin\theta$ と置換してもよいでしょう．

$$①=\int_0^{\frac{\pi}{6}}2\cos\theta\cdot 2\cos\theta d\theta=2\int_0^{\frac{\pi}{6}}2\cos^2\theta d\theta$$

$$=2\int_0^{\frac{\pi}{6}}(1+\cos 2\theta)d\theta=2\left[\theta+\frac{\sin 2\theta}{2}\right]_0^{\frac{\pi}{6}}=\frac{\pi}{3}+\frac{\sqrt{3}}{2}$$

7．絶対値のついた関数は，中身の正負で区間を分けて計算します．グラフが容易に描けるときは，グラフを補助にしましょう．

（2）　グラフの対称性を活用しましょう．

（3）　絶対値の中身を $\cos x$ の式に直して，中身の符号を調べます．

解　（1）　右図により，

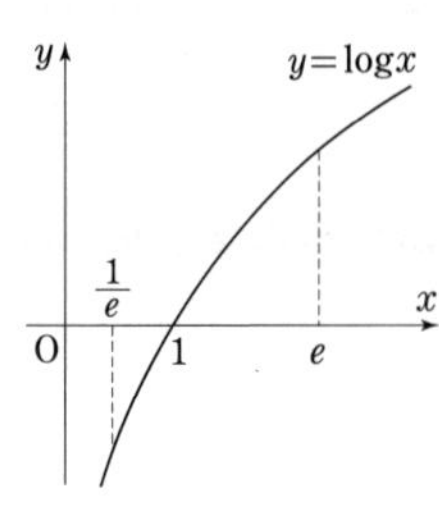

$\int_{\frac{1}{e}}^{e}|\log x|dx$

$=\int_{\frac{1}{e}}^{1}(-\log x)dx$

$\quad+\int_1^e\log x dx$

$=\int_1^{\frac{1}{e}}\log x dx+\int_1^e\log x dx$ ……………………①

$\log x$ の原始関数の1つを $F(x)$ とおくと，

$$①=F\left(\frac{1}{e}\right)+F(e)-2F(1)\ \cdots\cdots②\ （☞注）$$

ここで，$\int\log x dx=\int 1\cdot\log x dx=\int(x)'\cdot\log x dx$

$$=x\log x-\int x\cdot\frac{1}{x}dx=x\log x-x+C$$

（C は積分定数）となるから，〰〰を $F(x)$ として，

$$②=-\frac{1}{e}-\frac{1}{e}+2=\mathbf{2-\frac{2}{e}}$$

➾注　②のようにまとめれば，代入計算でのミスを防ぎ易くなります．

（2）　$y=|\sin 2x|$ のグラフは右図のようになるから，

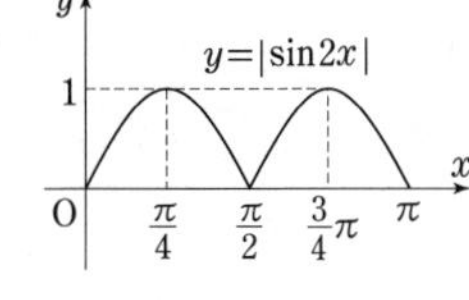

$\int_0^{\pi}|\sin 2x|dx$

$$=2\int_0^{\frac{\pi}{2}}\sin 2x dx=2\left[-\frac{\cos 2x}{2}\right]_0^{\frac{\pi}{2}}=\mathbf{2}$$

（3）　$\cos 2x+\cos x=(2\cos^2x-1)+\cos x$

$\quad=(2\cos x-1)(\cos x+1)$ ……………………①

①の正負を考えて，

$0\leqq x\leqq\frac{\pi}{3}$ のとき，①$\geqq 0$

$\frac{\pi}{3}\leqq x\leqq\pi$ のとき，①$\leqq 0$

よって，$f(x)=\cos 2x+\cos x$ とおくと，

$$\int_0^{\pi}|f(x)|dx=\int_0^{\frac{\pi}{3}}f(x)dx+\int_{\frac{\pi}{3}}^{\pi}\{-f(x)\}dx$$

$$=\int_0^{\frac{\pi}{3}}f(x)dx+\int_{\pi}^{\frac{\pi}{3}}f(x)dx\ \cdots\cdots②$$

$f(x)$ の原始関数の1つ $\frac{\sin 2x}{2}+\sin x$ を $F(x)$ とおくと，

$$②=2F\left(\frac{\pi}{3}\right)-F(0)-F(\pi)=2\left(\frac{\sqrt{3}}{4}+\frac{\sqrt{3}}{2}\right)=\mathbf{\frac{3\sqrt{3}}{2}}$$

演習4 セット1

面積・体積・弧長

1. $f(x)=\dfrac{x^2-x}{2(x+1)}$ とする．曲線 $y=f(x)$ と x 軸で囲まれた図形の面積は $\boxed{}-\log\boxed{}$ である．

（日大・理工／一部略）

2. 曲線 $\sqrt{x}+\sqrt{y}=2$ と x 軸および y 軸で囲まれた部分の面積は $\boxed{}$ である．

（成蹊大・理工）

3. a を正の定数とする．直線 $l_1:y=6x$ が曲線 $l_2:y=a\log x$ の接線であるとき，$a=\boxed{}$ である．このとき，直線 l_1 と曲線 l_2 および x 軸で囲まれた部分の面積 S は $S=\boxed{}$ である．

（国士舘大・理工）

4. xy 平面において，曲線 $y=\sin x$ $(0\leqq x\leqq\pi)$ と曲線 $y=\cos\dfrac{x}{2}$ $(0\leqq x\leqq\pi)$ との交点の x 座標は $x=\pi$ と $x=\boxed{ア}$ である．また，$\boxed{ア}\leqq x\leqq\pi$ の範囲で，この 2 曲線で囲まれた部分の面積は $\boxed{}$ である．

（愛知工大）

5. 座標平面上の曲線 C は媒介変数 t を用いて $x=2\cos t$，$y=t\sin t$ で表される．ただし $0\leqq t\leqq\pi$ とする．

（1） $\dfrac{dx}{dt}=\boxed{}$ である．

（2） $\dfrac{dy}{dt}=\boxed{}$ である．

（3） $\dfrac{dy}{dx}$ を t の式で表すと $\boxed{}$ である．

（4） 曲線 C と y 軸の交点における曲線 C の接線の方程式は $y=\boxed{}$ である．

（5） 曲線 C のうち $x\geqq0$ の部分と x 軸，および y 軸で囲まれた部分の面積は $\boxed{}$ である．

（九州産大・情，工）

6. 曲線 $y=(x-1)^2$ $(0\leqq x\leqq1)$ および x 軸，y 軸で囲まれた図形を D とする．

（1） D を x 軸のまわりに 1 回転してできる回転体の体積は $\boxed{}$ である．

（2） D を y 軸のまわりに 1 回転してできる回転体の体積は $\boxed{}$ である．

（青山学院大・社情）

7. 曲線 $C:y=e^x$ の点 $(1,\ e)$ における接線を l とする．C と l と y 軸で囲まれる図形を S とする．次の問に答えよ．

（1） S の面積を求めよ．

（2） S を x 軸の周りに回転した図形の体積を求めよ．

（3） S を y 軸の周りに回転した図形の体積を求めよ．

（筑波大・理工(数)－帰国）

8. 円 $(x-3)^2+y^2=4$ を x 軸のまわりに 1 回転してできる立体の体積は $\boxed{}$ であり，円 $x^2+(y-3)^2=4$ を x 軸のまわりに 1 回転してできる立体の体積は $\boxed{}$ である．

（東京薬大・生命）

9. サイクロイド

$$x=2(\theta-\sin\theta),\ y=2(1-\cos\theta)$$

の $0\leqq\theta\leqq2\pi$ の部分と x 軸とで囲まれた図形を x 軸のまわりに 1 回転してできる回転体の体積を求めよ．

（奈良県医大－推薦）

10. 曲線 $y=\dfrac{x^3}{3}+\dfrac{1}{4x}$ $(1\leqq x\leqq2)$ の長さを L とする．$\dfrac{72}{59}L$ の値を求めよ．

（自治医大・医）

11. 曲線 $x=3(t-\sin t)$，$y=3(1-\cos t)$ の $0\leqq t\leqq\dfrac{\pi}{2}$ の部分の長さを求めよ．

（藤田保健衛生大・医）

◎**問題の難易と目標時間**（記号については☞ p.2）
5 分もかからず解いてほしい問題は無印です．

1…A○　2…B＊　3…A＊　4…A○　5…B＊○
6…A＊　7…A＊○　8…A＊　9…B＊○　10…A○
11…A＊

解　　説

1. 曲線と，x 軸との交点および x 軸との上下関係を調べましょう．面積を求める際に描くグラフは，これらが分かる程度で十分で，増減を調べる必要はないです．

解　$f(x)=\dfrac{x^2-x}{2(x+1)}=\dfrac{x(x-1)}{2(x+1)}$ について，

$f(x)=0$ となるのは，

$$x=0,\ 1$$

のときである．$0<x<1$ において $f(x)$ と $x(x-1)$ は同符号であり，負であるから，右図の網目部の面積 S を求めればよい．

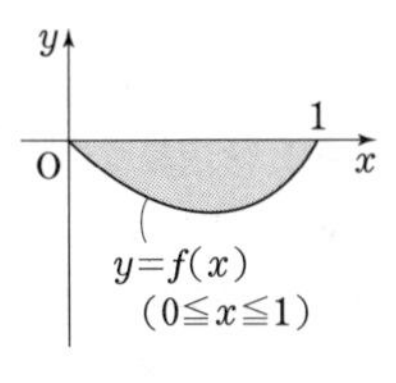

ここで，x^2-x を $x+1$ で割ることにより，

$$x^2-x=(x+1)(x-2)+2$$

$$\therefore\ f(x)=\frac{(x+1)(x-2)+2}{2(x+1)}=\frac{1}{2}x-1+\frac{1}{x+1}$$

$$\therefore\ S=-\int_0^1 f(x)\,dx=-\int_0^1\left(\frac{1}{2}x-1+\frac{1}{x+1}\right)dx$$

$$=-\left[\frac{1}{4}x^2-x+\log(x+1)\right]_0^1=\boldsymbol{\frac{3}{4}-\log 2}$$

2. 曲線の概形を描き，y を x で表します．

解　曲線 $\sqrt{x}+\sqrt{y}=2$ は，$(4,\ 0)$，$(0,\ 4)$ を通り，$0\leqq x\leqq 4$，$0\leqq y\leqq 4$ の範囲にあるので，求める面積 S は

$$S=\int_0^4 y\,dx$$

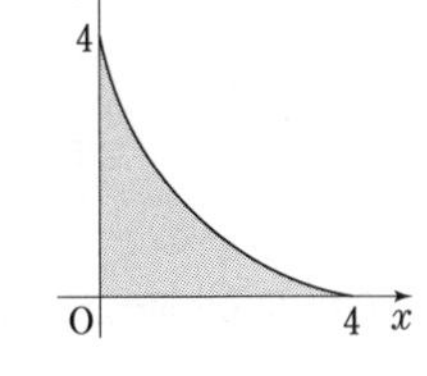

$\sqrt{x}+\sqrt{y}=2$ のとき，$y^{\frac{1}{2}}=2-x^{\frac{1}{2}}$

両辺を 2 乗して，$y=4-4x^{\frac{1}{2}}+x$

$$\therefore\ S=\int_0^4 y\,dx=\int_0^4\left(4-4x^{\frac{1}{2}}+x\right)dx$$

$$=\left[4x-4x^{\frac{3}{2}}\cdot\frac{2}{3}+\frac{1}{2}x^2\right]_0^4=16-4\cdot2^3\cdot\frac{2}{3}+8=\boldsymbol{\frac{8}{3}}$$

3. 接点 P の x 座標を t とおき，P が l_1，l_2 上にあることと，接線の傾きが 6 であることから a を求めます．また，直線がらみの面積は三角形や台形を使いましょう．

解　直線 l_1：$y=6x$ が，曲線 l_2：$y=a\log x$ の点 P における接線とし，P の x 座標を t (>0) とおく．P は l_1，l_2 上にあるから，y 座標について，$6t=a\log t$　…①

また，$y=a\log x$ のとき，$y'=\dfrac{a}{x}$

よって，l_2 の P における接線の傾きは $\dfrac{a}{t}$ であり，これが l_1 の傾きに等しいから，$\dfrac{a}{t}=6$ …………………②

②から $a=6t$ であり，①に代入して，$6t=6t\log t$

$t>0$ から，$\log t=1$　　$\therefore\ t=e$　　$\therefore\ a=6t=\boldsymbol{6e}$

よって，右図の網目部の面積 S を求めればよい．太線の三角形から打点部の面積を引けばよいから，

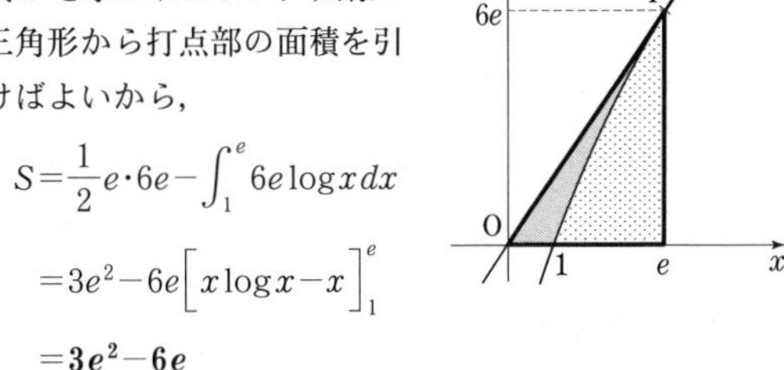

$$S=\frac{1}{2}e\cdot6e-\int_1^e 6e\log x\,dx$$

$$=3e^2-6e\Big[x\log x-x\Big]_1^e$$

$$=\boldsymbol{3e^2-6e}$$

4. 面積を計算するとき，2 曲線の上下関係が必要になりますが，2 曲線は三角関数のグラフなので容易に描け，それからすぐに分かります．

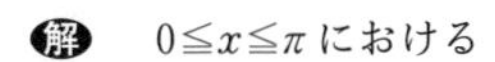

解　$0\leqq x\leqq\pi$ における 2 曲線 $y=\sin x$，$y=\cos\dfrac{x}{2}$ の概形は右図のようになる．

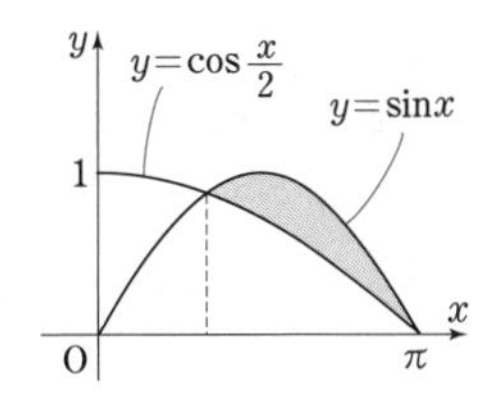

$0<x<\pi$ における交点の x 座標を求める．

$\sin x=\cos\dfrac{x}{2}$ により，$2\sin\dfrac{x}{2}\cos\dfrac{x}{2}=\cos\dfrac{x}{2}$

$$\therefore\ \sin\frac{x}{2}=\frac{1}{2}\qquad\therefore\ \frac{x}{2}=\frac{\pi}{6}\qquad\therefore\ x=\boldsymbol{\frac{\pi}{3}}$$

図の網目部の面積は，

$$\int_{\frac{\pi}{3}}^{\pi}\left(\sin x-\cos\frac{x}{2}\right)dx=\left[-\cos x-\left(\sin\frac{x}{2}\right)\cdot2\right]_{\frac{\pi}{3}}^{\pi}$$

$$=1-2+\frac{1}{2}+\frac{1}{2}\cdot2=\boldsymbol{\frac{1}{2}}$$

5. 媒介変数(t)で表された曲線に関する面積は，t の消去が容易でないときは，まず概形を描いて，x（または y）で積分する式を立式し，それを t の式に置換して求めるのが基本方針です．

解　C：$x=2\cos t$，$y=t\sin t$ $(0\leqq t\leqq\pi)$

(1)　$\dfrac{dx}{dt}=\boldsymbol{-2\sin t}$

(2)　$\dfrac{dy}{dt}=\boldsymbol{\sin t+t\cos t}$

(3)　$\dfrac{dy}{dx}=\dfrac{\frac{dy}{dt}}{\frac{dx}{dt}}=\boldsymbol{-\dfrac{\sin t+t\cos t}{2\sin t}}$

(4)　$x=0$ のとき，$t=\dfrac{\pi}{2}$　　∴　$\dfrac{dy}{dx}=-\dfrac{1}{2}$，$y=\dfrac{\pi}{2}$

よって，C と y 軸の交点における接線の方程式は，

$$\boldsymbol{y=-\frac{1}{2}x+\frac{\pi}{2}}$$

(5)　$x\geqq 0$ のとき，$0\leqq t\leqq\dfrac{\pi}{2}$．このとき，(1)(2)より，

$\dfrac{dx}{dt}\leqq 0$，$\dfrac{dy}{dt}\geqq 0$ なので，

t が $0\to\dfrac{\pi}{2}$ と動くとき，x は減少（$2\to 0$）し，y は増加 $\left(0\to\dfrac{\pi}{2}\right)$ する．よって，

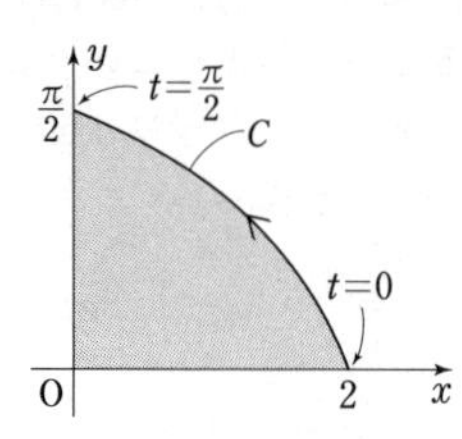

C は右図のようになり，求める面積は，$\displaystyle\int_0^2 y\,dx$　…①

変数を t に直す．

$x:0\to 2$ のとき，$t:\dfrac{\pi}{2}\to 0$ ……………………②

$y=t\sin t$，また(1)により，$dx=-2\sin t\,dt$

よって，

$$①=\int_{\frac{\pi}{2}}^{0} t\sin t\cdot(-2\sin t)\,dt=\int_0^{\frac{\pi}{2}} t\cdot 2\sin^2 t\,dt$$

$$=\int_0^{\frac{\pi}{2}} t\cdot(1-\cos 2t)\,dt=\int_0^{\frac{\pi}{2}} t\,dt-\int_0^{\frac{\pi}{2}} t\cdot\cos 2t\,dt\quad\cdots③$$

ここで，$\displaystyle\int_0^{\frac{\pi}{2}} t\cdot\cos 2t\,dt=\int_0^{\frac{\pi}{2}} t\cdot\left(\frac{\sin 2t}{2}\right)'dt$

$$=\left[t\cdot\frac{\sin 2t}{2}\right]_0^{\frac{\pi}{2}}-\int_0^{\frac{\pi}{2}}\frac{\sin 2t}{2}\,dt=\left[t\cdot\frac{\sin 2t}{2}+\frac{\cos 2t}{4}\right]_0^{\frac{\pi}{2}}=-\frac{1}{2}$$

であるから，$③=\left[\dfrac{t^2}{2}\right]_0^{\frac{\pi}{2}}+\dfrac{1}{2}=\boldsymbol{\dfrac{\pi^2}{8}+\dfrac{1}{2}}$

⇨**注**　②の対応は，上図を参照しましょう．

6．(1)　x 軸のまわりに1回転してできる回転体の体積の公式 $\displaystyle\int_a^b \pi y^2\,dx$ を使って計算します．

(2)　y 軸回転なので，x^2 を y で表し y で積分します．

解　(1)　D は右図の網目部であるから，求める体積は，

$$\int_0^1 \pi\{(x-1)^2\}^2dx$$

$$=\pi\int_0^1 (x-1)^4dx\quad\cdots\cdots①$$

（これを展開して求めてもよいが）$x-1=t$ と置換すると，$x:0\to 1$ のとき，$t:-1\to 0$ であり，$dx=dt$ により，

$$①=\pi\int_{-1}^0 t^4dt=\pi\left[\frac{t^5}{5}\right]_{-1}^0=\boldsymbol{\frac{1}{5}\pi}$$

(2)　$y=(x-1)^2$ $(0\leqq x\leqq 1)$ のとき，$x-1\leqq 0$ に注意して，$-(x-1)=\sqrt{y}$　　∴　$x=1-\sqrt{y}$

よって，求める体積は，

$$\int_0^1 \pi(1-\sqrt{y})^2dy=\pi\int_0^1(1-2\sqrt{y}+y)\,dy$$

$$=\pi\left[y-2y^{\frac{3}{2}}\cdot\frac{2}{3}+\frac{1}{2}y^2\right]_0^1=\pi\left(1-\frac{4}{3}+\frac{1}{2}\right)=\boldsymbol{\frac{1}{6}\pi}$$

7．$y=f(x)$ と $y=g(x)$ で囲まれた図形の回転体の体積は，外側の回転体の体積から，内側の回転体の体積を引くと考えるとよいでしょう．また，3番と同様の工夫ができます．例えば(2)で，内側の回転体（くりぬく回転体）は円錐なので，積分は不要です．

解　(1)　$y=e^x$ のとき，$y'=e^x$ であるから，点 A$(1,\ e)$ における接線 l の方程式は

$$y=e(x-1)+e$$

∴　$y=ex$

S は右図の網目部である．

この面積は，

$$\int_0^1 e^x dx-\triangle\mathrm{OAH}$$

$$=\Big[e^x\Big]_0^1-\frac{1}{2}\cdot 1\cdot e=\boldsymbol{\frac{e}{2}-1}$$

(2)　［図］－［図］と考えて，

$$\int_0^1 \pi(e^x)^2dx-\frac{1}{3}\pi\cdot e^2\cdot 1=\pi\int_0^1 e^{2x}dx-\frac{1}{3}\pi e^2$$

$$=\pi\left[\frac{e^{2x}}{2}\right]_0^1-\frac{1}{3}\pi e^2=\boldsymbol{\pi\left(\frac{1}{6}e^2-\frac{1}{2}\right)}$$

(3)　$y=e^x$ のとき，$x=\log y$ である．△OAI の回転体から打点部の回転体の体積を引くと考えて，

$$\frac{1}{3}\pi\cdot 1^2\cdot e-\int_1^e \pi(\log y)^2dy=\frac{1}{3}\pi e-\pi\int_1^e(\log y)^2dy\quad\cdots\cdots①$$

ここで，$\displaystyle\int_1^e(\log y)^2dy=\int_1^e 1\cdot(\log y)^2dy$

$$=\Big[y(\log y)^2\Big]_1^e-\int_1^e \underset{\sim\sim\sim}{y\cdot 2\log y\cdot\frac{1}{y}}\,dy\quad(\sim\sim=2\log y)$$

$$=\Big[y(\log y)^2-2(y\log y-y)\Big]_1^e=e-2$$

よって，$①=\dfrac{1}{3}\pi e-\pi(e-2)=\boldsymbol{\pi\left(2-\dfrac{2}{3}e\right)}$

8．前半：　円を，中心を通る直線のまわりに1回転させると球になります．

後半：　外側の半円の回転体から内側の半円の回転体をくりぬくと考えます．まず y を x で表します．

解　**前半：**　中心 $(3,\ 0)$，半径2の円である．中心

が x 軸上にある半径2の円を x 軸のまわりに1回転させると半径2の球になるから，その体積は，

$$\frac{4}{3}\pi\cdot 2^3=\mathbf{\frac{32}{3}\pi}$$

後半：　$x^2+(y-3)^2=4$ のとき，$y-3=\pm\sqrt{4-x^2}$

　$\therefore\ \ y=3\pm\sqrt{4-x^2}$

$f(x)=3+\sqrt{4-x^2}$,

$g(x)=3-\sqrt{4-x^2}$

とおくと，求める体積 V は，

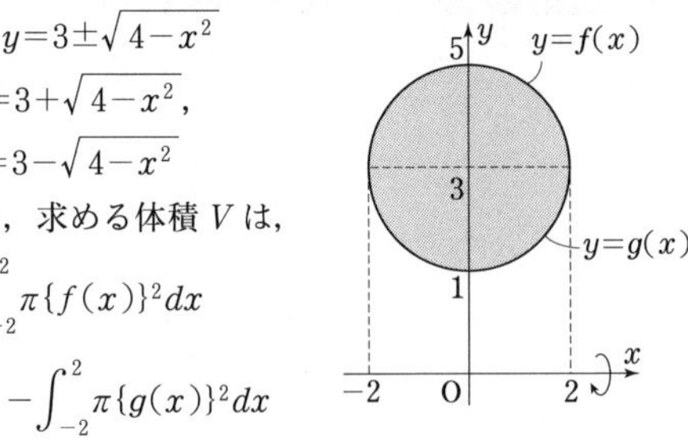

$$V=\int_{-2}^{2}\pi\{f(x)\}^2dx-\int_{-2}^{2}\pi\{g(x)\}^2dx$$

$$=\pi\int_{-2}^{2}[\{f(x)\}^2-\{g(x)\}^2]\,dx=\pi\int_{-2}^{2}12\sqrt{4-x^2}\,dx$$

$$=12\pi\int_{-2}^{2}\sqrt{4-x^2}\,dx$$

〰〰は右図の半円の面積を表すから，

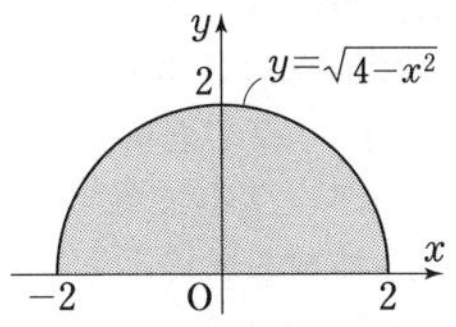

$$V=12\pi\cdot\frac{\pi\cdot 2^2}{2}=\mathbf{24\pi^2}$$

⇨**注**　$V=\int_{-2}^{2}\pi\{f(x)-g(x)\}^2dx$ と間違える人が少なくないので要注意！

9．5番と同様に考えます．

解　$x=2(\theta-\sin\theta)$，$y=2(1-\cos\theta)$ のとき，

$\frac{dx}{d\theta}=2(1-\cos\theta)\geqq 0$ であることに注意すると，

$\theta:0\to 2\pi$ のとき，x は増加して，$x:0\to 4\pi$

　また，$-\cos\theta$ の増減を考えることにより，

$\theta:0\to\pi$ のとき，y は増加（$y:0\to 4$）

$\theta:\pi\to 2\pi$ のとき，y は減少（$y:4\to 0$）

よって，曲線の概形は右図．

　求める体積 V は，

$$V=\int_0^{4\pi}\pi y^2dx$$

変数を θ に直す．積分区間は右図を参照し，〰〰により $dx=2(1-\cos\theta)d\theta$ なので，

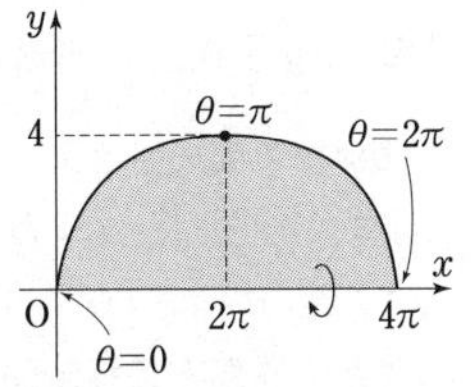

$$V=\int_0^{2\pi}\pi\{2(1-\cos\theta)\}^2\cdot 2(1-\cos\theta)\,d\theta$$

$$=8\pi\int_0^{2\pi}(1-\cos\theta)^3d\theta$$

$$=8\pi\int_0^{2\pi}(1-3\cos\theta+3\cos^2\theta-\cos^3\theta)\,d\theta\ \cdots\cdots ①$$

ここで，

$$\int_0^{2\pi}1\cdot d\theta=2\pi,\ \int_0^{2\pi}\cos\theta d\theta=\Big[\sin\theta\Big]_0^{2\pi}=0$$

$$\int_0^{2\pi}\cos^2\theta d\theta=\int_0^{2\pi}\frac{1+\cos 2\theta}{2}d\theta=\Big[\frac{\theta}{2}+\frac{\sin 2\theta}{4}\Big]_0^{2\pi}=\pi$$

$$\int_0^{2\pi}\cos^3\theta d\theta=\int_0^{2\pi}\cos^2\theta\cos\theta d\theta$$

$$=\int_0^{2\pi}(1-\sin^2\theta)(\sin\theta)'d\theta=\Big[\sin\theta-\frac{\sin^3\theta}{3}\Big]_0^{2\pi}=0$$

よって，①により，

$$V=8\pi(2\pi-3\cdot 0+3\cdot\pi-0)=\mathbf{40\pi^2}$$

10．曲線 $y=f(x)$ の $a\leqq x\leqq b$ の部分の長さは，

$\int_a^b\sqrt{1+(y')^2}\,dx$ で与えられます．

解　$y=\frac{x^3}{3}+\frac{1}{4x}$ のとき，$y'=x^2-\frac{1}{4x^2}$

よって，$1+(y')^2=1+\left(x^2-\frac{1}{4x^2}\right)^2=\left(x^2+\frac{1}{4x^2}\right)^2$

したがって，

$$L=\int_1^2\sqrt{1+(y')^2}\,dx=\int_1^2\left(x^2+\frac{1}{4x^2}\right)dx$$

$$=\Big[\frac{1}{3}x^3+\frac{1}{4}\cdot\frac{1}{x}\cdot(-1)\Big]_1^2=\frac{8}{3}-\frac{1}{8}-\frac{1}{3}+\frac{1}{4}=\frac{59}{24}$$

よって，$\frac{72}{59}L=\frac{72}{59}\cdot\frac{59}{24}=\mathbf{3}$

11．曲線が媒介変数 t によって表されているとき，

$\alpha\leqq t\leqq\beta$ の部分の長さは，$\int_\alpha^\beta\sqrt{\left(\frac{dx}{dt}\right)^2+\left(\frac{dy}{dt}\right)^2}\,dt$

で与えられます．

解　$x=3(t-\sin t)$，$y=3(1-\cos t)$ のとき，

$$\frac{dx}{dt}=3(1-\cos t),\ \frac{dy}{dt}=3\sin t$$

よって，

$$\left(\frac{dx}{dt}\right)^2+\left(\frac{dy}{dt}\right)^2=\{3(1-\cos t)\}^2+(3\sin t)^2$$

$$=3^2\{1-2\cos t+(\cos^2t+\sin^2t)\}$$

$$=3^2(2-2\cos t)=3^2\cdot 2\cdot(1-\cos t)=3^2\cdot 2\cdot 2\sin^2\frac{t}{2}$$

$$=\left(6\sin\frac{t}{2}\right)^2$$

$0\leqq t\leqq\frac{\pi}{2}$ のとき，$\sin\frac{t}{2}\geqq 0$ であるから，求める長さは

$$\int_0^{\frac{\pi}{2}}\sqrt{\left(\frac{dx}{dt}\right)^2+\left(\frac{dy}{dt}\right)^2}\,dt=\int_0^{\frac{\pi}{2}}6\sin\frac{t}{2}dt$$

$$=\Big[6\left(\cos\frac{t}{2}\right)\cdot(-2)\Big]_0^{\frac{\pi}{2}}=-12\cos\frac{\pi}{4}+12=\mathbf{12-6\sqrt{2}}$$

演習4 セット2

面積・体積・弧長

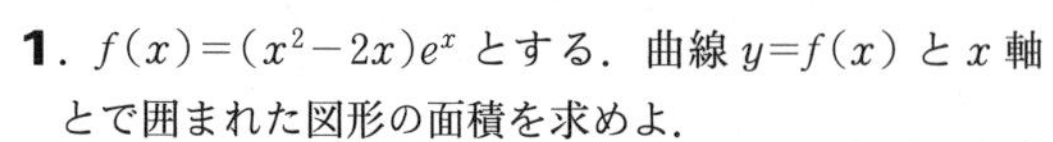

1. $f(x)=(x^2-2x)e^x$ とする．曲線 $y=f(x)$ と x 軸とで囲まれた図形の面積を求めよ．

（兵庫県立大・工／一部略）

2. 曲線 $C: y=1-\log x$ について，次の問いに答えよ．ただし，対数は自然対数とする．

（1） 原点から曲線 C に引いた接線 l の方程式を求めよ．

（2） 曲線 C，接線 l および x 軸で囲まれた部分の面積を求めよ．（福岡大・工）

3. 曲線 $y=\dfrac{1}{x}$ $(x>0)$ と，2直線 $y=2x$，$y=3x$ とが囲む領域の面積は，$\dfrac{1}{\square}\log\dfrac{\square}{\square}$ である．

（東京薬大・生命）

4. 2曲線 $C_1: y=\sin 3x$ $\left(0\leqq x\leqq\dfrac{\pi}{2}\right)$，

$C_2: y=\sin x$ $\left(0\leqq x\leqq\dfrac{\pi}{2}\right)$ について，以下の問いに答えよ．

（1） $\sin 3x$ を $\sin x$ で表せ．

（2） C_1 と C_2 の共有点の x 座標をすべて求めよ．

（3） C_1 と C_2 で囲まれた部分の面積を求めよ．

（工学院大）

5. 2つの曲線 $C_1: y=2\sin x-\tan x$ $\left(0\leqq x<\dfrac{\pi}{2}\right)$

$$C_2: y=2\cos x-1 \quad \left(0\leqq x<\dfrac{\pi}{2}\right)$$

について，以下に答えよ．

（1） C_1 と C_2 の交点の座標を求めよ．

（2） C_1 と C_2 で囲まれた図形の面積を求めよ．

（青山学院大・社情）

6. t を媒介変数として，

$x=t-\cos t$，$y=\sin t$ $(0\leqq t\leqq\pi)$

で表される曲線を C とする．曲線 C と x 軸で囲まれる図形の面積を求めよ．

7. 曲線 $C: \sqrt{x}+\sqrt{y}=1$ と x 軸および y 軸で囲まれた右図の図形を，x 軸のまわりに1回転させてできる立体の体積を求めよ．

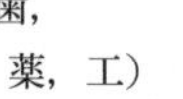

（長崎大・教，医，歯，薬，工）

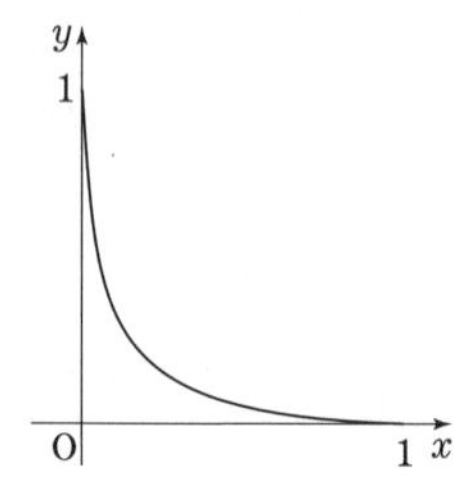

8. 放物線 $y=x(2-x)$ と直線 $y=x$ によって囲まれた図形を D とする．次の各問いに答えよ．

（1） D の面積を求めよ．

（2） D を x 軸のまわりに1回転してできる立体の体積を求めよ．（大阪電通大）

9. 曲線 $C_1: y=\tan x$ $\left(0\leqq x<\dfrac{\pi}{2}\right)$ と曲線

$C_2: y=2\sin x$ $\left(0\leqq x<\dfrac{\pi}{2}\right)$ を考える．C_1 と C_2 で囲まれた図形を x 軸の周りに1回転させてできる回転体の体積を求めよ．（富山大・理，工）

10. 曲線 $y=\sqrt{x^2-1}$ の $1\leqq x\leqq 2$ の部分（端点を A，B とする）と，A，B から y 軸に下ろした垂線，および y 軸で囲まれた図形を y 軸のまわりに回転してできる回転体の体積を求めなさい．（福島大・人間発達文化）

11. 曲線 $y=\left(\dfrac{2x}{3}\right)^{\frac{3}{2}}$ の $x=0$ から $x=\dfrac{9}{2}$ までの長さを求めよ．（自治医大）

12. xy 平面上に曲線 $\begin{cases} x=e^{-t}\cos t \\ y=e^{-t}\sin t \end{cases}$ がある．$0\leqq t\leqq a$ における弧の長さ $l(a)$ は $\square$ で，$\displaystyle\lim_{a\to\infty} l(a)=\square$ である．（東北学院大・工）

◎**問題の難易と目標時間**（記号については☞ p.2）

5分もかからず解いてほしい問題は無印です．

1…A○　2…A＊　3…A○　4…A＊　5…B＊○
6…B＊○　7…B＊　8…A＊　9…B＊　10…A○
11…A○　12…A＊

解　　説

1．面積を求めることが目的の場合，グラフは大まかな形でよく，本問の場合，x 軸との上下関係と交点が分かる程度（$f(x)$ の符号が分かる程度）で十分です．

解　$f(x)=(x^2-2x)e^x$ は，x^2-2x（$=x(x-2)$）と同符号であるから，曲線 $y=f(x)$ と x 軸で囲まれる部分は右図の網目部である．

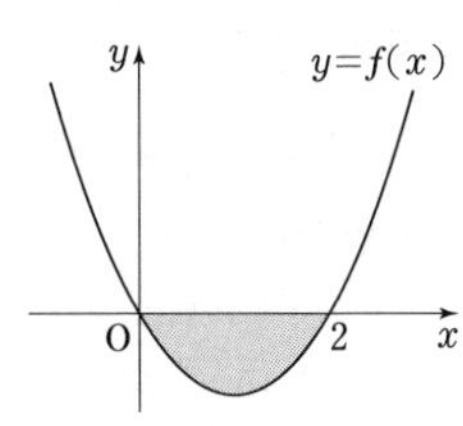

この面積は（部分積分を使い）

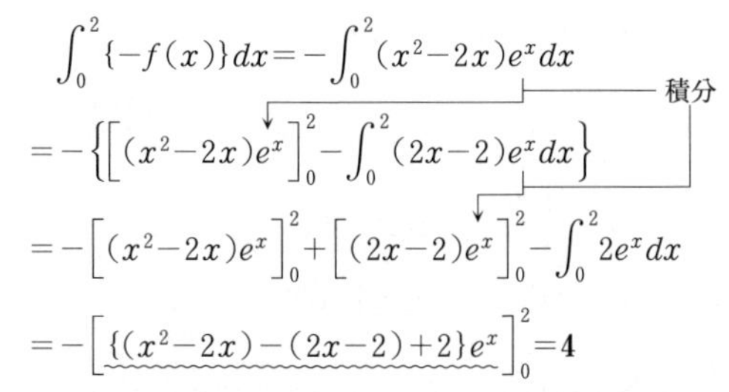

$$\int_0^2\{-f(x)\}dx=-\int_0^2(x^2-2x)e^x dx$$

$$=-\left\{\Big[(x^2-2x)e^x\Big]_0^2-\int_0^2(2x-2)e^x dx\right\}$$

$$=-\Big[(x^2-2x)e^x\Big]_0^2+\Big[(2x-2)e^x\Big]_0^2-\int_0^2 2e^x dx$$

$$=-\Big[\underset{\sim\sim\sim\sim\sim\sim\sim\sim\sim\sim\sim\sim\sim}{\{(x^2-2x)-(2x-2)+2\}e^x}\Big]_0^2=\mathbf{4}$$

⇨注　〜〜〜（$=(x^2-4x+4)e^x$）を微分して，元に戻るかチェックするとよいでしょう（☞ p.62，2 番の注）．

2．（1）　接点の x 座標を設定して接線の式を立式し，その接線が原点を通ると考えます．

（2）　直線がらみの面積は三角形や台形を使いましょう．

解　（**1**）　$y=1-\log x$ のとき，$y'=-\dfrac{1}{x}$ であるから，

$x=t$ における接線の式は，$y=-\dfrac{1}{t}(x-t)+1-\log t$

$\therefore\quad y=-\dfrac{1}{t}x+2-\log t$

これが原点を通るとき，

$2-\log t=0\qquad\therefore\quad t=e^2$

よって，l の方程式は，

$\boldsymbol{y=-\dfrac{1}{e^2}x}$

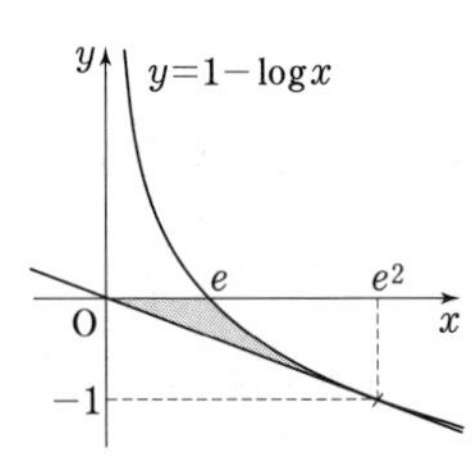

（**2**）　網目部の面積を求めればよい．この面積は，

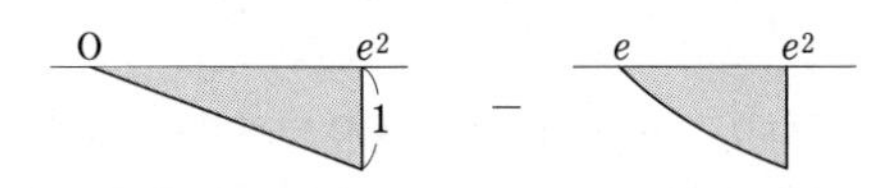

$=\dfrac{1}{2}\cdot e^2\cdot 1-\displaystyle\int_e^{e^2}\{-(1-\log x)\}dx$ ……………①

ここで，$\displaystyle\int\log x dx=\int(x)'\log x dx$

$=x\log x-\displaystyle\int x\cdot\frac{1}{x}dx=x\log x-x+C$ であるから，

$①=\dfrac{1}{2}e^2+\Big[x-(x\log x-x)\Big]_e^{e^2}=\boldsymbol{\dfrac{1}{2}e^2-e}$

3．2 つの三角形を補助にします．

解　右図のように定める．

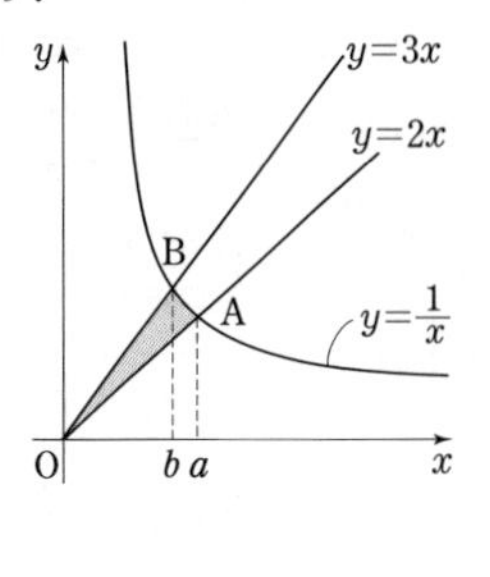

網目部の面積は，

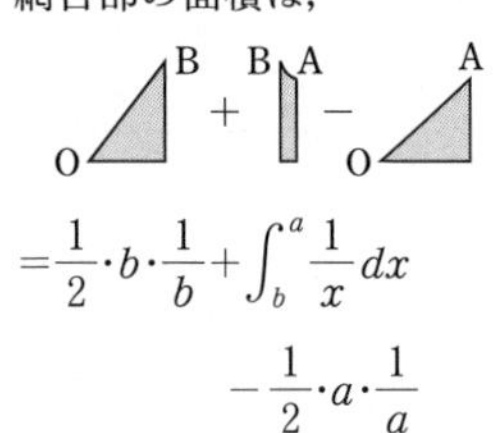

$=\dfrac{1}{2}\cdot b\cdot\dfrac{1}{b}+\displaystyle\int_b^a\frac{1}{x}dx$

$\qquad-\dfrac{1}{2}\cdot a\cdot\dfrac{1}{a}$

$=\displaystyle\int_b^a\frac{1}{x}dx=\Big[\log x\Big]_b^a=\log a-\log b=\log\frac{a}{b}$ ………①

ここで，a は，$2x=\dfrac{1}{x}$（$x>0$）の解で，$a=\dfrac{1}{\sqrt{2}}$

b は，$3x=\dfrac{1}{x}$（$x>0$）の解で，$b=\dfrac{1}{\sqrt{3}}$

よって，$①=\log\dfrac{\sqrt{3}}{\sqrt{2}}=\log\left(\dfrac{3}{2}\right)^{\frac{1}{2}}=\boldsymbol{\dfrac{1}{2}\log\dfrac{3}{2}}$

4．C_1 と C_2 の上下関係が必要となりますが，C_1 と C_2 のグラフは容易に描け，それからすぐに分かります．

解　（**1**）　$\sin 3x=\sin(2x+x)$

$=\sin 2x\cos x+\cos 2x\sin x$

$=2\sin x\cos x\cdot\cos x+(1-2\sin^2 x)\sin x$

$=2\sin x(1-\sin^2 x)+(1-2\sin^2 x)\sin x$

$=\boldsymbol{3\sin x-4\sin^3 x}$

（**2**）　$\sin 3x=\sin x$ のとき，

$3\sin x-4\sin^3 x=\sin x$

$\therefore\quad 2\sin x-4\sin^3 x=0$

$\therefore\quad \sin x(1-2\sin^2 x)=0$

$\therefore\quad \sin x=0,\ \dfrac{1}{\sqrt{2}},\ -\dfrac{1}{\sqrt{2}}$

$0\leqq x\leqq\dfrac{\pi}{2}$ のとき，$\boldsymbol{x=0,\ \dfrac{\pi}{4}}$

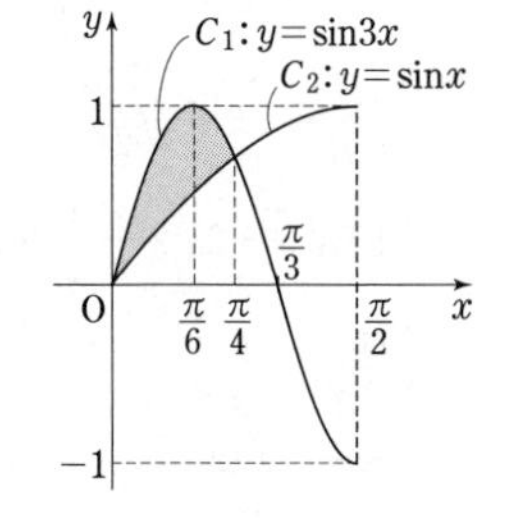

（**3**）　図の網目部の面積は，

$\displaystyle\int_0^{\frac{\pi}{4}}(\sin 3x-\sin x)dx=\left[-\frac{\cos 3x}{3}+\cos x\right]_0^{\frac{\pi}{4}}$

$=\dfrac{1}{3}\cdot\dfrac{\sqrt{2}}{2}+\dfrac{\sqrt{2}}{2}+\dfrac{1}{3}-1=\boldsymbol{\dfrac{2\sqrt{2}}{3}-\dfrac{2}{3}}$

5．（2）　C_2 のグラフは容易に描けます．C_1，C_2 のグラフを，x 軸，y 軸との交点，および（1）をもとに描きましょう．

解　（**1**）　C_1 と C_2 の式を連立させて，

$2\sin x-\tan x=2\cos x-1$

$\therefore\ 2\sin x-\dfrac{\sin x}{\cos x}=2\cos x-1$

$\therefore\ \dfrac{\sin x(2\cos x-1)}{\cos x}=2\cos x-1$

$\therefore\ \left(\dfrac{\sin x}{\cos x}-1\right)(2\cos x-1)=0$ …………①

$\therefore\ \tan x=1$ または $\cos x=\dfrac{1}{2}$

$0\leqq x<\dfrac{\pi}{2}$ のとき，$x=\dfrac{\pi}{4}$，$\dfrac{\pi}{3}$

よって交点の座標は，y 座標は C_2 の式で計算して，

$\boldsymbol{\left(\dfrac{\pi}{4},\ \sqrt{2}-1\right),\ \left(\dfrac{\pi}{3},\ 0\right)}$

（2）（1）に注意して C_1，C_2 の概形を描くと右図のようになる．網目部の面積は，

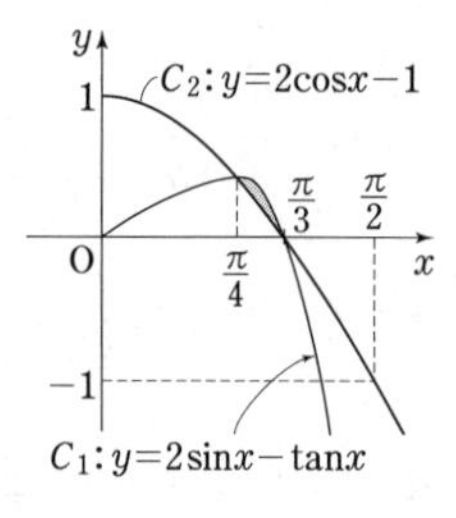

$\displaystyle\int_{\frac{\pi}{4}}^{\frac{\pi}{3}}\{(2\sin x-\tan x)-(2\cos x-1)\}dx$

である．ここで，

$\displaystyle\int\tan x dx=\int\frac{\sin x}{\cos x}dx=-\int\frac{(\cos x)'}{\cos x}dx=-\log|\cos x|+C$

であるから，面積の積分式を計算すると，

$\Big[-2\cos x+\log|\cos x|-2\sin x+x\Big]_{\frac{\pi}{4}}^{\frac{\pi}{3}}$

$=-1+\log\dfrac{1}{2}-\sqrt{3}+\dfrac{\pi}{3}-\left(-\sqrt{2}+\log\dfrac{1}{\sqrt{2}}-\sqrt{2}+\dfrac{\pi}{4}\right)$

$\left(\log\dfrac{1}{2}-\log\dfrac{1}{\sqrt{2}}=-\log 2+\dfrac{1}{2}\log 2=-\dfrac{1}{2}\log 2\right)$

$=\boldsymbol{-1-\sqrt{3}+2\sqrt{2}-\dfrac{1}{2}\log 2+\dfrac{\pi}{12}}$

⇨注　C_1 と C_2 の上下関係を，グラフを使って判断しました．厳密には，「C_1-C_2」は①の左辺と同符号，つまり，$(\tan x-1)(2\cos x-1)$ と同符号で，$\dfrac{\pi}{4}<x<\dfrac{\pi}{3}$ のとき正であることを使って，この範囲で C_1 が C_2 の上側にあるとします．

6．媒介変数（t）で表された曲線に関する面積は，t の消去が容易でないときは，まず概形を描いて，x で積分する式を立式し，それを t の式に置換して求めます．

解　$C:\begin{cases}x=t-\cos t\\ y=\sin t\end{cases}$

のとき，$\dfrac{dx}{dt}=1+\sin t\geqq 0$ であることに注意すると，

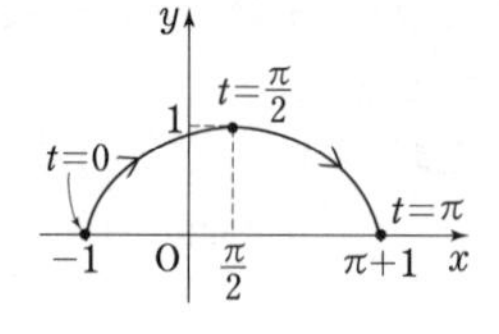

$t:0\to\pi$ のとき，

$x:-1\to\pi+1$（単調増加）

また，$y:0\to1\to0$（増加して減少）

と変化するから，曲線 C の概形は左下図のようになる．

よって，求める面積は，$\displaystyle\int_{-1}^{\pi+1}ydx$ ………………①

変数を t に直す．

$x:-1\to\pi+1$ のとき，$t:0\to\pi$ ………………②

$y=\sin t$，また〜〜〜により $dx=(1+\sin t)dt$

よって，$\text{①}=\displaystyle\int_0^{\pi}\sin t\cdot(1+\sin t)dt$

$=\displaystyle\int_0^{\pi}(\sin t+\sin^2 t)dt=\int_0^{\pi}\left(\sin t+\frac{1-\cos 2t}{2}\right)dt$

$=\left[-\cos t+\dfrac{1}{2}t-\dfrac{1}{4}\sin 2t\right]_0^{\pi}=1+\dfrac{\pi}{2}+1=\boldsymbol{2+\dfrac{\pi}{2}}$

⇨注　②の対応は，図を参照しましょう．

7．x 軸のまわりに1回転してできる回転体の体積の公式 $\displaystyle\int_a^b\pi y^2dx$ を使って計算します．図が描いてあるので親切です．まず y^2 を x で表します．

解　$\sqrt{x}+\sqrt{y}=1$ のとき

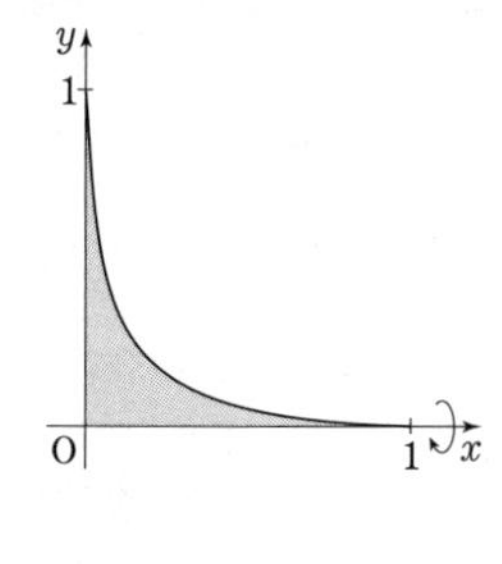

$y^{\frac{1}{2}}=1-x^{\frac{1}{2}}$

両辺を4乗して，

$y^2=(1-x^{\frac{1}{2}})^4$

$=1-4x^{\frac{1}{2}}+6x-4x^{\frac{3}{2}}+x^2$

よって，求める体積は，

$\displaystyle\int_0^1\pi y^2dx=\int_0^1\pi(1-4x^{\frac{1}{2}}+6x-4x^{\frac{3}{2}}+x^2)dx$

$=\pi\left[x-4x^{\frac{3}{2}}\cdot\dfrac{2}{3}+3x^2-4x^{\frac{5}{2}}\cdot\dfrac{2}{5}+\dfrac{1}{3}x^3\right]_0^1$

$=\pi\left(1-\dfrac{8}{3}+3-\dfrac{8}{5}+\dfrac{1}{3}\right)=\boldsymbol{\dfrac{\pi}{15}}$

8．$y=f(x)$ と $y=g(x)$ で囲まれた図形の回転体の体積は，外側の回転体の体積から，内側の回転体の体積を引くと考えるとよいでしょう．また，2番と同様の工夫ができます．内側の回転体（くりぬく回転体）は円錐なので，積分は不要です．

解　（1）$y=x(2-x)$ と $y=x$ の概形を描くと右図のようになり，交点の x 座標は0と1である．

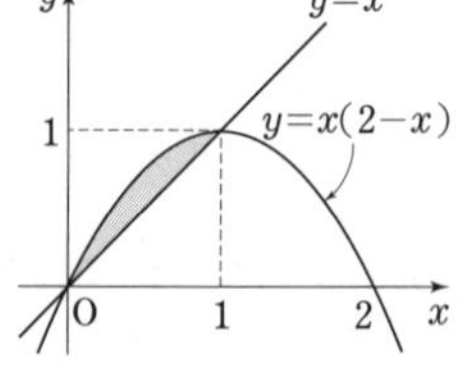

よって，求める面積は

$$\int_0^1 \{x(2-x)-x\}dx=\int_0^1 (x-x^2)dx$$

$$=\left[\frac{x^2}{2}-\frac{x^3}{3}\right]_0^1=\mathbf{\frac{1}{6}}$$

（**2**） 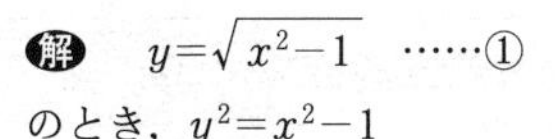 と考えて，

$$\int_0^1 \pi\{x(2-x)\}^2dx-\frac{1}{3}\pi\cdot1^2\cdot1$$

$$=\pi\int_0^1 (4x^2-4x^3+x^4)dx-\frac{\pi}{3}$$

$$=\pi\left[\frac{4}{3}x^3-x^4+\frac{1}{5}x^5\right]_0^1-\frac{\pi}{3}=\boldsymbol{\frac{\pi}{5}}$$

⇨注　(2)　$\displaystyle\int_0^1 \pi\{x(2-x)\}^2dx-\int_0^1 \pi x^2dx$　…☆

と立式してもよいでしょう．なお，☆を

$\displaystyle\int_0^1 \pi\{x(2-x)-x\}^2dx$ と間違える人が少なくないので要注意！

9．$\tan^2x$ の積分は，$\tan^2x$ を $\cos^2x$ で表せばできます．

解　C_1 と C_2 の式を連立させて，$\tan x=2\sin x$

$\therefore\ \dfrac{\sin x}{\cos x}=2\sin x$　　$\therefore\ \sin x=2\sin x\cos x$

$\therefore\ \sin x(1-2\cos x)=0$

$\therefore\ \sin x=0,\ \cos x=\dfrac{1}{2}$

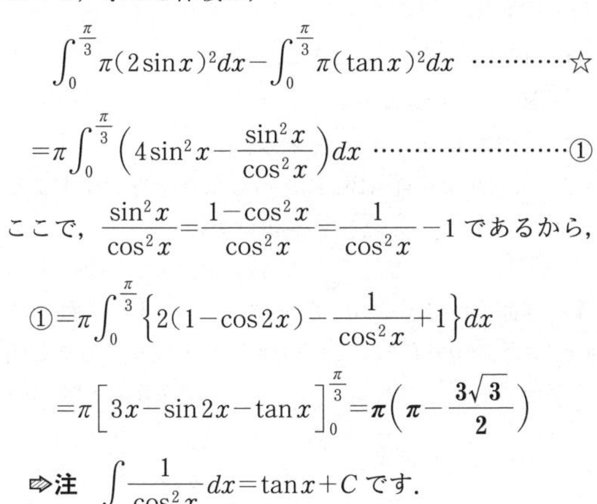

$0\leqq x<\dfrac{\pi}{2}$ のとき，

$x=0,\ \dfrac{\pi}{3}$

よって，求める体積は，

$$\int_0^{\frac{\pi}{3}} \pi(2\sin x)^2dx-\int_0^{\frac{\pi}{3}} \pi(\tan x)^2dx\ \cdots\cdots\cdots\cdots☆$$

$$=\pi\int_0^{\frac{\pi}{3}}\left(4\sin^2x-\frac{\sin^2x}{\cos^2x}\right)dx\ \cdots\cdots\cdots\cdots\cdots\cdots\cdots\cdots①$$

ここで，$\dfrac{\sin^2x}{\cos^2x}=\dfrac{1-\cos^2x}{\cos^2x}=\dfrac{1}{\cos^2x}-1$ であるから，

$$①=\pi\int_0^{\frac{\pi}{3}}\left\{2(1-\cos2x)-\frac{1}{\cos^2x}+1\right\}dx$$

$$=\pi\Big[3x-\sin2x-\tan x\Big]_0^{\frac{\pi}{3}}=\boldsymbol{\pi\left(\pi-\frac{3\sqrt{3}}{2}\right)}$$

⇨注　$\displaystyle\int\frac{1}{\cos^2x}dx=\tan x+C$ です．

10．y 軸回転なので，x^2 を y で表して y で積分します．

解　$y=\sqrt{x^2-1}$　……①

のとき，$y^2=x^2-1$

$\therefore\ x^2=y^2+1$

①の $1\leqq x\leqq2$ の部分は，右図の太線である．右図の網目部の回転体の体積は，

$$\int_0^{\sqrt{3}}\pi x^2dy=\int_0^{\sqrt{3}}\pi(y^2+1)dy=\pi\left[\frac{y^3}{3}+y\right]_0^{\sqrt{3}}$$

$$=\pi(\sqrt{3}+\sqrt{3})=\boldsymbol{2\sqrt{3}\pi}$$

⇨注　①は，$x\geqq1$ で増加し，これから概形が描けます．なお，$x^2-y^2=1$ なので，双曲線の一部です．

11．曲線 $y=f(x)$ の $a\leqq x\leqq b$ の部分の長さは，

$\displaystyle\int_a^b\sqrt{1+(y')^2}\,dx$ で与えられます．

解　$y=\left(\dfrac{2x}{3}\right)^{\frac{3}{2}}$ のとき，

$$y'=\frac{3}{2}\left(\frac{2x}{3}\right)^{\frac{1}{2}}\cdot\frac{2}{3}=\left(\frac{2x}{3}\right)^{\frac{1}{2}}$$

よって，求める長さは，

$$\int_0^{\frac{9}{2}}\sqrt{1+(y')^2}\,dx=\int_0^{\frac{9}{2}}\sqrt{1+\frac{2}{3}x}\,dx$$

$$=\left[\left(1+\frac{2}{3}x\right)^{\frac{3}{2}}\cdot\frac{2}{3}\cdot\frac{3}{2}\right]_0^{\frac{9}{2}}=4^{\frac{3}{2}}-1=2^3-1=\mathbf{7}$$

12．曲線 C が媒介変数 t によって表されているとき，$\alpha\leqq t\leqq\beta$ の部分の長さは，$\displaystyle\int_\alpha^\beta\sqrt{\left(\frac{dx}{dt}\right)^2+\left(\frac{dy}{dt}\right)^2}\,dt$

で与えられます．

解　$\begin{cases}x=e^{-t}\cos t\\ y=e^{-t}\sin t\end{cases}$ のとき，

$$\frac{dx}{dt}=-e^{-t}\cos t-e^{-t}\sin t=-e^{-t}(\cos t+\sin t)$$

$$\frac{dy}{dt}=-e^{-t}\sin t+e^{-t}\cos t=e^{-t}(\cos t-\sin t)$$

ここで，$(\cos t+\sin t)^2+(\cos t-\sin t)^2=2$ なので，

$$\left(\frac{dx}{dt}\right)^2+\left(\frac{dy}{dt}\right)^2=(e^{-t})^2\cdot2$$

よって，$0\leqq t\leqq a$ における弧の長さ $l(a)$ は，

$$l(a)=\int_0^a\sqrt{\left(\frac{dx}{dt}\right)^2+\left(\frac{dy}{dt}\right)^2}\,dt=\int_0^a\sqrt{2}\,e^{-t}dt$$

$$=\Big[-\sqrt{2}\,e^{-t}\Big]_0^a=\boldsymbol{\sqrt{2}\,(1-e^{-a})}$$

$$\therefore\ \lim_{a\to\infty}l(a)=\boldsymbol{\sqrt{2}}$$

演習5 セット1

ベクトル

1．$k>1$ とする．平行四辺形 ABCD において，辺 BC を 4：1 に内分する点を E，辺 CD を 1：k に外分する点を F とする．このとき，$\overrightarrow{AE}$，$\overrightarrow{AF}$ を，それぞれ $\overrightarrow{AB}$，$\overrightarrow{AD}$，k を用いて表すと，

$$\overrightarrow{AE}=\overrightarrow{AB}+\boxed{\text{ア}}\overrightarrow{AD},\ \overrightarrow{AF}=\boxed{\text{イ}}\overrightarrow{AB}+\overrightarrow{AD}$$

である．

また，3 点 A，E，F が一直線上にあるとき，$k=\boxed{\text{ウ}}$ である．（大阪工大）

2．△OAB において，辺 OA を 7：4 に内分する点を C，辺 OB を 9：1 に内分する点を D とし，線分 AD と線分 BC の交点を E とする．さらに，直線 OE と辺 AB の交点を F とするとき，次の問いに答えよ．

（1） $\overrightarrow{OE}$ を $\overrightarrow{OA}$ と $\overrightarrow{OB}$ で表せ．

（2） OE：EF および AF：FB をそれぞれ求めよ．

（岩手大・教，農／改題）

3．△OAB において，$|\overrightarrow{OA}+2\overrightarrow{OB}|=\sqrt{13}$，$|\overrightarrow{OA}-\overrightarrow{OB}|=\sqrt{19}$，$|\overrightarrow{OA}|=3$ であるとき，$|\overrightarrow{OB}|$ および △OAB の面積をそれぞれ求めよ．

（公立はこだて未来大）

4．$\mathrm{OA}=\sqrt{3}$，$\mathrm{OB}=\sqrt{3}$，$\mathrm{AB}=1$ である △OAB に対し，$|\overrightarrow{OB}+t\overrightarrow{OA}|$ を最小にする実数 t の値は $\boxed{}$ である．（京都産大・理，情）

5．平面上に三角形 OAB と点 P がある．$\overrightarrow{OA}=\vec{a}$，$\overrightarrow{OB}=\vec{b}$，$\overrightarrow{OP}=\vec{p}$ とおく．線分 OP が∠AOB を二等分し，$|\vec{a}|=1$，$|\vec{b}|=3$，$|\vec{p}|=4$，$\vec{a}\cdot\vec{b}=\dfrac{3}{8}$ のとき，$\vec{p}=s\vec{a}+t\vec{b}$ を満たす実数 s，t を求めよ．

（日本女大・理／一部省略）

6．（1） 空間において，3 点 A$(-1,\ -1,\ 1)$，B$(a-1,\ b+1,\ 3)$，C$(b,\ a,\ -3)$ が一直線上にあるとき，a，b の値を求めよ．（山形大・工）

（2） 4 つの点 $(5,\ 2,\ -3)$，$(0,\ -1,\ 1)$，$(2,\ 0,\ 2)$，$(2,\ t,\ 1-t)$ が同一平面上にあるとき，$t=\boxed{}$ である．

（西南学院大・神，外国語，法）

7．四面体 OABC の辺 OC を 2：1 に内分する点を D とし，辺 AC を 1：2 に内分する点を E とする．三角形 BDE の重心を G とすると，

$$\overrightarrow{OG}=\boxed{\text{ア}}\overrightarrow{OA}+\boxed{\text{イ}}\overrightarrow{OB}+\boxed{\text{ウ}}\overrightarrow{OC}$$

である．さらに，直線 CG と平面 OAB との交点を K として $\overrightarrow{CK}=t\overrightarrow{CG}$ とおくと，$t=\boxed{\text{エ}}$ である．

（追手門学院大）

8．2 つのベクトル $\vec{a}=(2,\ 1,\ 1)$，$\vec{c}=(-1,\ 0,\ 4)$ を考える．

（1） $|\vec{a}|$，$|\vec{c}|$ および内積 $\vec{a}\cdot\vec{c}$ の値を求めよ．

（2） 空間において，$\overrightarrow{OA}=\vec{a}$，$\overrightarrow{OC}=\vec{c}$ である平行四辺形 OABC を考える．OABC の面積 S を求めよ．

（3） $\vec{a}$ と $\vec{c}$ の両方に垂直で，大きさが(2)の S に等しいベクトルをすべて求めよ．

（龍谷大・先端理工）

9．空間内に 3 点 A$(1,\ 3,\ 2)$，B$(4,\ 0,\ -1)$，C$(4,\ 3,\ 2)$ がある．線分 AB 上の点 P に対して，ベクトル $\overrightarrow{CP}$ と $\overrightarrow{AB}$ が垂直であるとき，P の座標を求めよ．（東京電機大）

10．四面体 OABC において $\mathrm{OA}=\mathrm{OB}=\mathrm{OC}=3$，$\mathrm{AB}=\mathrm{BC}=2$，$\mathrm{AC}=1$ とする．また $\vec{a}=\overrightarrow{OA}$，$\vec{b}=\overrightarrow{OB}$，$\vec{c}=\overrightarrow{OC}$ とする．

（1） 内積 $\vec{a}\cdot\vec{b}$，$\vec{a}\cdot\vec{c}$ を求めよ．

（2） O から平面 ABC に下ろした垂線を OH とするとき，$\overrightarrow{OH}$ を $\vec{a}$，$\vec{b}$，$\vec{c}$ を用いて表せ．

（津田塾大・学芸(数，情)）

11．球面 $(x-1)^2+(y-2)^2+(z-3)^2=4$ が球面 $(x-3)^2+(y-1)^2+(z-5)^2=9$ と交わってできる円の半径は $\boxed{}$ である．（京都産大・理，情）

◎**問題の難易と目標時間**（記号については☞ p.2）

1…A○	2…A*○	3…A*	4…A○
5…A○	6…A*	7…A*	8…A*
9…A○	10…A*○	11…A*	

解　説

1．(ア)(イ)　$\overrightarrow{AB}$ と $\overrightarrow{AD}$ の方向に分解する訳です．
(ウ)　条件をベクトルの言葉に直すと？

解　$\overrightarrow{AE}=\overrightarrow{AB}+\overrightarrow{BE}$,

$\overrightarrow{BE}=\frac{4}{5}\overrightarrow{BC}$, $\overrightarrow{BC}=\overrightarrow{AD}$

より，

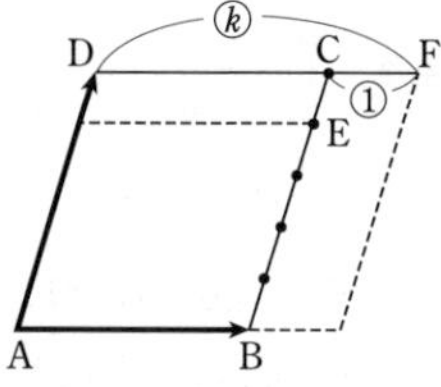

$$\overrightarrow{AE}=\overrightarrow{AB}+\mathbf{\frac{4}{5}}\overrightarrow{AD}$$

$\overrightarrow{AF}=\overrightarrow{AD}+\overrightarrow{DF}$, $\overrightarrow{DF}=\frac{k}{k-1}\overrightarrow{DC}$, $\overrightarrow{DC}=\overrightarrow{AB}$ より，

$$\overrightarrow{AF}=\boldsymbol{\frac{k}{k-1}}\overrightarrow{AB}+\overrightarrow{AD}$$

3点A，E，Fが一直線上にあるとき，$\overrightarrow{AF}=x\overrightarrow{AE}$（$x$ は実数）と表せるので，

$$\frac{k}{k-1}\overrightarrow{AB}+\overrightarrow{AD}=x\left(\overrightarrow{AB}+\frac{4}{5}\overrightarrow{AD}\right)$$

両辺の $\overrightarrow{AB}$, $\overrightarrow{AD}$（これらは1次独立）の係数の比は等しいので，$\frac{k}{k-1}=\frac{5}{4}$ である．よって，$\boldsymbol{k=5}$

▨　(ア)(イ)　点線のように平行線を引けば（xy 座標の点の指示線に対応），直ちに答が書けます．

2．点が直線上にあることはベクトルでどう捉えられますか？

解　(1)　$\overrightarrow{OA}$ と $\overrightarrow{OB}$ は1次独立なので，

$$\overrightarrow{OE}=s\overrightarrow{OA}+t\overrightarrow{OB}$$

（s, t は実数）

と表せる（☞▨）．

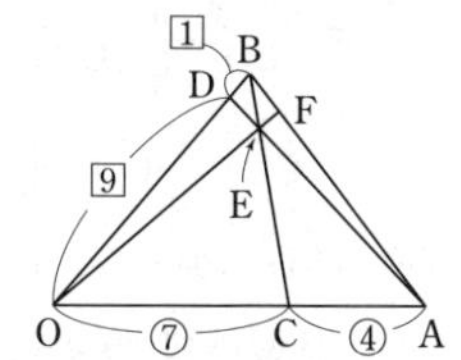

Eは直線AD上にあるが，OD：OB＝9：10 より

$\overrightarrow{OE}=s\overrightarrow{OA}+\frac{10}{9}t\overrightarrow{OD}$ と表せるので，

$$（係数の和＝）\ s+\frac{10}{9}t=1 \quad \therefore \quad 9s+10t=9 \cdots\cdots①$$

また，Eは直線BC上にあるが，OC：OA＝7：11 より

$\overrightarrow{OE}=\frac{11}{7}s\overrightarrow{OC}+t\overrightarrow{OB}$ と表せるので，同様に，

$$11s+7t=7 \quad \cdots\cdots\cdots\cdots② $$

①×7－②×10 より $-47s=-7$ を得る．よって，

$$s=\frac{7}{47},\ （①より）\ t=\frac{36}{47},\ \overrightarrow{\mathbf{OE}}=\mathbf{\frac{7}{47}}\overrightarrow{\mathbf{OA}}+\mathbf{\frac{36}{47}}\overrightarrow{\mathbf{OB}}$$

(2)　Fは直線OE上にあるので，$\overrightarrow{OF}=k\overrightarrow{OE}$（$k$ は実数），つまり，$\overrightarrow{OF}=k\left(\frac{7}{47}\overrightarrow{OA}+\frac{36}{47}\overrightarrow{OB}\right)$ と表せる．また，Fは直線AB上にあるので，

$$（係数の和＝）\ k\left(\frac{7}{47}+\frac{36}{47}\right)=1 \quad \therefore \quad k=\frac{47}{43}$$

よって，**OE：EF**＝43：(47－43)＝**43：4** であり，（内分点の公式の逆から）**AF：FB＝36：7**

▨　(1)　AE：ED＝$(1-s)$：s，BE：EC＝$(1-t)$：t とおいて，内分点の公式を用いると，

$$\overrightarrow{OE}=s\overrightarrow{OA}+(1-s)\overrightarrow{OD}=(1-t)\overrightarrow{OC}+t\overrightarrow{OB}$$

$$\therefore \quad s\overrightarrow{OA}+\frac{9}{10}(1-s)\overrightarrow{OB}=\frac{7}{11}(1-t)\overrightarrow{OA}+t\overrightarrow{OB}$$

となり，各係数を比較すると，②，①が得られます．

3．ベクトルの大きさの“2乗”は内積で表せます．三角形の面積もベクトルの大きさと内積で表せます．

解　$|\overrightarrow{OA}+2\overrightarrow{OB}|^2=13$, $|\overrightarrow{OA}|=3^2$ より，

$$(\overrightarrow{OA}+2\overrightarrow{OB})\cdot(\overrightarrow{OA}+2\overrightarrow{OB})=13$$

$$\therefore \quad |\overrightarrow{OA}|^2+4\overrightarrow{OA}\cdot\overrightarrow{OB}+4|\overrightarrow{OB}|^2=13$$

$$\therefore \quad \overrightarrow{OA}\cdot\overrightarrow{OB}+|\overrightarrow{OB}|^2=1 \cdots\cdots\cdots\cdots①$$

同様に，$|\overrightarrow{OA}-\overrightarrow{OB}|^2=19$ より，

$$9-2\overrightarrow{OA}\cdot\overrightarrow{OB}+|\overrightarrow{OB}|^2=19$$

$$\therefore \quad -2\overrightarrow{OA}\cdot\overrightarrow{OB}+|\overrightarrow{OB}|^2=10 \quad \cdots\cdots\cdots② $$

①－② より $3\overrightarrow{OA}\cdot\overrightarrow{OB}=-9$ を得る．よって，

$$\overrightarrow{OA}\cdot\overrightarrow{OB}=-3,\ |\overrightarrow{OB}|^2=4,\ |\overrightarrow{\mathbf{OB}}|=\mathbf{2}$$

また，△OABの面積 S は，∠AOB＝θ とおくと，

$$S=\frac{1}{2}\mathrm{OA}\cdot\mathrm{OB}\sin\theta=\frac{1}{2}|\overrightarrow{OA}||\overrightarrow{OB}|\sqrt{1-\cos^2\theta}$$

$$=\frac{1}{2}\sqrt{|\overrightarrow{OA}|^2|\overrightarrow{OB}|^2-(|\overrightarrow{OA}||\overrightarrow{OB}|\cos\theta)^2}$$

$|\overrightarrow{OA}||\overrightarrow{OB}|\cos\theta=\overrightarrow{OA}\cdot\overrightarrow{OB}$ であるから，

$$S=\frac{1}{2}\sqrt{3^2\cdot2^2-(-3)^2}=\mathbf{\frac{3\sqrt{3}}{2}}$$

4．三角形の3辺の長さから，内積がわかります．

解　$|\overrightarrow{OB}+t\overrightarrow{OA}|^2$

$$=|\overrightarrow{OA}|^2t^2+2(\overrightarrow{OB}\cdot\overrightarrow{OA})t+|\overrightarrow{OB}|^2 \quad \cdots\cdots\cdots①$$

である．$|\overrightarrow{OA}|=|\overrightarrow{OB}|=\sqrt{3}$, $|\overrightarrow{AB}|=1$ より，

$$|\overrightarrow{OB}-\overrightarrow{OA}|^2=1 \quad \therefore \quad 3-2(\overrightarrow{OB}\cdot\overrightarrow{OA})+3=1$$

で，$\overrightarrow{OB}\cdot\overrightarrow{OA}=\frac{5}{2}$ である．よって，

$$①=3t^2+5t+3=3\left(t+\frac{5}{6}\right)^2-\frac{5^2}{12}+3$$

と変形できる．これを最小にする実数 t は $\mathbf{-\frac{5}{6}}$

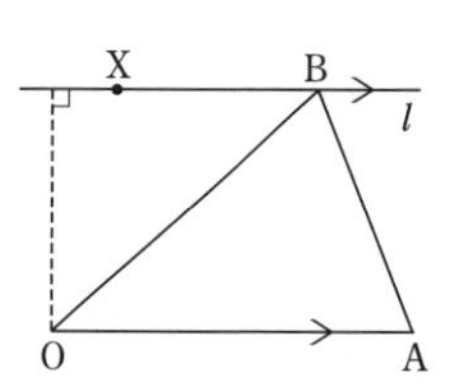

▨　$\overrightarrow{OX}=\overrightarrow{OB}+t\overrightarrow{OA}$ とおくと，点Xは右図の直線 l 上にあり，$|\overrightarrow{OX}|$ が最小になる

のは，OX$\perp l$ のときです．実際，$\left(\overrightarrow{\mathrm{OB}}-\dfrac{5}{6}\overrightarrow{\mathrm{OA}}\right)\cdot\overrightarrow{\mathrm{OA}}=0$ となります．

5．ベクトルの和は図形的には“平行四辺形の対角線”に対応しますが，ひし形ならば対角線が角の二等分線です．

解　1辺の長さが1のひし形OAXYをつくる（右図）．対角線OXは∠AOBを二等分するので，Xは直線OP上にある．よって，

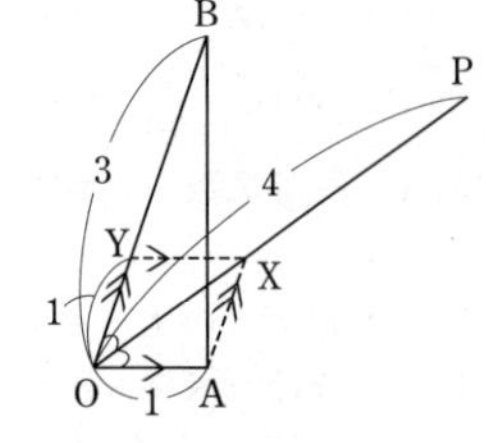

$\vec{p}=\dfrac{|\vec{p}|}{|\overrightarrow{\mathrm{OX}}|}\overrightarrow{\mathrm{OX}}$ である．

$$\overrightarrow{\mathrm{OX}}=\overrightarrow{\mathrm{OA}}+\overrightarrow{\mathrm{OY}}=\overrightarrow{\mathrm{OA}}+\frac{\mathrm{OY}}{\mathrm{OB}}\overrightarrow{\mathrm{OB}}=\vec{a}+\frac{1}{3}\vec{b}$$

であり，

$$|\overrightarrow{\mathrm{OX}}|^2=|\vec{a}|^2+\frac{2}{3}\vec{a}\cdot\vec{b}+\frac{1}{9}|\vec{b}|^2=1+\frac{1}{4}+1=\frac{9}{4}$$

であるから，

$$\vec{p}=4\cdot\frac{2}{3}\left(\vec{a}+\frac{1}{3}\vec{b}\right)\quad\therefore\quad \boldsymbol{s}=\boldsymbol{\frac{8}{3}},\ \boldsymbol{t}=\boldsymbol{\frac{8}{9}}$$

▨　OPとABの交点をCとすると，
AC：CB＝1：3＝OA：OBが成り立つことがわかります（角の二等分線の有名性質）．

6．3点が一直線上にあること，4点が同一平面上にあることは，ベクトルでどう表せますか？

解　**（1）**　A$(-1,\ -1,\ 1)$，B$(a-1,\ b+1,\ 3)$，C$(b,\ a,\ -3)$が一直線上にあるとき，$k\overrightarrow{\mathrm{AB}}=\overrightarrow{\mathrm{AC}}$（$k$は実数）と表せるので，

$$k(a,\ b+2,\ 2)=(b+1,\ a+1,\ -4)$$

z成分より$2k=-4$で，$k=-2$である．x，y成分より

$$-2a=b+1,\ -2(b+2)=a+1$$

$$\therefore\quad 2a+b=-1\ \cdots\cdots①,\ a+2b=-5\ \cdots\cdots②$$

①×2−②より$3a=3$である．よって，$\boldsymbol{a=1}$，$\boldsymbol{b=-3}$

（2）　A$(5,\ 2,\ -3)$，B$(0,\ -1,\ 1)$，C$(2,\ 0,\ 2)$，D$(2,\ t,\ 1-t)$とする．これらが同一平面上にあるとき，

$$\overrightarrow{\mathrm{BD}}=x\overrightarrow{\mathrm{BA}}+y\overrightarrow{\mathrm{BC}}\quad(x,\ y\text{は実数})$$

と表せる（☞注）．よって，

$$\begin{pmatrix}2\\t+1\\-t\end{pmatrix}=x\begin{pmatrix}5\\3\\-4\end{pmatrix}+y\begin{pmatrix}2\\1\\1\end{pmatrix}\quad\therefore\quad\begin{cases}2=5x+2y\ \cdots\cdots③\\t+1=3x+y\ \cdots④\\-t=-4x+y\cdots⑤\end{cases}$$

④＋⑤より$1=-x+2y\cdots\cdots⑥$である．③−⑥より$1=6x$である．よって，$x=\dfrac{1}{6}$，$y=\dfrac{7}{12}$で，⑤より，

$$t=4x-y=\frac{4}{6}-\frac{7}{12}=\boldsymbol{\frac{1}{12}}$$

⇨**注**　表せるには，$\overrightarrow{\mathrm{BA}}$，$\overrightarrow{\mathrm{BC}}$が1次独立でなければなりませんが，成分を計算（直後の行）すると，直ちにわかります．

7．（エ）　始点をOとCのどちらの表示にするかで，Kが平面OAB上にあることの捉え方が変わってきます．

解　$\overrightarrow{\mathrm{OG}}=\dfrac{1}{3}(\overrightarrow{\mathrm{OB}}+\overrightarrow{\mathrm{OD}}+\overrightarrow{\mathrm{OE}})$である．

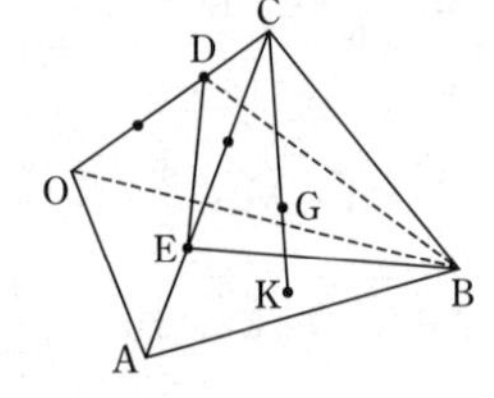

$$\overrightarrow{\mathrm{OD}}=\frac{2}{3}\overrightarrow{\mathrm{OC}}$$

である．内分点の公式より，

$$\overrightarrow{\mathrm{OE}}=\frac{2}{3}\overrightarrow{\mathrm{OA}}+\frac{1}{3}\overrightarrow{\mathrm{OC}}$$

である．よって，

$$\overrightarrow{\mathrm{OG}}=\boldsymbol{\frac{2}{9}}\overrightarrow{\mathrm{OA}}+\boldsymbol{\frac{1}{3}}\overrightarrow{\mathrm{OB}}+\boldsymbol{\frac{1}{3}}\overrightarrow{\mathrm{OC}}$$

$\overrightarrow{\mathrm{CK}}=t\overrightarrow{\mathrm{CG}}$より

$$\begin{aligned}\overrightarrow{\mathrm{OK}}&=\overrightarrow{\mathrm{OC}}+\overrightarrow{\mathrm{CK}}=\overrightarrow{\mathrm{OC}}+t\overrightarrow{\mathrm{CG}}\\&=\overrightarrow{\mathrm{OC}}+t(\overrightarrow{\mathrm{OG}}-\overrightarrow{\mathrm{OC}})\ \cdots\cdots\cdots\cdots①\end{aligned}$$

である．一方，Kは平面OAB上にあるので，

$$\overrightarrow{\mathrm{OK}}=x\overrightarrow{\mathrm{OA}}+y\overrightarrow{\mathrm{OB}}\quad(x,\ y\text{は実数})$$

と表せて，①の$\overrightarrow{\mathrm{OC}}$の係数は0である（☞注）から，

$$1+t\left(\frac{1}{3}-1\right)=0\quad\therefore\quad t=\boldsymbol{\frac{3}{2}}$$

⇨**注**　$\overrightarrow{\mathrm{OA}}$，$\overrightarrow{\mathrm{OB}}$，$\overrightarrow{\mathrm{OC}}$が1次独立であるので，$\overrightarrow{\mathrm{OK}}$の表示の仕方が1通りであることを用いています．

別解　**（エ）**　$\overrightarrow{\mathrm{OG}}$をCを始点に直すと，

$$\overrightarrow{\mathrm{CG}}-\overrightarrow{\mathrm{CO}}=\frac{2}{9}(\overrightarrow{\mathrm{CA}}-\overrightarrow{\mathrm{CO}})+\frac{1}{3}(\overrightarrow{\mathrm{CB}}-\overrightarrow{\mathrm{CO}})-\frac{1}{3}\overrightarrow{\mathrm{CO}}$$

$$\therefore\quad\overrightarrow{\mathrm{CG}}=\frac{1}{9}\overrightarrow{\mathrm{CO}}+\frac{2}{9}\overrightarrow{\mathrm{CA}}+\frac{1}{3}\overrightarrow{\mathrm{CB}}$$

$\overrightarrow{\mathrm{CK}}=t\overrightarrow{\mathrm{CG}}$とおくと，Kは平面OAB上にあるので，

$$(\text{係数の和}=)\ t\left(\frac{1}{9}+\frac{2}{9}+\frac{1}{3}\right)=1\quad\therefore\quad t=\boldsymbol{\frac{3}{2}}$$

8．（3）　まずは垂直であるベクトルを求めて，大きさを後で調整しましょう．

解　$\vec{a}=(2,\ 1,\ 1)$，$\vec{c}=(-1,\ 0,\ 4)$

（1）　$\boldsymbol{\vec{a}\cdot\vec{c}}=-2+0+4=\boldsymbol{2}$である．

$$|\vec{a}|^2=\vec{a}\cdot\vec{a}=4+1+1=6,\ |\vec{c}|^2=1+16=17$$

より$|\boldsymbol{\vec{a}}|=\boldsymbol{\sqrt{6}}$，$|\boldsymbol{\vec{c}}|=\boldsymbol{\sqrt{17}}$である．

（2）　$\angle\mathrm{COA}=\theta$とおくと，

$$\begin{aligned}S&=|\vec{a}||\vec{c}|\sin\theta\\&=\sqrt{|\vec{a}|^2|\vec{c}|^2-(\vec{a}\cdot\vec{c})^2}\end{aligned}$$

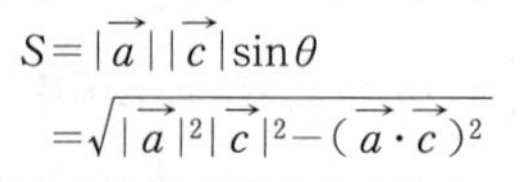

（1）の結果を代入すると，

$$S=\sqrt{6\cdot17-2^2}=\sqrt{2(51-2)}=\boldsymbol{7\sqrt{2}}$$

(**3**) $\overrightarrow{c}$ に垂直なベクトルの1つは（内積を考えると）(4, x, 1) と表せる．これが $\overrightarrow{a}$ と垂直になるのは，

$$\begin{pmatrix}4\\x\\1\end{pmatrix}\cdot\begin{pmatrix}2\\1\\1\end{pmatrix}=0 \quad \therefore \quad 8+x+1=0 \quad \therefore \quad x=-9$$

$\overrightarrow{v}=(4, -9, 1)$ とおくと，

$$|\overrightarrow{v}|^2=16+81+1=98 \quad \therefore \quad |\overrightarrow{v}|=7\sqrt{2}$$

求めるベクトルを $\overrightarrow{p}$ とおくと，$|\overrightarrow{p}|=S$ であるから，

$$\overrightarrow{p}=\pm\frac{S}{|\overrightarrow{v}|}\overrightarrow{v}=\pm(\mathbf{4},\ \mathbf{-9},\ \mathbf{1})$$

▨ (3) 一般に，$\overrightarrow{a}=(a_1, a_2, a_3)$，$\overrightarrow{c}=(c_1, c_2, c_3)$ とすると，求めるベクトルは次のようになります．

$$\overrightarrow{p}=\pm(a_2c_3-a_3c_2,\ a_3c_1-a_1c_3,\ a_1c_2-a_2c_1)$$

9．成分を出さなければ，線分上にあること，垂直であることは，平面ベクトルと全く同様に捉えられます．

解　Pは線分AB上にあるので，$\overrightarrow{AP}=s\overrightarrow{AB}$ $(0\leqq s\leqq 1)$ と表せる．$\overrightarrow{CP}\cdot\overrightarrow{AB}=0$ であるとき，

$$(\overrightarrow{AP}-\overrightarrow{AC})\cdot\overrightarrow{AB}=0 \quad \therefore \quad (s\overrightarrow{AB}-\overrightarrow{AC})\cdot\overrightarrow{AB}=0$$

$$\therefore \quad s=\frac{\overrightarrow{AB}\cdot\overrightarrow{AC}}{|\overrightarrow{AB}|^2}$$

A(1, 3, 2), B(4, 0, −1), C(4, 3, 2) より

$$\overrightarrow{AB}=\begin{pmatrix}3\\-3\\-3\end{pmatrix}=3\begin{pmatrix}1\\-1\\-1\end{pmatrix},\ \overrightarrow{AC}=\begin{pmatrix}3\\0\\0\end{pmatrix}$$ であるから，

$$s=\frac{3\cdot(3+0+0)}{3^2(1+1+1)}=\frac{1}{3} \quad \left(\text{これは } 0\leqq s\leqq 1 \text{ をみたす．}\right)$$

よって，

$$\overrightarrow{OP}=\overrightarrow{OA}+\overrightarrow{AP}=\overrightarrow{OA}+s\overrightarrow{AB}=\begin{pmatrix}1\\3\\2\end{pmatrix}+\begin{pmatrix}1\\-1\\-1\end{pmatrix}$$

であるから，**P(2, 2, 1)**

10．(2) 直線と平面が垂直であることをベクトルで捉えるには？

解　$|\overrightarrow{a}|=|\overrightarrow{b}|=|\overrightarrow{c}|=3$

(**1**) $|\overrightarrow{AB}|=2$,

$|\overrightarrow{AB}|^2=|\overrightarrow{b}-\overrightarrow{a}|^2$ より，

$$2^2=3^2-2\overrightarrow{a}\cdot\overrightarrow{b}+3^2$$

$$\therefore \quad \boldsymbol{\overrightarrow{a}\cdot\overrightarrow{b}=7}$$

$|\overrightarrow{AC}|=1$, $|\overrightarrow{AC}|^2=|\overrightarrow{c}-\overrightarrow{a}|^2$ より，

$$1=3^2-2\overrightarrow{a}\cdot\overrightarrow{c}+3^2 \quad \therefore \quad \boldsymbol{\overrightarrow{a}\cdot\overrightarrow{c}=\frac{17}{2}}$$

(**2**) $|\overrightarrow{BC}|=2$ より $\overrightarrow{b}\cdot\overrightarrow{c}=7$（$\overrightarrow{a}\cdot\overrightarrow{b}$ と同様）である．

$\overrightarrow{OH}=x\overrightarrow{a}+y\overrightarrow{b}+z\overrightarrow{c}$（$x$, y, z は実数）とおく．Hは平面ABC上にあるから，$x+y+z=1$ ……① である．

また，OH⊥(平面ABC）であるから，

$$\overrightarrow{OH}\cdot\overrightarrow{AB}=0,\ \overrightarrow{OH}\cdot\overrightarrow{AC}=0$$

であるので，

$$(x\overrightarrow{a}+y\overrightarrow{b}+z\overrightarrow{c})\cdot(\overrightarrow{b}-\overrightarrow{a})=0,$$
$$(x\overrightarrow{a}+y\overrightarrow{b}+z\overrightarrow{c})\cdot(\overrightarrow{c}-\overrightarrow{a})=0$$

$$\therefore \quad x(7-9)+y(9-7)+z\left(7-\frac{17}{2}\right)=0,$$

$$x\left(\frac{17}{2}-9\right)+y(7-7)+z\left(9-\frac{17}{2}\right)=0$$

$$\therefore \quad -4x+4y-3z=0,\ -x+z=0$$

よって，$z=x$, $y=\frac{7}{4}x$ である．①に代入すると，

$$\left(1+\frac{7}{4}+1\right)x=1 \quad \therefore \quad x=\frac{4}{15},\ y=\frac{7}{15},\ z=\frac{4}{15}$$

よって，$\boldsymbol{\overrightarrow{OH}=\frac{4}{15}\overrightarrow{a}+\frac{7}{15}\overrightarrow{b}+\frac{4}{15}\overrightarrow{c}}$

▨ (2) 辺ACの中点をMとすると，四面体OABCは平面OBMに関して対称です．このことから，$x=z$ は明らかです．

11．2球の中心の座標，半径がわかれば，平面図形の問題に帰着できます．

解　$S_1:(x-1)^2+(y-2)^2+(z-3)^2=4$,

$S_2:(x-3)^2+(y-1)^2+(z-5)^2=9$ とおく．S_1 の中心はA(1, 2, 3)，半径は2，S_2 の中心はB(3, 1, 5)，半径は3である．

S_1 が S_2 と交わってできる円 C 上の1点をPとする．Pから線分ABに下ろした垂線の足をHとすると，求める半径はPHである．

AP=2, BP=3である．また，

$$AB=\sqrt{2^2+(-1)^2+2^2}=3$$

である（☞▨）．よって，$|\overrightarrow{BP}|^2=|\overrightarrow{AP}-\overrightarrow{AB}|^2$ より，

$$9=4-2\overrightarrow{AP}\cdot\overrightarrow{AB}+9 \quad \therefore \quad \overrightarrow{AP}\cdot\overrightarrow{AB}=2$$

内積の定義から，

$$AH=AP\cos\angle PAB=\frac{1}{AB}\overrightarrow{AP}\cdot\overrightarrow{AB}=\frac{2}{3}$$

従って，

$$PH=\sqrt{PA^2-AH^2}=\sqrt{2^2-\frac{2^2}{9}}=\boldsymbol{\frac{4\sqrt{2}}{3}}$$

▨ (解)では正射影ベクトルを念頭に処理しました．

△PABはBP=BAの二等辺三角形ですから，

$$\cos\angle PAB=\frac{AP/2}{AB}=\frac{1}{3}$$

です．後は，PH=PA sin∠PABから求まります．

演習5 セット2

ベクトル

1. △ABC において，辺 AB の中点を M，辺 AC を 3：2 に内分する点を N，線分 BN と CM の交点を P，直線 AP と辺 BC との交点を Q とする．このとき，
$\overrightarrow{AM}=$ ア $\overrightarrow{AB}$，$\overrightarrow{AN}=$ イ $\overrightarrow{AC}$，
$\overrightarrow{AP}=$ ウ $\overrightarrow{AB}+$ エ $\overrightarrow{AC}$，$\overrightarrow{AQ}=$ オ $\overrightarrow{AP}$ が成り立ち，△ANP の面積は △ABC の面積の カ 倍である．（摂南大・理工）

2. 平面上に三角形 ABC と $2\overrightarrow{PA}+3\overrightarrow{PB}+4\overrightarrow{PC}=\vec{0}$ を満たす点 P がある．$\overrightarrow{AP}$ を $\overrightarrow{AB}$ と $\overrightarrow{AC}$ で表すと
$\overrightarrow{AP}=$ ア $\overrightarrow{AB}+$ イ $\overrightarrow{AC}$ となる．直線 AP と辺 BC の交点を D とする．このとき AP：PD＝ ウ ： エ である．また三角形 ABC と三角形 PBC の面積比は オ ： カ である．（摂南大・理工，薬）

3. 3 点 O，A，B が $|\overrightarrow{OA}|=\sqrt{3}$，$|2\overrightarrow{OA}-3\overrightarrow{OB}|=\sqrt{11}$，$|2\overrightarrow{OA}+3\overrightarrow{OB}|=\sqrt{14}$ を満たしていて，$\angle AOB=\theta$ とするとき，$|\overrightarrow{OB}|=$ □，$\cos\theta=$ □ である．（星薬大）

4. 2 つのベクトル $\vec{a}=(-4,\ 3)$，$\vec{b}=(1,\ 1)$ に対して，ベクトル $\vec{a}+t\vec{b}$ の大きさが最小となる実数 t の値を求めると $t=$ ア である．このとき，大きさ $|\vec{a}+t\vec{b}|=$ イ である．（神戸薬大）

5. $\vec{a}=(4,\ 2)$，$\vec{b}=(3,\ -1)$，$\vec{c}=(x,\ y)$ とする．$\vec{c}$ と $\vec{a}-\vec{b}$ は平行で，$\vec{c}-\vec{b}$ と $\vec{a}$ は垂直であるとき，$x=$ □，$y=$ □ となる．（駒大・医療）

6. 三角形 OAB において，OA＝4，OB＝5，AB＝7 とする．$\overrightarrow{OA}=\vec{a}$，$\overrightarrow{OB}=\vec{b}$ とするとき，次の問に答えよ．
（1） $\vec{a}$ と $\vec{b}$ との内積は，$\vec{a}\cdot\vec{b}=$ □ である．
（2） 頂点 O から辺 AB に下ろした垂線と辺 AB との交点を H とするとき，$\overrightarrow{OH}=\frac{1}{49}(\ \square\ \vec{a}+\ \square\ \vec{b})$ である．（国士舘大・理工）

7. （1） 座標空間の 2 点 A(1，3，−2)，B(4，5，2) と，yz 平面上の点 P が一直線上にあるとき，点 P の座標を求めよ．（東京電機大）
（2） 3 点 (0，0，0)，(1，−1，2)，(−1，2，1) の定める平面上に点 (x，−11，2) があるとき，$x=$ □ である．（千葉工大）

8. 四面体 OABC において，OA を 1：3 に内分する点を E，OB の中点を F，△ABC の重心を G とするとき，$\overrightarrow{EF}=$ ア $\overrightarrow{OA}+\frac{1}{2}\overrightarrow{OB}$，
$\overrightarrow{EG}=$ イ $\overrightarrow{OA}+\frac{1}{3}\overrightarrow{OB}+\frac{1}{3}\overrightarrow{OC}$ である．さらに，3 点 E，F，G を含む平面と AC の交点を H とするとき，$\overrightarrow{OH}=$ ウ $\overrightarrow{OA}+$ エ $\overrightarrow{OC}$ である．（大阪工大）

9. 空間内の原点 O と点 A(1，0，2)，点 B(0，1，−1) を通る平面がある．この平面に点 P(0，0，6) から下ろした垂線の足を点 Q とすると，その座標は □ である．（中部大）

10. 2 つの空間ベクトル $\vec{a}=(1,\ 2,\ 2)$，$\vec{b}=(3,\ 4,\ 5)$ の両方に垂直で，大きさが 1 である空間ベクトルを 1 つ求めよ．（高知工科大・文系）

11. 座標空間の 3 点 A(4，1，5)，B(1，−9，1)，C(−2，1，−3) を頂点とする三角形 ABC の面積 S は □ である．（藤田医大・医(AO)）

12. 2 点 (3，−5，6) および (5，1，−2) を直径の両端とする球面の方程式は，□ である．（西南学院大・文，法）

◎**問題の難易と目標時間**（記号については☞p.2）

1…A*○	2…A*	3…A*	4…A○
5…A○	6…A*	7…A*	8…A*○
9…A*	10…A○	11…A○	12…A○

解　　説

1. (ウエ) P は BN 上かつ CM 上です．$\overrightarrow{AP}$ を 2 通りに表し，係数比較をしましょう．
(オ) 3 点 A，P，Q は一直線上にあるので，
$\overrightarrow{AQ}=k\overrightarrow{AP}$ ……① とおけます．また，Q は BC 上にあるので，①の $\overrightarrow{AB}$ と $\overrightarrow{AC}$ の係数の和は 1 です．

（カ） 面積比を線分比に言い換えましょう．

解 **（アイ）**

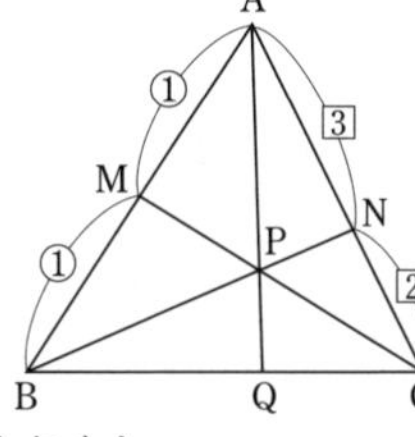

AM：MB＝1：1 より，

$\overrightarrow{AM}=\mathbf{\frac{1}{2}}\overrightarrow{AB}$

AN：NC＝3：2 より，

$\overrightarrow{AN}=\mathbf{\frac{3}{5}}\overrightarrow{AC}$

（ウエ） BP：PN＝s：$(1-s)$ とおくと，

$\overrightarrow{AP}=(1-s)\overrightarrow{AB}+s\overrightarrow{AN}=(1-s)\overrightarrow{AB}+\frac{3}{5}s\overrightarrow{AC}$ …②

一方，MP：PC＝t：$(1-t)$ とおくと，

$\overrightarrow{AP}=(1-t)\overrightarrow{AM}+t\overrightarrow{AC}=\frac{1}{2}(1-t)\overrightarrow{AB}+t\overrightarrow{AC}$ …③

$\overrightarrow{AB}$，$\overrightarrow{AC}$ は 1 次独立より，②と③の係数比較ができるので，

$1-s=\frac{1}{2}(1-t)$ ………④，$\frac{3}{5}s=t$ ……………⑤

⑤を④に代入すると，

$1-s=\frac{1}{2}\left(1-\frac{3}{5}s\right)$ ∴ $s=\frac{5}{7}$

これを②に代入すると，$\overrightarrow{AP}=\mathbf{\frac{2}{7}}\overrightarrow{AB}+\mathbf{\frac{3}{7}}\overrightarrow{AC}$

（オ） 3 点 A，P，Q は一直線上より，

$\overrightarrow{AQ}=k\overrightarrow{AP}=k\left(\frac{2}{7}\overrightarrow{AB}+\frac{3}{7}\overrightarrow{AC}\right)$ ……⑥ とおける．Q は BC 上より，⑥の $\overrightarrow{AB}$ と $\overrightarrow{AC}$ の係数の和は 1 だから，

$k\left(\frac{2}{7}+\frac{3}{7}\right)=1$ ∴ $k=\frac{7}{5}$

よって，$\overrightarrow{AQ}=\mathbf{\frac{7}{5}}\overrightarrow{AP}$ である．

（カ） △ANP：△ANB＝NP：NB＝$(1-s)$：1，

△ANB：△ABC＝AN：AC＝3：5 より，

$$\frac{\triangle ANP}{\triangle ABC}=\frac{NP}{NB}\cdot\frac{AN}{AC}=\frac{1-s}{1}\cdot\frac{3}{5}=\frac{6}{35}$$

だから，△ANP は △ABC の $\mathbf{\frac{6}{35}}$ 倍である．

⇨注 （ウエ） メネラウスの定理を用いると，BP：PN がすぐにわかります．
△ABN と直線 CM について，メネラウスの定理より，

$\frac{BP}{PN}\cdot\frac{NC}{CA}\cdot\frac{AM}{MB}=1$ ∴ $\frac{BP}{PN}\cdot\frac{2}{5}\cdot\frac{1}{1}=1$

∴ $\frac{BP}{PN}=\frac{5}{2}$ ∴ BP：PN＝5：2

2． 与式の各ベクトルの始点をすべて A に統一しましょう．

解 **（アイ）** $2\overrightarrow{PA}+3\overrightarrow{PB}+4\overrightarrow{PC}=\vec{0}$ より，

$-2\overrightarrow{AP}+3(\overrightarrow{AB}-\overrightarrow{AP})+4(\overrightarrow{AC}-\overrightarrow{AP})=\vec{0}$

∴ $\overrightarrow{AP}=\mathbf{\frac{1}{3}}\overrightarrow{AB}+\mathbf{\frac{4}{9}}\overrightarrow{AC}$

（ウエ） 3 点 A，P，D は一直線上にあるから，

$\overrightarrow{AD}=k\overrightarrow{AP}=k\left(\frac{1}{3}\overrightarrow{AB}+\frac{4}{9}\overrightarrow{AC}\right)$ ……① とおける．D は BC 上より，①の $\overrightarrow{AB}$ と $\overrightarrow{AC}$ の係数の和は 1 だから，

$k\left(\frac{1}{3}+\frac{4}{9}\right)=1$ ∴ $k=\frac{9}{7}$

よって，AP：PD＝1：$(k-1)$＝**7：2** である．

（オカ） BC を共通の底辺と見ることで，

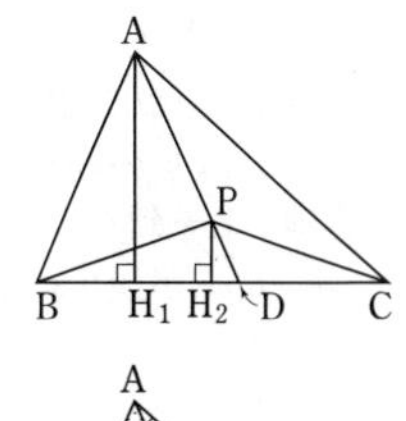

△ABC：△PBC

＝AH_1：PH_2＝AD：PD

＝**9：2**

⇨注 一般に，平面上の △ABC と点 P が

$a\overrightarrow{PA}+b\overrightarrow{PB}+c\overrightarrow{PC}=\vec{0}$

（a，b，c は正の実数）

をみたすとき，

△PBC：△PCA：△PAB

＝a：b：c

が成り立ちます．

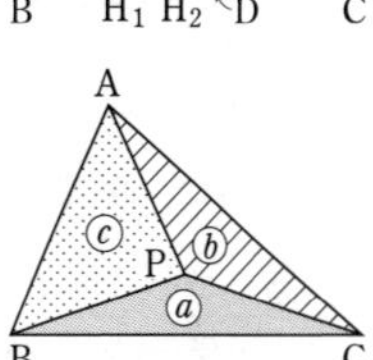

3． 一般に，ベクトルの大きさについて，$|\vec{x}|$ よりも $|\vec{x}|^2(=\vec{x}\cdot\vec{x})$ の方が扱いやすいことが多いです．与えられた 2 つ目の式と 3 つ目の式の両辺を 2 乗しましょう．

解 $|\overrightarrow{OA}|=\sqrt{3}$ …①，$|2\overrightarrow{OA}-3\overrightarrow{OB}|=\sqrt{11}$ ……②，

$|2\overrightarrow{OA}+3\overrightarrow{OB}|=\sqrt{14}$ ………………………………③

②の両辺を 2 乗すると，

$4|\overrightarrow{OA}|^2-12\overrightarrow{OA}\cdot\overrightarrow{OB}+9|\overrightarrow{OB}|^2=11$ ……………④

一方，③の両辺を 2 乗すると，

$4|\overrightarrow{OA}|^2+12\overrightarrow{OA}\cdot\overrightarrow{OB}+9|\overrightarrow{OB}|^2=14$ ……………⑤

④＋⑤より，

$8|\overrightarrow{OA}|^2+18|\overrightarrow{OB}|^2=25$

①をこれに代入すると，

$24+18|\overrightarrow{OB}|^2=25$

∴ $|\overrightarrow{OB}|^2=\frac{1}{18}$ ∴ $|\overrightarrow{OB}|=\mathbf{\frac{1}{3\sqrt{2}}}$

また，⑤－④ より，

$24\overrightarrow{OA}\cdot\overrightarrow{OB}=3$ ∴ $\overrightarrow{OA}\cdot\overrightarrow{OB}=\frac{1}{8}$

$$\therefore\ \cos\theta=\frac{\overrightarrow{OA}\cdot\overrightarrow{OB}}{|\overrightarrow{OA}||\overrightarrow{OB}|}=\frac{\frac{1}{8}}{\sqrt{3}\cdot\frac{1}{3\sqrt{2}}}=\mathbf{\frac{\sqrt{6}}{8}}$$

4． 前問と同じく $|\vec{a}+t\vec{b}|$ を 2 乗すると t の 2 次関数になるので，平方完成しましょう．

解　$|\vec{a}|^2=16+9=25$, $\vec{a}\cdot\vec{b}=-4+3=-1$, $|\vec{b}|^2=1+1=2$ より,

$$|\vec{a}+t\vec{b}|^2=|\vec{a}|^2+2t\vec{a}\cdot\vec{b}+t^2|\vec{b}|^2$$
$$=2t^2-2t+25=2\left(t-\frac{1}{2}\right)^2+\frac{49}{2}$$

よって, $|\vec{a}+t\vec{b}|^2$ は $t=\frac{1}{2}$ で最小となるから, $|\vec{a}+t\vec{b}|$ も $t=\mathbf{\frac{1}{2}}$ で最小となり, このとき, $|\vec{a}+t\vec{b}|=\mathbf{\frac{7}{\sqrt{2}}}$

⇨注1　$\vec{a}+t\vec{b}=(-4+t,\ 3+t)$ として, $|\vec{a}+t\vec{b}|^2=(-4+t)^2+(3+t)^2$ と計算したくなりますが, 結局 t について整理するので, 回り道です.

⇨注2　原点を始点に取ると, $\vec{a}+t\vec{b}$ の終点は右図の直線 l 上を動くので, $|\vec{a}+t\vec{b}|$ が最小になるのは, $(\vec{a}+t\vec{b})\cdot\vec{b}=0$ のときです.

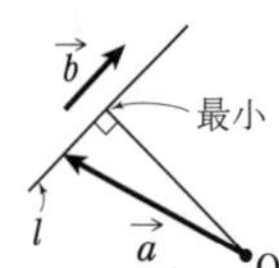

5. 一般に, $\vec{0}$ でない2つの平面ベクトル $\vec{p}=(p_1,\ p_2)$, $\vec{q}=(q_1,\ q_2)$ について,

$\vec{p}\parallel\vec{q} \Longleftrightarrow \vec{p}=k\vec{q}$ となる実数 k が存在
$\Longleftrightarrow$ (k を消去して,) $p_1q_2-p_2q_1=0$ ……①

$\vec{p}\perp\vec{q} \Longleftrightarrow \vec{p}\cdot\vec{q}=0 \Longleftrightarrow p_1q_1+p_2q_2=0$ …………②

が成り立ちます.

解　$\vec{a}=(4,\ 2)$, $\vec{b}=(3,\ -1)$, $\vec{c}=(x,\ y)$

$\vec{c}=(x,\ y)$ と $\vec{a}-\vec{b}=(1,\ 3)$ が平行なので, ①より,

$x\cdot3-y\cdot1=0$　∴　$y=3x$ ………………………③

$\vec{c}-\vec{b}$ と $\vec{a}$ が垂直, つまり, $(\vec{c}-\vec{b})\cdot\vec{a}=0$ より $\vec{c}\cdot\vec{a}=\vec{a}\cdot\vec{b}$ なので,

$x\cdot4+y\cdot2=4\cdot3+2\cdot(-1)$　∴　$2x+y=5$ ……④

③を④に代入して,

$2x+3x=5$　∴　$x=\mathbf{1}$　∴　$y=\mathbf{3}$

6. (1)　$|\overrightarrow{AB}|^2=|\vec{b}-\vec{a}|^2$ を展開すると, 内積 $\vec{a}\cdot\vec{b}$ が現れます.

(2)　Hは辺AB上の点なので, $\overrightarrow{AH}=t\overrightarrow{AB}$ と表せます. これと, $\overrightarrow{OH}\perp\overrightarrow{AB} \Longleftrightarrow \overrightarrow{OH}\cdot\overrightarrow{AB}=0$ から t を求めましょう.

解　$|\vec{a}|=4$, $|\vec{b}|=5$, $|\overrightarrow{AB}|=7$

(1)　$|\overrightarrow{AB}|^2=|\overrightarrow{OB}-\overrightarrow{OA}|^2=|\vec{b}-\vec{a}|^2$ より,

$|\overrightarrow{AB}|^2=|\vec{b}|^2-2\vec{a}\cdot\vec{b}+|\vec{a}|^2$

∴　$49=25-2\vec{a}\cdot\vec{b}+16$

∴　$\vec{a}\cdot\vec{b}=\mathbf{-4}$

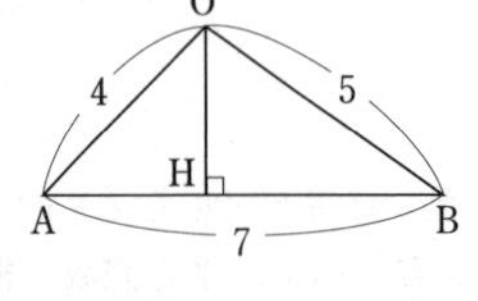

(2)　Hは辺AB上にあるので, $\overrightarrow{AH}=t\overrightarrow{AB}$ とおける. また, $\overrightarrow{OH}\perp\overrightarrow{AB}$ より $\overrightarrow{OH}\cdot\overrightarrow{AB}=0$ であり,

$$\overrightarrow{OH}=\overrightarrow{OA}+\overrightarrow{AH}=\overrightarrow{OA}+t\overrightarrow{AB}$$

なので,

$(\overrightarrow{OA}+t\overrightarrow{AB})\cdot\overrightarrow{AB}=0$ ……………………………①

∴　$\vec{a}\cdot(\vec{b}-\vec{a})+t|\overrightarrow{AB}|^2=0$

∴　$-4-16+49t=0$　∴　$t=\frac{20}{49}$

したがって,

$$\overrightarrow{OH}=\vec{a}+\frac{20}{49}(\vec{b}-\vec{a})=\frac{1}{49}(\mathbf{29\vec{a}+20\vec{b}})$$

⇨注　①より, $t=-\dfrac{\overrightarrow{OA}\cdot\overrightarrow{AB}}{|\overrightarrow{AB}|^2}$ なので,

$\overrightarrow{AH}=-\dfrac{\overrightarrow{OA}\cdot\overrightarrow{AB}}{|\overrightarrow{AB}|^2}\overrightarrow{AB}=\dfrac{\overrightarrow{AO}\cdot\overrightarrow{AB}}{|\overrightarrow{AB}|^2}\overrightarrow{AB}$ ……………②

です. $\overrightarrow{AH}$ を $\overrightarrow{AO}$ の $\overrightarrow{AB}$ 上への**正射影ベクトル**といいます.

7. 3点が同一直線上, 4点が同一平面上にある条件は, ベクトルを用いると簡単に表せます

解　**(1)**　A(1, 3, −2), B(4, 5, 2)

3点A, B, Pは同一直線上にあるので, $\overrightarrow{AP}=k\overrightarrow{AB}$ と表せる. よって, 原点をOとすると,

$\overrightarrow{OP}=\overrightarrow{OA}+\overrightarrow{AP}=\overrightarrow{OA}+k\overrightarrow{AB}$
$=(1,\ 3,\ -2)+k(3,\ 2,\ 4)$
$=(1+3k,\ 3+2k,\ -2+4k)$ ………………①

Pは yz 平面上より, ①の x 成分は0だから, $k=-\frac{1}{3}$

これを①に代入して, 求めるPの座標は

$\left(\mathbf{0,\ \frac{7}{3},\ -\frac{10}{3}}\right)$ である.

(2)　O(0, 0, 0), A(1, −1, 2), B(−1, 2, 1), P(x, −11, 2) とおくと, 4点O, A, B, Pが同一平面上にあるとき, $\overrightarrow{OP}=s\overrightarrow{OA}+t\overrightarrow{OB}$ と表せる. よって,

$\begin{pmatrix}x\\-11\\2\end{pmatrix}=s\begin{pmatrix}1\\-1\\2\end{pmatrix}+t\begin{pmatrix}-1\\2\\1\end{pmatrix}$ の各成分を比較して,

$x=s-t$ …①, $-11=-s+2t$ …②, $2=2s+t$ ……③

②×2+③ より,

$-20=5t$　∴　$t=-4$

これと②より, $s=3$ となり, ①より, $x=\mathbf{7}$

8. (ウ)　Hは平面EFG上にあるので, 前問(2)と同じく, $\overrightarrow{EH}=s\overrightarrow{EF}+t\overrightarrow{EG}$ と表されます. これを用いて, $\overrightarrow{OH}$ を $\overrightarrow{OA}$, $\overrightarrow{OB}$, $\overrightarrow{OC}$ で表すと, Hは辺AC上でもあるので, $\overrightarrow{OB}$ の係数は0, $\overrightarrow{OA}$ と $\overrightarrow{OC}$ の係数の和は1です.

解　**(アイ)**

OE：EA＝1：3より

$\overrightarrow{OE}=\frac{1}{4}\overrightarrow{OA}$,

OF：FB＝1：1より

$\overrightarrow{OF}=\frac{1}{2}\overrightarrow{OB}$ だから,

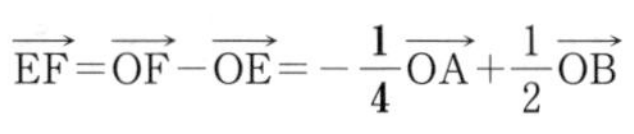

$\overrightarrow{EF}=\overrightarrow{OF}-\overrightarrow{OE}=-\boldsymbol{\frac{1}{4}}\overrightarrow{OA}+\frac{1}{2}\overrightarrow{OB}$

また，G は△ABC の重心より，

$\overrightarrow{OG}=\frac{1}{3}(\overrightarrow{OA}+\overrightarrow{OB}+\overrightarrow{OC})$ だから,

$$\overrightarrow{EG}=\overrightarrow{OG}-\overrightarrow{OE}=\frac{1}{3}(\overrightarrow{OA}+\overrightarrow{OB}+\overrightarrow{OC})-\frac{1}{4}\overrightarrow{OA}$$
$$=\boldsymbol{\frac{1}{12}}\overrightarrow{OA}+\frac{1}{3}\overrightarrow{OB}+\frac{1}{3}\overrightarrow{OC}$$

（ウ） H は平面 EFG 上より，$\overrightarrow{EH}=s\overrightarrow{EF}+t\overrightarrow{EG}$ とおける．よって，

$$\overrightarrow{OH}=\overrightarrow{OE}+\overrightarrow{EH}$$
$$=\frac{1}{4}\overrightarrow{OA}+s\left(-\frac{1}{4}\overrightarrow{OA}+\frac{1}{2}\overrightarrow{OB}\right)$$
$$+t\left(\frac{1}{12}\overrightarrow{OA}+\frac{1}{3}\overrightarrow{OB}+\frac{1}{3}\overrightarrow{OC}\right) \cdots\cdots\cdots ①$$

H は AC 上より，①の $\overrightarrow{OB}$ の係数は 0，$\overrightarrow{OA}$ と $\overrightarrow{OC}$ の係数の和は 1 だから，

$$\frac{1}{2}s+\frac{1}{3}t=0 \cdots\cdots ②,\quad \frac{1}{4}-\frac{1}{4}s+\frac{5}{12}t=1 \quad \cdots\cdots ③$$

②より $s=-\frac{2}{3}t$ で，これを③に代入すると，

$$\frac{1}{4}+\frac{1}{6}t+\frac{5}{12}t=1 \quad \therefore\quad t=\frac{9}{7}$$

よって，①の $\overrightarrow{OC}$ の係数は $\frac{1}{3}t=\frac{3}{7}$，$\overrightarrow{OA}$ の係数は

$1-\frac{3}{7}=\frac{4}{7}$ だから，$\overrightarrow{OH}=\boldsymbol{\frac{4}{7}}\overrightarrow{OA}+\boldsymbol{\frac{3}{7}}\overrightarrow{OB}$ である．

9．$\overrightarrow{OQ}=s\overrightarrow{OA}+t\overrightarrow{OB}$ と表すのは **7**，**8** と同じで，今度は $\overrightarrow{PQ}\cdot\overrightarrow{OA}=0$，$\overrightarrow{PQ}\cdot\overrightarrow{OB}=0$ から s，t が求まります．

解　A(1，0，2)，B(0，1，−1)，P(0，0，6)

4 点 O，A，B，Q は同一平面上にあるので，$\overrightarrow{OQ}=s\overrightarrow{OA}+t\overrightarrow{OB}$ と表せる．このとき，$\overrightarrow{PQ}\perp\overrightarrow{OA}$，$\overrightarrow{PQ}\perp\overrightarrow{OB}$ より，$\overrightarrow{PQ}\cdot\overrightarrow{OA}=0$，$\overrightarrow{PQ}\cdot\overrightarrow{OB}=0$ なので，

$$\begin{cases}(s\overrightarrow{OA}+t\overrightarrow{OB}-\overrightarrow{OP})\cdot\overrightarrow{OA}=0\\(s\overrightarrow{OA}+t\overrightarrow{OB}-\overrightarrow{OP})\cdot\overrightarrow{OB}=0\end{cases}$$

$|\overrightarrow{OA}|^2=1+0+4=5$，$|\overrightarrow{OB}|^2=0+1+1=2$，

$\overrightarrow{OA}\cdot\overrightarrow{OB}=0+0-2=-2$，$\overrightarrow{OP}\cdot\overrightarrow{OA}=0+0+12=12$，

$\overrightarrow{OP}\cdot\overrightarrow{OB}=0+0-6=-6$ より，

$$\therefore\quad \begin{cases}5s-2t-12=0 \cdots\cdots\cdots\cdots\cdots\cdots\cdots ①\\-2s+2t+6=0 \cdots\cdots\cdots\cdots\cdots\cdots\cdots ②\end{cases}$$

①＋②より，$3s-6=0$　∴　$s=2$

これと①より，$t=-1$ となるから，

$\overrightarrow{OQ}=2(1，0，2)-(0，1，-1)$ より，Q(**2**，**−1**，**5**)

10．求めるベクトルを $\vec{n}=(p，q，r)$ とおき，条件から p，q，r についての連立方程式を立てましょう．

解　$\vec{a}=(1，2，2)$，$\vec{b}=(3，4，5)$

求めるベクトルを $\vec{n}=(p，q，r)$ とおくと，$\vec{n}\perp\vec{a}$，$\vec{n}\perp\vec{b}$ より $\vec{n}\cdot\vec{a}=0$，$\vec{n}\cdot\vec{b}=0$ だから，

$$p+2q+2r=0 \cdots\cdots ①,\quad 3p+4q+5r=0 \quad \cdots\cdots\cdots ②$$

また，$|\vec{n}|=1$ つまり $|\vec{n}|^2=1$ より，

$$p^2+q^2+r^2=1 \cdots\cdots\cdots\cdots\cdots\cdots\cdots\cdots\cdots\cdots ③$$

①より $p=-2q-2r$ ……④ で，これを②に代入すると，

$$3(-2q-2r)+4q+5r=0 \quad \therefore\quad r=-2q \quad \cdots\cdots ⑤$$

これを④に代入すると，

$$p=-2q-2\cdot(-2q)=2q \cdots\cdots\cdots\cdots\cdots\cdots\cdots ⑥$$

⑤⑥を③に代入すると，

$$4q^2+q^2+4q^2=1 \quad \therefore\quad q^2=\frac{1}{9} \quad \therefore\quad q=\pm\frac{1}{3}$$

これを⑥⑤に代入すると $p=\pm\frac{2}{3}$，$r=\mp\frac{2}{3}$（複号同順）

となるから，求めるベクトルの 1 つは $\left(\boldsymbol{\frac{2}{3}}，\boldsymbol{\frac{1}{3}}，-\boldsymbol{\frac{2}{3}}\right)$

11．2 つのベクトルにより作られる三角形の面積は，ベクトルの大きさと内積によって表されます（**解**の①）．

解　A(4，1，5)，B(1，−9，1)，C(−2，1，−3)

$\overrightarrow{AB}=(-3，-10，-4)$，$\overrightarrow{AC}=(-6，0，-8)$ より，求める面積は，

$$S=\frac{1}{2}\sqrt{|\overrightarrow{AB}|^2|\overrightarrow{AC}|^2-(\overrightarrow{AB}\cdot\overrightarrow{AC})^2} \cdots\cdots\cdots\cdots\cdots ①$$
$$=\frac{1}{2}\sqrt{(9+100+16)\cdot(36+0+64)-(18+0+32)^2}$$
$$=\frac{1}{2}\sqrt{125\cdot100-50^2}=\frac{1}{2}\sqrt{5\cdot50^2-50^2}=\mathbf{50}$$

➾**注**　①は無理に覚えなくても，すぐに導けます（☞p.31，7 番）．

12．直径の中点が球の中心で，その中心と直径の端の距離が半径です．

解　A(3，−5，6)，B(5，1，−2) とおくと，球の中心 C は AB の中点 (4，−2，2) であり，半径は

$CA=\sqrt{1+9+16}=\sqrt{26}$ だから，求める球面の方程式は，

$$\boldsymbol{(x-4)^2+(y+2)^2+(z-2)^2=26}$$

➾**注**　“P(x，y，z) が求める球面上

$\Longleftrightarrow$ ∠APB＝90° または P＝A または P＝B

$\Longleftrightarrow \overrightarrow{PA}\cdot\overrightarrow{PB}=0$” から求めることもできます．

演習 6 セット1

平面上の曲線

▶「2次曲線」がメインテーマです．極座標や極方程式も扱います．◀

【放物線】

1．座標平面上において，放物線 $y=x^2$ を C_1 とすると，C_1 の焦点の座標は（0, □），準線の方程式は $y=$□ である．よって，C_1 を平行移動して得られる放物線のうち，焦点が原点Oとなるものを C_2 とし，C_2 の準線を l とすると，l の方程式は $y=$□ である．したがって，座標平面上の任意の点Pの極座標を $(r,\ \theta)$ とするとき，点Pと準線 l の距離を r と θ を用いて表すと，□ である．よって，とくに点Pが C_2 上にあるとき，Pから準線 l に下ろした垂線をPHとすると，PH＝POが成り立つから，r を θ を用いて表すと，$r=$□ となる．（神奈川工科大）

【楕円】

2．2点 $(1,\ 0)$，$(-1,\ 0)$ を焦点とし，焦点からの距離の和が6である楕円がある．この楕円を x 軸方向に3，y 軸方向に5だけ平行移動した曲線の方程式は □$=1$ である．（東海大・理工）

3．焦点を $(\pm3,\ 0)$ とし，点 $(4,\ -1)$ を通る楕円の方程式と長軸の長さを求めよ．（類　武蔵野美大）

4．曲線 $5x^2+4y^2-30x-16y+41=0$ は，楕円

$$\frac{x^2}{\square}+\frac{y^2}{\square}=1$$

を x 軸方向に □，y 軸方向に □ だけ平行移動した楕円である．

（法大・デザイン工，理工，生命）

5．楕円 $\dfrac{x^2}{3}+y^2=1$ 上の点 $\left(1,\ \dfrac{\sqrt{6}}{3}\right)$ における接線の方程式を求めよ．（長崎大・歯，工）

6．点 $(x,\ y)$ が，楕円 $x^2+x+2y^2+y=3$ 上を動くとき，$x+y$ の最大値は □ であり，最大値をとるときの点の座標 $(x,\ y)$ は □ である．

（神奈川大・理，工）

7．楕円 $\dfrac{x^2}{2}+\dfrac{y^2}{8}=1$ 上の点 $(1,\ 2)$ における接線の方程式を求めると $y=$□ となる．次に，この接線と，楕円の第1象限にある部分と，y 軸で囲まれた部分の面積 S を求めると $S=$□ になる．

（城西大・理(数)）

【双曲線】

8．座標平面上の双曲線 $\left(\dfrac{x}{20}\right)^2-\left(\dfrac{y}{21}\right)^2=1$ の焦点の座標を求めよ．（藤田保健衛生大・医）

9．方程式 $9x^2-4y^2+54x+16y-79=0$ で表される図形について考える．方程式を変形すると

$$9(x+\square)^2-\square(y-\square)^2=\square$$

となる．よって

$$\frac{(x+\square)^2}{\square}-\frac{(y-\square)^2}{\square}=1 \quad \cdots\cdots\text{①}$$

である．この方程式①によって定まる曲線は，次の方程式

$$\frac{x^2}{\square}-\frac{y^2}{\square}=1 \quad \cdots\cdots\text{②}$$

によって定まる曲線を平行移動して得られる．この方程式②によって定まる曲線の漸近線は，$y=\pm$□ であるから，方程式①によって定まる曲線の漸近線は，$y=$□ と $y=$□ である．（名城大・理工）

10．点 $(0,\ 1)$ から曲線 $3x^2-2y^2=-6$ に引いた接線の方程式を求めよ．（広島市立大）

【極座標】

11．直交座標が $(-4\sqrt{3},\ -4)$ である点Pの極座標 $(r,\ \theta)$ は □ である．ただし，$0\leqq\theta<2\pi$ とする．

（茨城大・工−後）

12．極方程式 $r=2(\cos\theta+\sin\theta)$ の表す曲線を直交座標 $(x,\ y)$ に関する方程式で表す．$x=1$ に対する y をすべて求めよ．（藤田保健衛生大・医）

13．極方程式 $r\sin^2\theta+\sin\theta=r$ の表す曲線を直交座標の x, y の方程式で表すと □ である．

（関大・社会安全，理工系）

◎**問題の難易と目標時間**（記号については☞p.2）

5分もかからず解いてほしい問題は無印です．

1…A＊　2…A○　3…A○　4…A○　5…A
6…B＊　7…B＊　8…A　9…A＊　10…A○
11…A　12…A　13…A○

解　　説

1．$y^2=4px$ の焦点は $(p,\ 0)$，準線は $x=-p$ です．いまは，x と y が入れ替わった形です．また，「定点までの距離と定直線までの距離が等しい点の軌跡」が放物線です．この定点を焦点，定直線を準線といいます．

なお，極座標の定義については，☞11 番の前文．

解　(1)　$C_1: y=x^2$ のとき，$x^2=4\cdot\dfrac{1}{4}y$ であるから，

C_1 の焦点は $\left(\mathbf{0,\ \dfrac{1}{4}}\right)$，準線は $\boldsymbol{y=-\dfrac{1}{4}}$

C_1 の焦点が原点になるように y 軸方向に $-\dfrac{1}{4}$ だけ平行移動したものが C_2 であるから，C_2 の準線 l は $\boldsymbol{y=-\dfrac{1}{2}}$

点Pの極座標が $(r,\ \theta)$ のとき，点Pの直交座標は $(r\cos\theta,\ r\sin\theta)$ であるから，Pと準線 l の距離は

$$\left|r\sin\theta-\left(-\frac{1}{2}\right)\right|=\left|\boldsymbol{r\sin\theta+\frac{1}{2}}\right| \quad \cdots\cdots①$$

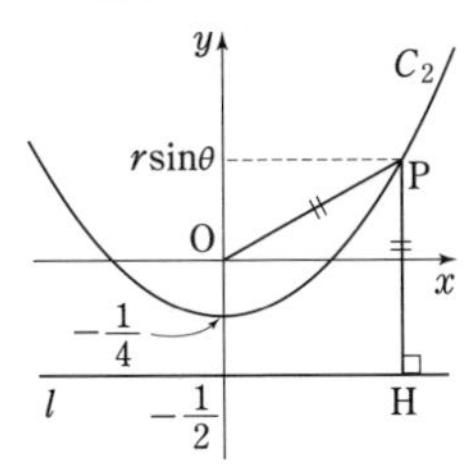

点Pが C_2 上にあるとき，PH＝PO により，①＝r

右図から，$r\sin\theta \geqq -\dfrac{1}{4}$ であるから，①＝r は

$r\sin\theta+\dfrac{1}{2}=r$

$\therefore\ \boldsymbol{r=\dfrac{1}{2(1-\sin\theta)}}$

2．2定点からの距離の和が一定値である点Pの軌跡が楕円です．その2定点を焦点といいます．2定点を $F(c,\ 0)$，$F'(-c,\ 0)$ とおくと，楕円の方程式は $\dfrac{x^2}{a^2}+\dfrac{y^2}{b^2}=1$ ……①

$(a>b>0)$ の形になり，図1のようになります．

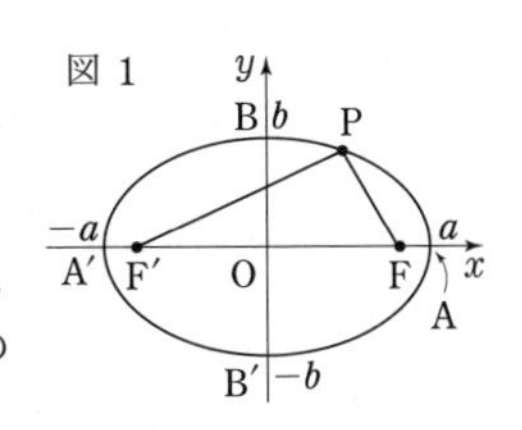

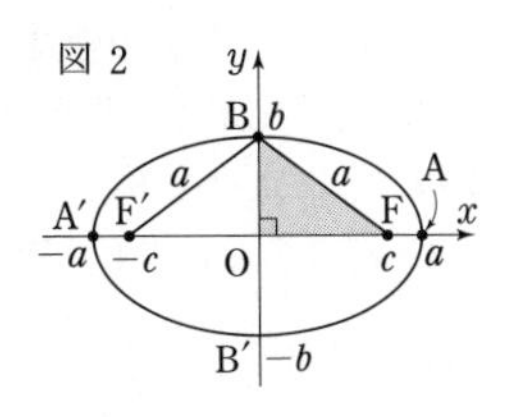

図1で，P＝A とすると，

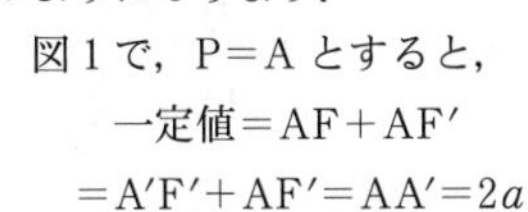

一定値＝AF＋AF′

＝A′F′＋AF′＝AA′＝$2a$

(**一定値＝長軸の長さ**) が分かります．

図1でP＝B とすると，一定値＝$2a$＝BF＋BF′＝2BF

よって，BF＝a で，図2の網目部の直角三角形から $b^2+c^2=a^2$ となり，① $(a>b>0)$ の焦点の座標は $(\pm\boldsymbol{\sqrt{a^2-b^2},\ 0})$ です．

なお，$b>a>0$ のときは縦長の楕円になり，焦点の座標は，$(0,\ \pm\sqrt{b^2-a^2})$ となります．

また，一般に，曲線 $f(x,\ y)=0$ を x 軸方向に p，y 軸方向に q だけ平行移動して得られる曲線の方程式は $f(x-p,\ y-q)=0$ です．

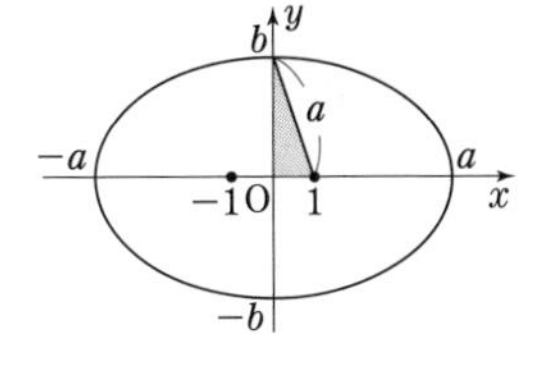

解　平行移動する前の楕円は右図のようである．

長軸の長さは $2a$ でこれが6に等しいから，$a=3$

網目部の三角形に着目して

$b^2=a^2-1^2=9-1=8$

よって，平行移動前の方程式は，$\dfrac{x^2}{9}+\dfrac{y^2}{8}=1$

これを x 軸方向に3，y 軸方向に5だけ平行移動して，

$$\boldsymbol{\frac{(x-3)^2}{9}+\frac{(y-5)^2}{8}=1}$$

3．前問の前文に書いたように，楕円の一定値（2焦点からの距離の和）は長軸の長さに等しいです．これに着目します．

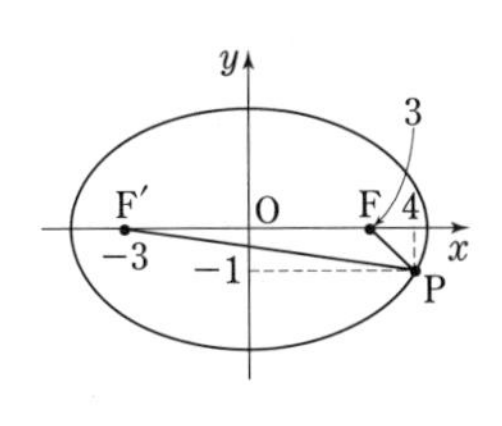

解　$F(3,\ 0)$，$F'(-3,\ 0)$，$P(4,\ -1)$ とすると，右図のような楕円である．

PF＋PF′

$=\sqrt{1^2+1^2}+\sqrt{7^2+1^2}$

$=\sqrt{2}+\sqrt{50}=6\sqrt{2}$

により，**長軸の長さは** $\boldsymbol{6\sqrt{2}}$ である．

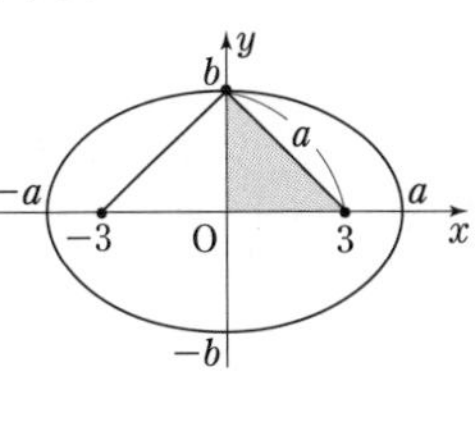

よって，右図の a の値は $a=3\sqrt{2}$ である．また，網目部の三角形に着目して

$b^2=a^2-3^2=18-9=9$

よって，この楕円の方程式は

$$\boldsymbol{\frac{x^2}{18}+\frac{y^2}{9}=1}$$

4．x，y について平方完成して標準形に近づけます．

解　$5x^2+4y^2-30x-16y+41=0$ のとき，

$5(x^2-6x)+4(y^2-4y)+41=0$

$\therefore\ 5\{(x-3)^2-9\}+4\{(y-2)^2-4\}+41=0$

$\therefore\ 5(x-3)^2+4(y-2)^2=20$

$\therefore\ \dfrac{(x-3)^2}{4}+\dfrac{(y-2)^2}{5}=1$

これは楕円 $\boldsymbol{\dfrac{x^2}{4}+\dfrac{y^2}{5}=1}$ **を x 軸方向に3，y 軸方向に2** だけ平行移動した楕円である．

5. 楕円 $\dfrac{x^2}{a^2}+\dfrac{y^2}{b^2}=1$ 上の点 $(x_0,\ y_0)$ における接線の方程式は，$\dfrac{x_0x}{a^2}+\dfrac{y_0y}{b^2}=1$ です．

解　楕円 $\dfrac{x^2}{3}+y^2=1$ 上の点 $\left(1,\ \dfrac{\sqrt{6}}{3}\right)$ における接線の方程式は，$\dfrac{1\cdot x}{3}+\dfrac{\sqrt{6}}{3}y=1$　　$\therefore$ $\boldsymbol{x+\sqrt{6}y=3}$

6. まず，楕円の方程式を x，y について平方完成して，$\dfrac{(x-p)^2}{a^2}+\dfrac{(y-q)^2}{b^2}=1$ ……①　の形にしましょう．
①上の点は $(p+a\cos\theta,\ q+b\sin\theta)$ と媒介変数表示（パラメータ表示）できます（代入すると $\cos^2\theta+\sin^2\theta=1$ で確かに成立）．本問は，動点を媒介変数表示すれば，機械的に計算して解くことができます．

解　$x^2+x+2y^2+y=3$ の左辺を平方完成して，

$$\left(x+\frac{1}{2}\right)^2-\frac{1}{4}+2\left(y+\frac{1}{4}\right)^2-\frac{1}{8}=3$$

$$\therefore\quad \left(x+\frac{1}{2}\right)^2+2\left(y+\frac{1}{4}\right)^2=\frac{27}{8}$$

$$\therefore\quad \frac{\left(x+\frac{1}{2}\right)^2}{\left(\frac{3\sqrt{3}}{2\sqrt{2}}\right)^2}+\frac{\left(y+\frac{1}{4}\right)^2}{\left(\frac{3\sqrt{3}}{4}\right)^2}=1$$

この楕円上の点 $(x,\ y)$ は，

$$x=-\frac{1}{2}+\frac{3\sqrt{3}}{2\sqrt{2}}\cos\theta,\quad y=-\frac{1}{4}+\frac{3\sqrt{3}}{4}\sin\theta$$

と表せる．よって，

$$x+y=-\frac{3}{4}+\frac{3\sqrt{3}}{4}(\sqrt{2}\cos\theta+\sin\theta)$$

ここで，$\sqrt{2}\cos\theta+\sin\theta=\sqrt{3}\cos(\theta-\alpha)$　[合成]

（α は，$\cos\alpha=\dfrac{\sqrt{2}}{\sqrt{3}}$，$\sin\alpha=\dfrac{1}{\sqrt{3}}$ を満たす角）

$$\therefore\quad x+y=-\frac{3}{4}+\frac{9}{4}\cos(\theta-\alpha)$$

これは $\theta=\alpha$ のとき**最大値** $-\dfrac{3}{4}+\dfrac{9}{4}=\boldsymbol{\dfrac{3}{2}}$ をとる．最大値をとるとき，$\boldsymbol{x}=-\dfrac{1}{2}+\dfrac{3}{2}=\boldsymbol{1}$，$\boldsymbol{y}=-\dfrac{1}{4}+\dfrac{3}{4}=\boldsymbol{\dfrac{1}{2}}$ である．

⇨注　$x+y=k$ とおき，y を x で表し，楕円の式に代入して得られる x の2次方程式が実数解をもつ条件から k の範囲を求めてもよいでしょう．

7. 楕円 $\dfrac{x^2}{a^2}+\dfrac{y^2}{b^2}=1$ ……① 上の点の媒介変数表示

$\mathrm{P}(a\cos\theta,\ b\sin\theta)$

と，円 $x^2+y^2=a^2$ ……② 上の点の媒介変数表示

$\mathrm{Q}(a\cos\theta,\ a\sin\theta)$

を比較してみましょう．
θ の値によらず，
x 座標が同じで
（P の y 座標）
$=$（Q の y 座標）$\times\dfrac{b}{a}$
となっています（この θ は，図に示したように OQ と x 軸のなす角で，**OP と x 軸のなす角ではありません**）．
これは，円②を x 軸を基準に y 軸方向に b/a 倍したものが楕円①であることを示しています．そして，この変換（y 軸方向に b/a 倍）により，面積は平面上のどの領域も一律 b/a 倍になります．したがって，楕円①の面積は円②の面積 πa^2 を b/a 倍にした πab です．

解　A(1, 2) とする．A における接線の方程式は，

$$\frac{1\cdot x}{2}+\frac{2y}{8}=1\qquad\therefore\ \boldsymbol{y=-2x+4}$$

下図の斜線部の面積を求めればよい．斜線部を y 軸方向に 1/2 倍すると網目部となる．

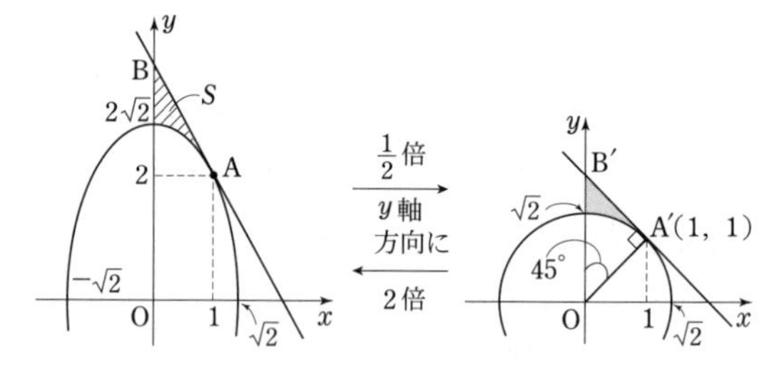

網目部の面積は，

$$\triangle\mathrm{OA'B'}-\text{八分円}=\frac{1}{2}\cdot\sqrt{2}\sqrt{2}-\frac{\pi(\sqrt{2})^2}{8}=1-\frac{\pi}{4}$$

よって，求める面積は，これを2倍して，$\boldsymbol{2-\dfrac{\pi}{2}}$

8. 2定点からの距離の差が一定値である点 P の軌跡が双曲線です．2定点を焦点といいます．2定点を $\mathrm{F}(c,\ 0)$，$\mathrm{F}'(-c,\ 0)$ とおくと，双曲線の方程式は $\dfrac{x^2}{a^2}-\dfrac{y^2}{b^2}=1$ …①の形になります．概形は，図のようです．

図で，P=A とすると，

$$\text{一定値}=|\mathrm{AF}-\mathrm{AF'}|=|\mathrm{A'F'}-\mathrm{AF'}|=\mathrm{AA'}=2a$$

（**一定値＝AA′＝$2a$**）が分かります．

また，$\mathrm{P}(x,\ y)$ とおき，$\mathrm{PF}-\mathrm{PF'}=\pm2a$ を変形して

いき，$b^2=a^2-c^2$ とおくと，①になるから，双曲線①の焦点の座標は $(\pm\sqrt{\boldsymbol{a}^2+\boldsymbol{b}^2},\ \boldsymbol{0})$ です（楕円との違いに注意してください）．

なお，①の漸近線は，①の右辺の 1 を 0 にした $\dfrac{x^2}{a^2}-\dfrac{y^2}{b^2}=0$ すなわち $y=\pm\dfrac{b}{a}x$ です．

また，焦点が y 軸上の 2 点 $(0,\ \pm\sqrt{a^2+b^2})$ になる双曲線の方程式は，①の右辺の 1 を -1 にしたものです．

解　双曲線

$$\left(\frac{x}{20}\right)^2-\left(\frac{y}{21}\right)^2=1$$

の焦点の座標は，

$$(\pm\sqrt{20^2+21^2},\ 0)$$

$\therefore$ $(\pm\sqrt{841},\ 0)=(\boldsymbol{\pm29,\ 0})$

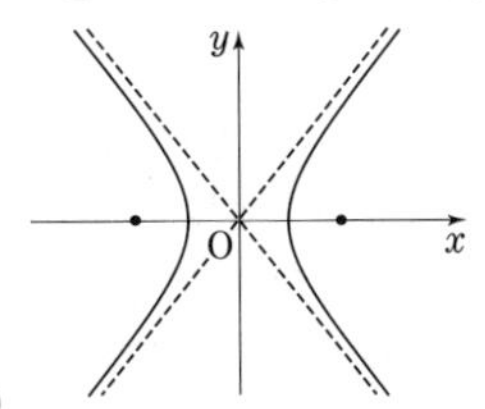

9．前半は，4 番と同様です．漸近線については，前問の前文をご覧ください．

解　$9x^2-4y^2+54x+16y-79=0$ のとき，

$9(x^2+6x)-4(y^2-4y)-79=0$

$\therefore$ $9\{(x+3)^2-9\}-4\{(y-2)^2-4\}-79=0$

$\therefore$ $\boldsymbol{9(x+3)^2-4(y-2)^2=144}$

$\therefore$ $\boldsymbol{\dfrac{(x+3)^2}{16}-\dfrac{(y-2)^2}{36}=1}$ ……………………①

①は，$\boldsymbol{\dfrac{x^2}{16}-\dfrac{y^2}{36}=1}$ ……② を x 軸方向に -3，y 軸方向に 2 だけ平行移動して得られる．②の漸近線は，$y=\pm\dfrac{\sqrt{36}}{\sqrt{16}}x$，つまり $\boldsymbol{y=\pm\dfrac{3}{2}x}$ であるから，①の漸近線は，$y-2=\dfrac{3}{2}(x+3)$ と $y-2=-\dfrac{3}{2}(x+3)$，つまり，

$$\boldsymbol{y=\frac{3}{2}x+\frac{13}{2},\ y=-\frac{3}{2}x-\frac{5}{2}}$$

10．双曲線 $\dfrac{x^2}{a^2}-\dfrac{y^2}{b^2}=1$ 上の点 $(x_0,\ y_0)$ における接線の方程式は，$\dfrac{x_0x}{a^2}-\dfrac{y_0y}{b^2}=1$ です．一般に，$Ax^2+By^2=C$ という形の 2 次曲線上の点 $(x_0,\ y_0)$ における接線の方程式は，$Ax_0x+By_0y=C$ です．

本問では接点が分からないので，公式を使うなら接点の座標を設定する必要があります．このとき，接点が双曲線上にある条件を忘れないようにしましょう．

解　双曲線 $3x^2-2y^2=-6$ ……① 上の点 $\mathrm{P}(p,\ q)$ における接線の方程式は，$3px-2qy=-6$ ………②

これが $(0,\ 1)$ を通るとき，$-2q=-6$　$\therefore$ $q=3$

P は①上にあるから，$3p^2-2q^2=-6$

$\therefore$ $3p^2=12$　$\therefore$ $p=\pm2$

このとき，②は，$\pm6x-6y=-6$

$\therefore$ $\boldsymbol{x-y=-1,\ x+y=1}$

⇨**注**　重解条件でとらえてもよいでしょう．

y 軸は不適で，$y=mx+1$ ……③ とおける．③と①を連立させて，$3x^2-2(mx+1)^2=-6$

$\therefore$ $(3-2m^2)x^2-4mx+4=0$ ……………④

この判別式 D が 0 であるから，

$D/4=(2m)^2-(3-2m^2)\cdot4=0$　$\therefore$ $m^2=1$

このとき④は 2 次方程式になり確かに重解をもつ．

よって，答えは，$y=x+1$，$y=-x+1$

11．右図の点 P の位置は，r と θ で決まり，$(r,\ \theta)$ を P の極座標と言います．

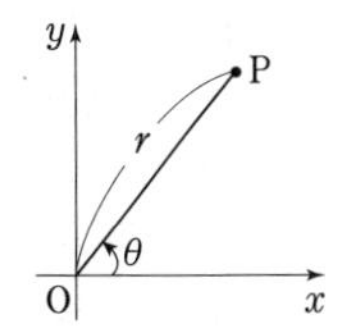

xy 座標との関係式は，

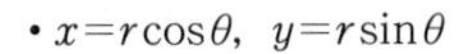

• $x=r\cos\theta$，$y=r\sin\theta$

• $r=\sqrt{x^2+y^2}$，$r\neq0$ のとき $\cos\theta=\dfrac{x}{r}$，$\sin\theta=\dfrac{y}{r}$

です．図を描くとミスしにくいでしょう．

解　$r=\sqrt{(-4\sqrt{3})^2+(-4)^2}=4\sqrt{3+1}=8$

$\cos\theta=\dfrac{x}{r}=\dfrac{-4\sqrt{3}}{8}=-\dfrac{\sqrt{3}}{2}$

$\sin\theta=\dfrac{y}{r}=\dfrac{-4}{8}=-\dfrac{1}{2}$

$0\leqq\theta<2\pi$ により，$\theta=\dfrac{7}{6}\pi$

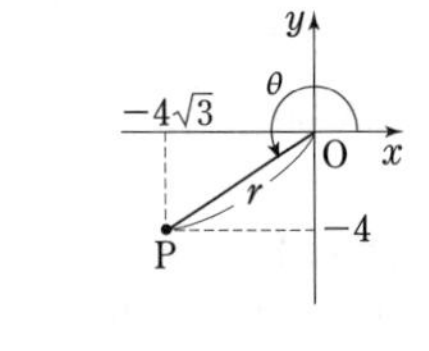

よって，P の極座標は $\boldsymbol{\left(8,\ \dfrac{7}{6}\pi\right)}$

12．極方程式を直交座標に関する x，y の方程式に直すには，$r^2=x^2+y^2$，$r\cos\theta=x$，$r\sin\theta=y$ を使います．そこで，$r=2(\cos\theta+\sin\theta)$ の両辺に r を掛けてから，これらの関係式を使いましょう．

解　$r=2(\cos\theta+\sin\theta)$ の両辺に r を掛けて，

$r^2=2r\cos\theta+2r\sin\theta$

$\therefore$ $x^2+y^2=2x+2y$

$\therefore$ $(x-1)^2+(y-1)^2=2$

$x=1$ のとき，$\boldsymbol{y=1\pm\sqrt{2}}$

13．前問と同様です．まず r について整理します．

解　$r\sin^2\theta+\sin\theta=r$ のとき，

$r(1-\sin^2\theta)=\sin\theta$　$\therefore$ $r\cos^2\theta=\sin\theta$

両辺に r を掛けて，$(r\cos\theta)^2=r\sin\theta$

よって，$x^2=y$，つまり，$\boldsymbol{y=x^2}$

演習 6 セット2

平面上の曲線

▶「2次曲線」がメインテーマです．極座標や極方程式も扱います．◀

【放物線】

1．原点をOとする座標平面上の点Pから直線 $x=-2$ へ下ろした垂線をPHとする．線分OPとPHの長さが等しい点Pの軌跡は放物線である．この放物線を C とする．

（1） 放物線 C の方程式は $y^2=\square(x+\square)$ である．

（2） 放物線 C の頂点の座標は（$\square$，$\square$）であり，焦点の座標は（$\square$，$\square$）であり，準線の方程式は $x=\square$ である．

（3） 放物線 C の極方程式は $r=\dfrac{\square}{\square-\cos\theta}$ である．

（金沢工大）

2．方程式 $2y^2+3x+4y+5=0$ の表す放物線の焦点の座標は $\square$ であり，準線の方程式は $\square$ である．

（山梨大・医－後）

【楕円】

3．xy 平面上の2点（0，1），（0，－1）からの距離の和が4である曲線を $\dfrac{x^2}{a^2}+\dfrac{y^2}{b^2}=1$（$a>0$，$b>0$）の形で表すと $(a,\ b)=\square$ である．（京都産大・理）

4．原点Oを中心とし半径が r の円を y 軸を基準とし，x 軸方向に a 倍してできる楕円の焦点を求めよ．ただし，$a>0$，$a\neq1$ とする．

（鹿児島大・理，医(医)，歯，工／一部変更）

5．楕円 $\dfrac{x^2}{4}+\dfrac{y^2}{2}=1$ 上の点（$\sqrt{2}$，1）における接線の方程式を求めよ．（愛媛大・理，工）

6．楕円 C：$\dfrac{x^2}{9}+\dfrac{y^2}{4}=1$ と直線 L：$x-2y+10=0$ について考える．楕円 C 上の点Pから直線 L に下ろした垂線と直線 L の交点をQとする．線分PQの最大値を M，最小値を m とするとき，$\dfrac{M}{m}$ の値を求めよ．

（自治医大・医）

7．Oを原点とする座標平面上の楕円 C：$3x^2+4y^2=24$ を考える．C と x 軸の交点のうち，x 座標が正であるものをAとし，C と y 軸の交点のうち，y 座標が正であるものをBとする．Aの x 座標は $\square$ であり，Bの y 座標は $\square$ である．また，C で囲まれた図形の面積は $\square$ である．（近大・理工）

8．曲線 C：$4x^2+9y^2=36$（$x>0$）上の点 $\mathrm{P}\left(\dfrac{3\sqrt{3}}{2},\ y_1\right)$ が第1象限にある．点Pにおける曲線 C の接線を l とする．

（1） y_1 の値を求めなさい．

（2） 接線 l の方程式を求めなさい．

（3） 接線 l と x 軸との交点の x 座標を求めなさい．

（4） 曲線 C，接線 l，x 軸で囲まれた部分の面積 S を求めなさい．（大分大・工）

【双曲線】

9．双曲線 $\dfrac{x^2}{35}-\dfrac{y^2}{12}=1$ の焦点の座標は $\square$ である．

（日大・理工）

10．双曲線 $9x^2-y^2=5$ 上の点（1，2）における接線の方程式を求めよ．（東京都市大・工，知識工）

11．点 $\mathrm{P}(x,\ y)$ が次の条件を満たすとき，その軌跡は $\square=0$ である．$\square$ に入る式を求めよ．

点F(4，0)からの距離PFと，y 軸との距離PHの比の値 $\dfrac{\mathrm{PF}}{\mathrm{PH}}=\sqrt{5}$ である．（奈良県医大／推薦）

【極座標】

12．極方程式で表された2つの直線

$$r(\cos\theta+\sqrt{3}\sin\theta)=4,\ r(\cos\theta-\sin\theta)=2$$

のなす角は，弧度法で表すと $\square$ である．

（関大・理工系）

13．座標平面において，極方程式 $r=2\cos\theta$ で表される曲線を C とし，C 上において極座標が $\left(\sqrt{2},\ \dfrac{\pi}{4}\right)$，(2，0）である点をそれぞれA，Bとする．また，A，Bを通る直線を l とし，Aを中心とし，線分ABを半径にもつ円を D とする．

（1） 曲線 C は直交座標において点（$\square$，$\square$）を中

心とし，半径が□の円を表す．

（2） 直線 l の極方程式は $r\cos\left(\theta-\dfrac{\pi}{\square}\right)=\sqrt{\square}$

（3） 円 D の極方程式は $r=\square\sqrt{\square}\cos\left(\theta-\dfrac{\pi}{\square}\right)$

（金沢工大）

◎**問題の難易と目標時間**（記号については☞ p.2）

1…A＊　**2**…A○　**3**…A　**4**…B○　**5**…A
6…B＊　**7**…A　**8**…B＊○　**9**…A　**10**…A
11…A　**12**…A＊　**13**…A＊○

解　　説

1.「定点までの距離と定直線までの距離が等しい点の軌跡」が放物線です．この定点を焦点，定直線を準線といいます．本問はOが焦点，直線 $x=-2$ が準線です．

OP＝PH から放物線の方程式を導きます．P$(x,\ y)$ とおくと，x，y に関する方程式が得られ，$(x,\ y)$ ではなく，極座標 $(r,\ \theta)$ として OP＝PH を r，θ で表せば，極方程式が得られます．なお，極座標の定義については12番の前文を参照してください．

解　(1)　P$(x,\ y)$ とすると，

OP＝PH ……① すなわち，

$\sqrt{x^2+y^2}=|x-(-2)|$ から，

$x^2+y^2=(x+2)^2$

$\therefore\ \boldsymbol{y^2=4(x+1)}$

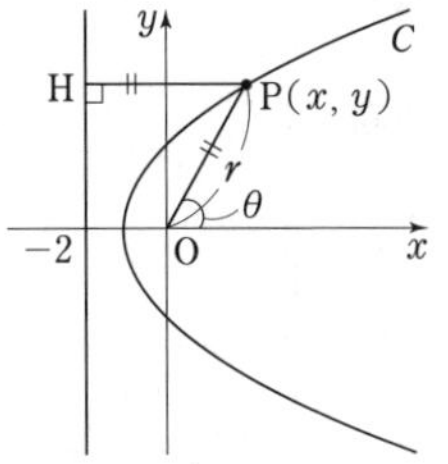

(2)　$x=\dfrac{1}{4}y^2-1$ であるから，頂点の座標は $(\boldsymbol{-1,\ 0})$

また，問題文の放物線 C の定義から，焦点は原点 O$(\boldsymbol{0,\ 0})$，準線は $\boldsymbol{x=-2}$

(3)　Pの極座標を $(r,\ \theta)$ とおくと，OP$=r$ であり，Pの x 座標は $r\cos\theta$ である．(2)により，$r\cos\theta\geqq-1$ であるから，PH$=r\cos\theta-(-2)=r\cos\theta+2$

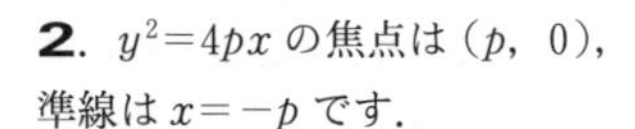

よって，①は，$r=r\cos\theta+2$　　$\therefore\ \boldsymbol{r=\dfrac{2}{1-\cos\theta}}$

2. $y^2=4px$ の焦点は $(p,\ 0)$，準線は $x=-p$ です．

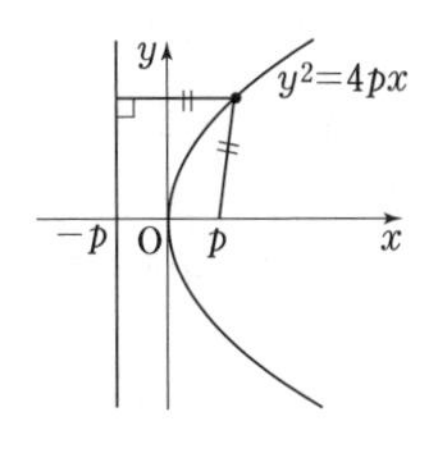

平方完成して，上の標準形をどのように平行移動したものかを考えます．

解　y について平方完成し

$2(y+1)^2+3x+3=0$ より

$(y+1)^2=-\dfrac{3}{2}(x+1)$ …①

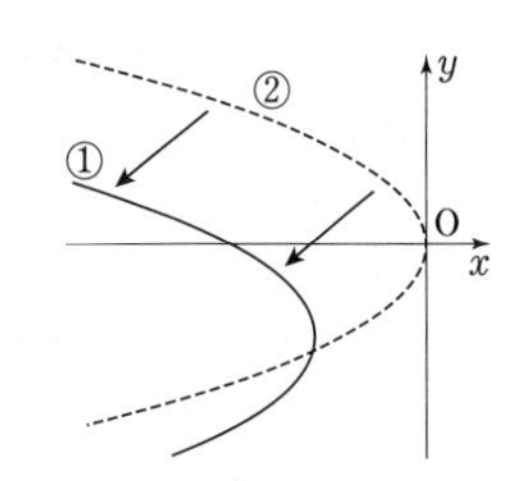

①は，$y^2=-\dfrac{3}{2}x$ ……② を x 軸方向に -1，y 軸方向に -1 だけ平行移動したもの．

②は，$y^2=4\cdot\dfrac{-3}{8}x$ と変形できるので，②について，

焦点は $\left(-\dfrac{3}{8},\ 0\right)$，準線は $x=-\left(-\dfrac{3}{8}\right)=\dfrac{3}{8}$

よって，①について，

焦点は $\left(-\dfrac{3}{8}-1,\ 0-1\right)$ により，$\left(\boldsymbol{-\dfrac{11}{8},\ -1}\right)$

準線は $x=\dfrac{3}{8}-1$ により，$\boldsymbol{x=-\dfrac{5}{8}}$

3. 2定点からの距離の和が一定値である点Pの軌跡が楕円です．その2定点を焦点といいます．2定点を F$(c,\ 0)$，F′$(-c,\ 0)$ とおくと，楕円の方程式は $\dfrac{x^2}{a^2}+\dfrac{y^2}{b^2}=1$ ……①

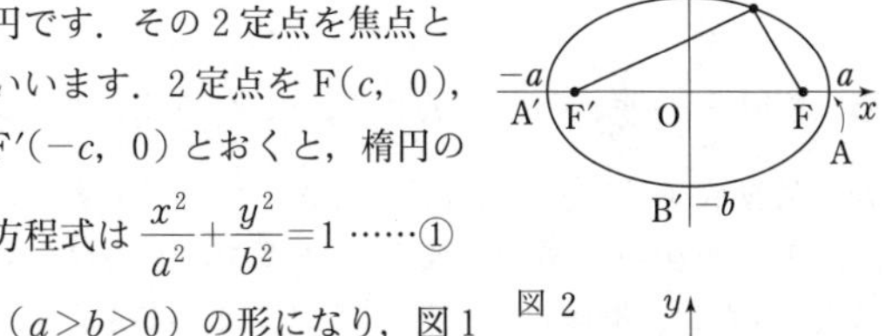

$(a>b>0)$ の形になり，図1のようになります．

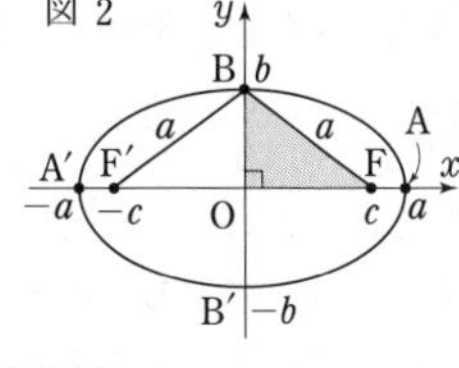

図1で，P＝A とすると，

一定値＝AF＋AF′

＝A′F′＋AF′＝AA′＝$2a$

(一定値＝長軸の長さ) が分かります．

図1でP＝B とすると，一定値＝$2a$＝BF＋BF′＝2BF

よって，BF＝a で，図2の網目部の直角三角形から $b^2+c^2=a^2$ となり，①（$a>b>0$）の焦点の座標は $(\boldsymbol{\pm\sqrt{a^2-b^2},\ 0})$ です．

なお，$b>a>0$ のときは縦長の楕円になり，焦点の座標は，$(0,\ \pm\sqrt{b^2-a^2})$ となります．

解　右図のようになる．

長軸の長さは $2b$ でこれが4に等しいから，$\boldsymbol{b=2}$

網目部の三角形に着目して

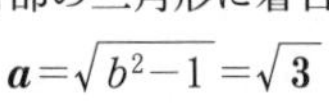

$\boldsymbol{a}=\sqrt{b^2-1}=\boldsymbol{\sqrt{3}}$

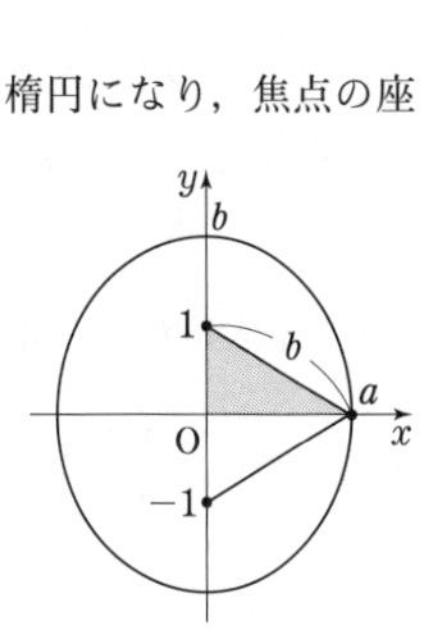

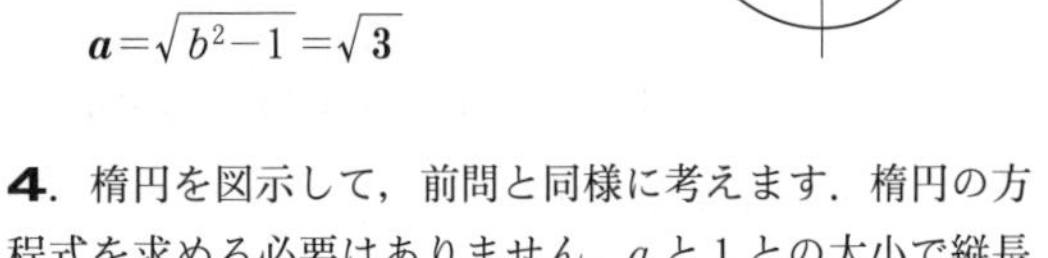

4. 楕円を図示して，前問と同様に考えます．楕円の方程式を求める必要はありません．a と1との大小で縦長

になるか横長になるか変わるので注意！

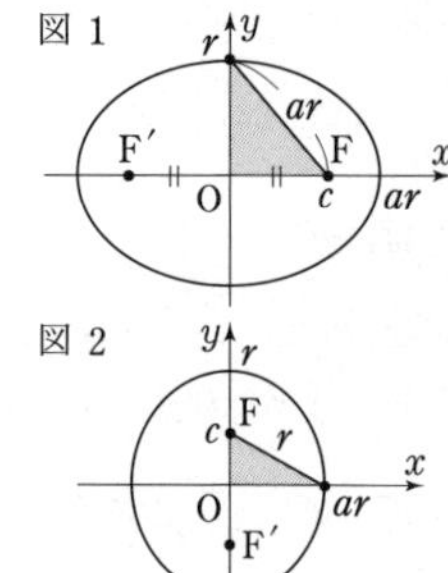

解　焦点をF，F′とする．

・**$a>1$ のとき**，図1のようになる．$c^2=(ar)^2-r^2$ から，答えは，$(\pm\sqrt{a^2-1}\,r,\ 0)$

・**$0<a<1$ のとき**，図2のようになる．$c^2=r^2-(ar)^2$ から，答えは，$(0,\ \pm\sqrt{1-a^2}\,r)$

5．楕円 $\dfrac{x^2}{a^2}+\dfrac{y^2}{b^2}=1$ 上の点 $(x_0,\ y_0)$ における接線の方程式は，$\dfrac{x_0x}{a^2}+\dfrac{y_0y}{b^2}=1$ です．

解　楕円 $\dfrac{x^2}{4}+\dfrac{y^2}{2}=1$ 上の点 $(\sqrt{2},\ 1)$ における接線の方程式は，$\dfrac{\sqrt{2}\,x}{4}+\dfrac{1\cdot y}{2}=1$　　∴ $\boldsymbol{y=2-\dfrac{\sqrt{2}}{2}x}$

6．楕円 $\dfrac{x^2}{a^2}+\dfrac{y^2}{b^2}=1$ 上の点は $(a\cos\theta,\ b\sin\theta)$ と媒介変数表示（パラメータ表示）できます（代入すると $\cos^2\theta+\sin^2\theta=1$ で確かに成立）．本問ではPを媒介変数表示すれば，機械的に計算して解くことができます．

解　$C:\dfrac{x^2}{9}+\dfrac{y^2}{4}=1$ の点Pは，$P(3\cos\theta,\ 2\sin\theta)$ と表すことができる．Pと $L:x-2y+10=0$ の距離 h は，

$$h=\frac{|3\cos\theta-2\cdot2\sin\theta+10|}{\sqrt{1+2^2}}$$

$$=\frac{|3\cos\theta-4\sin\theta+10|}{\sqrt{5}}=\frac{|5\cos(\theta+\alpha)+10|}{\sqrt{5}}\quad［合成］$$

（α は $\cos\alpha=\dfrac{3}{5}$，$\sin\alpha=\dfrac{4}{5}$ を満たす角）

$$=\frac{5\cos(\theta+\alpha)+10}{\sqrt{5}}\quad(\because\ -5\leqq5\cos(\theta+\alpha)\leqq5)$$

h の最大値が M，最小値が m で，$M=\dfrac{15}{\sqrt{5}}$，$m=\dfrac{5}{\sqrt{5}}$ であるから，$\boldsymbol{\dfrac{M}{m}=3}$

7．楕円 $\dfrac{x^2}{a^2}+\dfrac{y^2}{b^2}=1$ ……① 上の点の媒介変数表示

$P(a\cos\theta,\ b\sin\theta)$

と，円 $x^2+y^2=a^2$ ………② 上の点の媒介変数表示

$Q(a\cos\theta,\ a\sin\theta)$

を比較してみましょう．

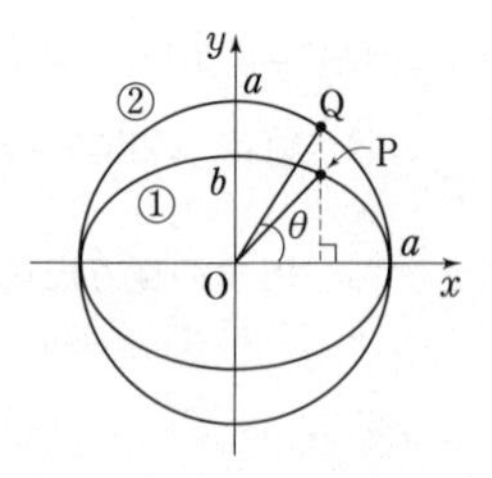

θ の値によらず，x 座標が同じで

（Pの y 座標）

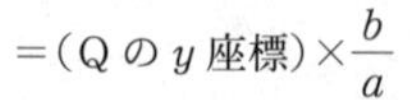

$=$（Qの y 座標）$\times\dfrac{b}{a}$

となっています（この θ は，図に示したようにOQと x 軸のなす角で，**OPと x 軸のなす角ではありません**）．これは，円②を x 軸を基準に y 軸方向に b/a 倍したものが楕円①であることを示しています．そして，この変換（y 軸方向に b/a 倍）により，面積は平面上のどの領域も一律 b/a 倍になります．したがって，楕円①の面積は円②の面積 πa^2 を b/a 倍にした πab です．

解　$3x^2+4y^2=24$　……①

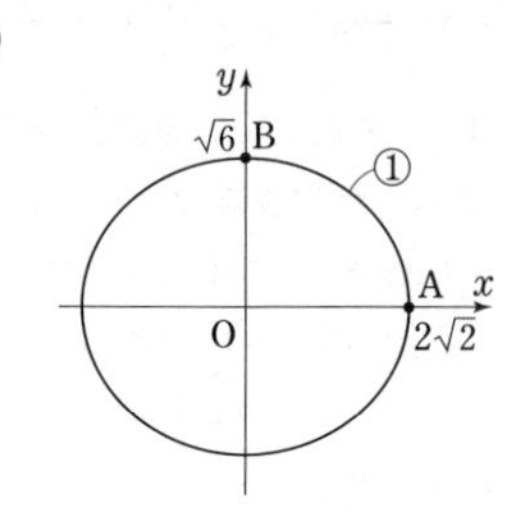

①で $y=0$ のとき，$x^2=8$

よってAの x 座標は $\boldsymbol{2\sqrt{2}}$

①で $x=0$ のとき，$y^2=6$

よってBの y 座標は $\boldsymbol{\sqrt{6}}$

したがって，求める面積は

$\pi\cdot2\sqrt{2}\cdot\sqrt{6}=\boldsymbol{4\sqrt{3}\pi}$

8．(4)　楕円を円に直しましょう（前問の前文参照）．

解　**(1)**　点 $P\left(\dfrac{3\sqrt{3}}{2},\ y_1\right)$ $(y_1>0)$ が，曲線 $C:\dfrac{x^2}{9}+\dfrac{y^2}{4}=1$ $(x>0)$ 上にあるから，

$$\frac{1}{9}\cdot\frac{27}{4}+\frac{{y_1}^2}{4}=1\qquad\therefore\ {y_1}^2=1\qquad\therefore\ \boldsymbol{y_1=1}$$

(2)　Pにおける接線 l は，

$$\frac{1}{9}\cdot\frac{3\sqrt{3}}{2}x+\frac{1}{4}y=1\qquad\therefore\ \boldsymbol{y=4-\frac{2\sqrt{3}}{3}x}$$

(3)　(2)で $y=0$ とし，$\boldsymbol{x=2\sqrt{3}}$

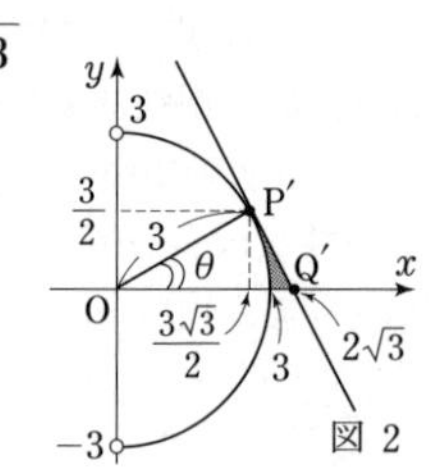

(4)　図1の斜線部の面積を求めればよい．斜線部を y 軸方向に3/2倍すると図2の網目部となる．図2の θ は $\tan\theta=\dfrac{1}{\sqrt{3}}$ により，$\theta=\dfrac{\pi}{6}$．網目部の面積は，

$$\triangle OP'Q'-扇形=\frac{1}{2}\cdot2\sqrt{3}\cdot\frac{3}{2}-\frac{1}{2}\cdot3^2\cdot\frac{\pi}{6}=\frac{3\sqrt{3}}{2}-\frac{3\pi}{4}$$

よって，求める面積 S は，これを $\dfrac{2}{3}$ 倍して，$\boldsymbol{\sqrt{3}-\dfrac{\pi}{2}}$

9. 2定点からの距離の差が一定値である点Pの軌跡が双曲線です．2定点を焦点といいます．2定点を$\mathrm{F}(c,\ 0)$，$\mathrm{F}'(-c,\ 0)$とおき，一定値を$2a$とすると，双曲線の方程式は $\dfrac{x^2}{a^2}-\dfrac{y^2}{b^2}=1$ …………①

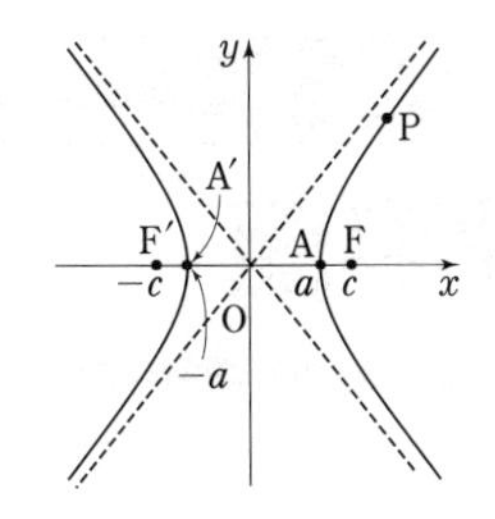

（ただし，$c^2-a^2=b^2$）となります．概形は，図のようです．

図で，P＝Aとすると，

$$一定値=|\mathrm{AF}-\mathrm{AF}'|=|\mathrm{A'F'}-\mathrm{AF}'|=\mathrm{AA}'$$

（**一定値＝AA′**）が分かります．

また，双曲線①の焦点の座標は（$\pm\sqrt{\boldsymbol{a^2+b^2}}$，**0**）です（楕円との違いに注意してください）．

なお，①の漸近線は，①の右辺の1を0にした

$\dfrac{x^2}{a^2}-\dfrac{y^2}{b^2}=0$ すなわち $y=\pm\dfrac{b}{a}x$ です．

また，焦点がy軸上の2点（0，$\pm\sqrt{a^2+b^2}$）になる双曲線の方程式は，①の右辺の1を -1 にしたものです．

解　双曲線 $\dfrac{x^2}{35}-\dfrac{y^2}{12}=1$

の焦点の座標は，

$(\pm\sqrt{35+12},\ 0)$

よって，（$\pm\sqrt{\mathbf{47}}$，**0**）

である．

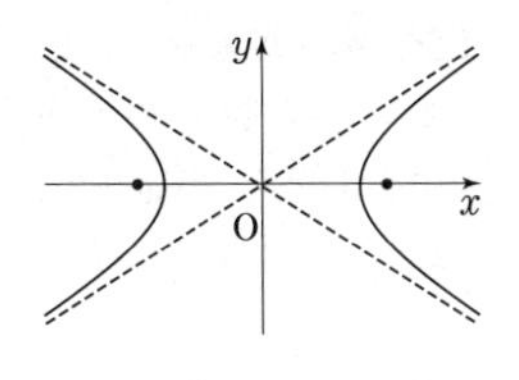

10. 双曲線 $\dfrac{x^2}{a^2}-\dfrac{y^2}{b^2}=1$ 上の点$(x_0,\ y_0)$における接線の方程式は，$\dfrac{x_0x}{a^2}-\dfrac{y_0y}{b^2}=1$ です．一般に，

$Ax^2+By^2=C$ という形の2次曲線上の点$(x_0,\ y_0)$における接線の方程式は，$Ax_0x+By_0y=C$ です．

解　双曲線 $9x^2-y^2=5$ 上の点$(1,\ 2)$における接線の方程式は，$9\cdot1\cdot x-2y=5$　　∴　$\boldsymbol{9x-2y=5}$

11. $\dfrac{\mathrm{PF}}{\mathrm{PH}}=e$ とすると，$e=1$ のときは，Pの軌跡は放物線ですが，$e>1$ のときは双曲線，$0<e<1$ のときは楕円になります．1.（1）と同様に解けます．

解　$\mathrm{PF}=\sqrt{5}\,\mathrm{PH}$ により，

$\sqrt{(x-4)^2+y^2}=\sqrt{5}\,|x|$

両辺を2乗し，整理して，

$4x^2+8x-16-y^2=0$

∴　$\boldsymbol{4(x+1)^2-y^2-20=0}$

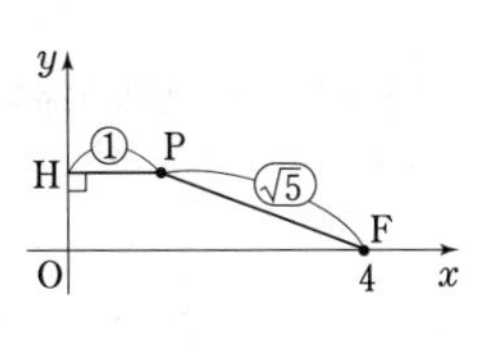

⇨**注**　Fはこの双曲線の焦点の1つになっています．

12. 右図の点Pの位置は，rとθで決まり，$(r,\ \theta)$をPの極座標と言います．xy座標との関係式は，$x=r\cos\theta$，$y=r\sin\theta$，$x^2+y^2=r^2$ です．本問では，$r\cos\theta=x$，$r\sin\theta=y$ を使って x，y の式に直し，各直線と x 軸とのなす角を考えましょう．

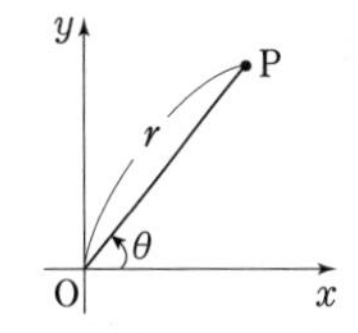

解　$r\cos\theta=x$，$r\sin\theta=y$ であるから，2直線

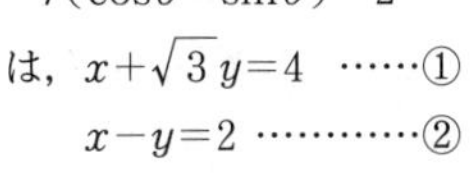
$r(\cos\theta+\sqrt{3}\sin\theta)=4$，
$r(\cos\theta-\sin\theta)=2$

は，$x+\sqrt{3}y=4$　……①

$x-y=2$　…………②

である．①の傾きは $-\dfrac{1}{\sqrt{3}}$

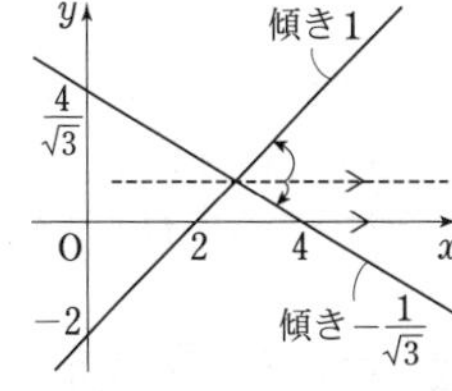

であるから，x軸正の向きとのなす角は $-\dfrac{\pi}{6}$，②の傾きは1であるから，x軸正の向きとのなす角は $\dfrac{\pi}{4}$

よって，①と②のなす角は，$\dfrac{\pi}{4}-\left(-\dfrac{\pi}{6}\right)=\boldsymbol{\dfrac{5\pi}{12}}$

13.（1）　極方程式を直交座標に関する x，y の方程式に直すには，$r^2=x^2+y^2$，$r\cos\theta=x$，$r\sin\theta=y$ を使います．そこで，$r=2\cos\theta$ の両辺に r を掛けてから，これらの関係式を使いましょう．

（2）　まず直交座標の方程式を求めることにします．

解　（**1**）　$r=2\cos\theta$ の両辺に r を掛けて，

$r^2=2r\cos\theta$　　∴　$x^2+y^2=2x$

∴　$(x-1)^2+y^2=1$

これは点（**1**，**0**）を中心とする半径**1**の円を表す．

（**2**）　A，Bを図示すると右図のようになるから直交座標は，$\mathrm{A}(1,\ 1)$，

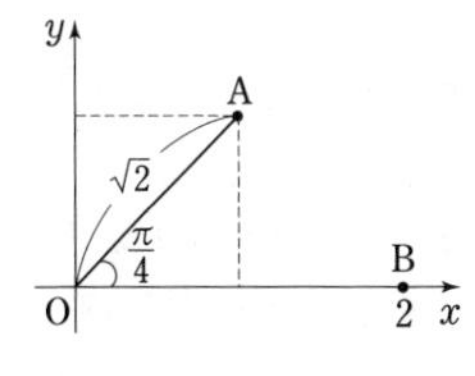

$\mathrm{B}(2,\ 0)$ である．よって，l の方程式は，$x+y=2$

$x=r\cos\theta$，$y=r\sin\theta$ を代入して，$r(\cos\theta+\sin\theta)=2$

左辺を合成して，

$$r\sqrt{2}\cos\left(\theta-\frac{\pi}{4}\right)=2\qquad ∴\ \boldsymbol{r\cos\left(\theta-\frac{\pi}{4}\right)=\sqrt{2}}$$

（**3**）　$\mathrm{A}(1,\ 1)$ で $\mathrm{AB}=\sqrt{2}$ であるから，Dの方程式は，$(x-1)^2+(y-1)^2=2$．$x=r\cos\theta$，$y=r\sin\theta$ を代入して，

$$(r\cos\theta-1)^2+(r\sin\theta-1)^2=2$$

∴　$r^2-2r(\cos\theta+\sin\theta)=0$

∴　$r=2(\cos\theta+\sin\theta)$　　∴　$\boldsymbol{r=2\sqrt{2}\cos\left(\theta-\frac{\pi}{4}\right)}$

演習7 セット1

複素数平面

1. 複素数 z が $|z|=3$ かつ $|z+4|=4$ を満たすとする．このとき，$z\overline{z}=$□，$z+\overline{z}=$□ である．ただし，$\overline{z}$ は z の共役複素数を表す．

(東海大・医)

2. 複素数 $z=1+\sqrt{3}i$ の絶対値は □ であり，z の偏角 θ は，$0\leqq\theta<2\pi$ の範囲で考えると $\theta=$□ である．また，$z^9=$□ である．

(関西学院大・理系)

3. $\left(\cos\frac{\pi}{10}+i\sin\frac{\pi}{10}\right)\left(\cos\frac{2\pi}{10}+i\sin\frac{2\pi}{10}\right)$

$\times\left(\cos\frac{3\pi}{10}+i\sin\frac{3\pi}{10}\right)\left(\cos\frac{4\pi}{10}+i\sin\frac{4\pi}{10}\right)$

$=$□ である．ただし，i は虚数単位である．

(中部大・工)

4. 虚数単位 i に対し，$\left(\frac{1+i}{\sqrt{3}+i}\right)^{12}$ の値を求めよ．

(高知工科大，東邦大・理)

5. i を虚数単位とする．$z^3=8i$ を満たす複素数 z のうち，実部が最小のものは □ である．

(城西大・理(数))

6. 複素数 z の方程式　$z^4=-8-8\sqrt{3}i$ の解をすべて求めよ．

(山梨大・工，生命環)

7. 複素数平面上の3点 A$(-1-i)$，B$(3-2i)$，C(z) を頂点とする三角形 ABC の重心が原点であるとき，$z=$□ である．ただし，i は虚数単位とする．

(日大・理工)

8. 複素数平面上に，原点 O とは異なる2点 A(α)，B(β) があり，$\beta=(1-i)\alpha$ を満たしている．このとき，△OAB はどのような三角形か求めよ．

(奈良県医大)

9. 複素数 z_1，z_2，z_3 を表す複素数平面上の点を，それぞれ A，B，C とする．3点 A，B，C が AB：BC：CA$=1:\sqrt{3}:2$ の三角形をつくるとき

$$\frac{z_3-z_1}{z_2-z_1}=\square\pm\sqrt{\square}\,i$$

である．

(早大・人科(理系))

10. 複素数平面において，$\alpha=3+i$，$\beta=5-3i$ とする．点 β を，点 α を中心として $\frac{2}{3}\pi$ だけ回転した点を表す複素数 γ を求めよ．

(広島市大)

11. O を原点とする複素数平面上で，2つの複素数 $z_1=1+2i$，$z_2=-1+3i$ の表す点をそれぞれ P，Q とする．このとき，偏角 $\arg\frac{z_2}{z_1}=$［ア］である．ただし，偏角の範囲は0以上 2π 未満とする．また，直線 OQ に関して，点 P と対称な点 R を表す複素数は［イ］である．

(関西大・理工系)

12. α を複素数，c を実数とする．複素数平面において，方程式 $z\overline{z}+\alpha z+\overline{\alpha}\overline{z}+c=0$ をみたす点 z の全体が，中心 $1+2i$，半径3の円であるとき，$\alpha=$□，$c=$□ である．ただし，i は虚数単位である．

(愛知工大)

13. 方程式 $|z-1|=|z+i|$ を満たす点 z 全体を複素数平面上に図示せよ．

(岡山理科大)

14. 複素数平面において，方程式 $|z-i|=2|z+i|$ を満たす点 z 全体はどのような図形か調べよ．

(広島市大－後)

15. 複素数 z が $|z-2i|=2$ を満たすとき，$|z-2\sqrt{3}|$ の最大値と最小値を求めよ．また，そのときの z の値を求めよ．ただし，i は虚数単位である．

(山形大・工)

16. 複素数 z が $|z|=1$（ただし，$z\neq-1$）を満たしながら動くとき，$w=\frac{1}{z+1}$ で表される点 w は，複素平面上でどのような図形を描くか示せ．

(中部大・工)

◎**問題の難易と目標時間**（記号については☞ p.2）

5分もかからず解いてほしい問題は無印です．

1…A	2…A	3…A	4…A○	5…A○
6…A*	7…A	8…A	9…A	10…A○
11…B*	12…A○	13…A○	14…A*	15…B*
16…B○				

解　　説

1．$|w|^2=w\overline{w}$ から，バーがでてきます．また，

t が実数のとき，$\overline{t}=t$

$\overline{\alpha+\beta}=\overline{\alpha}+\overline{\beta}$，$\overline{\alpha\beta}=\overline{\alpha}\,\overline{\beta}$（バーは分配できる）

が成り立ちます．

解　$|z|=3$ のとき，$|z|^2=9$　　$\therefore$ $z\overline{z}=\mathbf{9}$ ……①

$|z+4|=4$ のとき，$|z+4|^2=16$

$\therefore$ $(z+4)(\overline{z+4})=16$　　$\therefore$ $(z+4)(\overline{z}+4)=16$

$\therefore$ $z\overline{z}+4(z+\overline{z})+16=16$

①とから，$z+\overline{z}=-\mathbf{\dfrac{9}{4}}$

2．$z=a+bi$（a，b は実数）に対して，z の絶対値は $|z|=\sqrt{a^2+b^2}$ です．$|z|=r$ とおくと，$z=r(\cos\theta+i\sin\theta)$ の形で表すことができ（極形式），θ は z の偏角です．最後の空欄は，ド・モアブルの定理 $(\cos\theta+i\sin\theta)^n=\cos n\theta+i\sin n\theta$ を使います．

解　$z=1+\sqrt{3}\,i$ のとき，$|z|=\sqrt{1^2+(\sqrt{3})^2}=\mathbf{2}$

であるから，極形式に直すと，

$$z=1+\sqrt{3}\,i=2\left(\frac{1}{2}+\frac{\sqrt{3}}{2}i\right)=2\left(\cos\frac{\pi}{3}+i\sin\frac{\pi}{3}\right)\quad\cdots①$$

よって，z の偏角 θ は，$\theta=\mathbf{\dfrac{\pi}{3}}$

①のとき，ド・モアブルの定理を使って，

$$z^9=2^9\left(\cos\frac{\pi}{3}+i\sin\frac{\pi}{3}\right)^9=2^9(\cos 3\pi+i\sin 3\pi)$$

$$=-2^9=\mathbf{-512}$$

3．2 数の積の絶対値は，元の 2 数の絶対値の積になり，偏角は，元の 2 数の偏角の和になります．絶対値が 1 の複素数 4 個の積の絶対値は 1 です．

解

$$A=\left(\cos\frac{\pi}{10}+i\sin\frac{\pi}{10}\right)\left(\cos\frac{2\pi}{10}+i\sin\frac{2\pi}{10}\right)$$

$$\times\left(\cos\frac{3\pi}{10}+i\sin\frac{3\pi}{10}\right)\left(\cos\frac{4\pi}{10}+i\sin\frac{4\pi}{10}\right)$$

とおくと，$\dfrac{\pi}{10}+\dfrac{2\pi}{10}+\dfrac{3\pi}{10}+\dfrac{4\pi}{10}=\pi$ であるから，

$$A=\cos\pi+i\sin\pi=\mathbf{-1}$$

⇨**注**　極形式の 2 数の掛け算，割り算は次のようにとらえられることも押さえておきたいです：　w に $z=\cos\theta+i\sin\theta$ を掛けることは，点 w を原点を中心に θ 回転することであり，割ることは $-\theta$ 回転することです．これから，wz や w/z の極形式がどのようになるか分ります．

4．分母・分子を極形式に直して ……①，12 乗する前の極形式を求め，ド・モアブルの定理を使います．①の後，分母・分子をそれぞれ 12 乗してもよいでしょう．

解　$1+i=\sqrt{2}\left(\dfrac{1}{\sqrt{2}}+\dfrac{1}{\sqrt{2}}i\right)=\sqrt{2}\left(\cos\dfrac{\pi}{4}+i\sin\dfrac{\pi}{4}\right)$

$\sqrt{3}+i=2\left(\dfrac{\sqrt{3}}{2}+\dfrac{1}{2}i\right)=2\left(\cos\dfrac{\pi}{6}+i\sin\dfrac{\pi}{6}\right)$ であり，

$$\frac{\cos\frac{\pi}{4}+i\sin\frac{\pi}{4}}{\cos\frac{\pi}{6}+i\sin\frac{\pi}{6}}$$

$$=\cos\left(\frac{\pi}{4}-\frac{\pi}{6}\right)+i\sin\left(\frac{\pi}{4}-\frac{\pi}{6}\right)=\cos\frac{\pi}{12}+i\sin\frac{\pi}{12}$$

であるから，$\dfrac{1+i}{\sqrt{3}+i}=\dfrac{\sqrt{2}}{2}\left(\cos\dfrac{\pi}{12}+i\sin\dfrac{\pi}{12}\right)$

$$\therefore\ \left(\frac{1+i}{\sqrt{3}+i}\right)^{12}=\left(\frac{\sqrt{2}}{2}\right)^{12}\left(\cos\frac{\pi}{12}+i\sin\frac{\pi}{12}\right)^{12}$$

$$=\frac{2^6}{2^{12}}(\cos\pi+i\sin\pi)=-\frac{1}{2^6}=\mathbf{-\frac{1}{64}}$$

5．$z^n=a+bi$ の形の方程式は，z を $z=r(\cos\theta+i\sin\theta)$（極形式）と設定し，$a+bi$ を極形式に直し，ド・モアブルの定理を使って解きます．

解　$z=r(\cos\theta+i\sin\theta)$（$r>0$，$0\leqq\theta<2\pi$）とおくと，　$z^3=r^3(\cos 3\theta+i\sin 3\theta)$

これが $8i=8\left(\cos\dfrac{\pi}{2}+i\sin\dfrac{\pi}{2}\right)$ に等しいとき，大きさと偏角を比較すると，$0\leqq 3\theta<6\pi$ に注意して，

$$r^3=8 \text{ かつ } 3\theta=\frac{\pi}{2},\ \frac{\pi}{2}+2\pi,\ \frac{\pi}{2}+4\pi$$

$$\therefore\ r=2 \text{ かつ } \theta=\frac{\pi}{6},\ \frac{5\pi}{6},\ \frac{3\pi}{2}$$

このうち，実部が最小のものは，$\theta=\dfrac{5\pi}{6}$ のときで，

$$z=2\left(\cos\frac{5\pi}{6}+i\sin\frac{5\pi}{6}\right)=\mathbf{-\sqrt{3}+i}$$

6．前問と同様に解きます．

解　$z=r(\cos\theta+i\sin\theta)$（$r>0$，$0\leqq\theta<2\pi$）とおくと，　$z^4=r^4(\cos 4\theta+i\sin 4\theta)$ である．これが

$-8-8\sqrt{3}\,i=16\left(-\dfrac{1}{2}-\dfrac{\sqrt{3}}{2}i\right)=16\left(\cos\dfrac{4\pi}{3}+i\sin\dfrac{4\pi}{3}\right)$

に等しいとき，大きさと偏角を比較すると，

$0\leqq 4\theta<8\pi$ に注意して，

$$r^4=16 \text{ かつ } 4\theta=\frac{4\pi}{3},\ \frac{4\pi}{3}+2\pi,\ \frac{4\pi}{3}+4\pi,\ \frac{4\pi}{3}+6\pi$$

$$\therefore\ r=2 \text{ かつ } \theta=\frac{\pi}{3},\ \frac{5\pi}{6},\ \frac{4\pi}{3},\ \frac{11\pi}{6}$$

$\therefore\ \ \boldsymbol{z=1+\sqrt{3}\,i,\ \ -\sqrt{3}+i,\ \ -1-\sqrt{3}\,i,\ \ \sqrt{3}-i}$

7．三角形の重心について，ベクトルと同様の式が成り立ちます．

解　$\alpha=-1-i$, $\beta=3-2i$ とおく．A(α)，B(β)，C(z) のとき，△ABC の重心を表す複素数は，$\dfrac{\alpha+\beta+z}{3}$

重心が原点のとき，$\dfrac{\alpha+\beta+z}{3}=0$

$\therefore\ \ z=-\alpha-\beta=-(-1-i)-(3-2i)=\boldsymbol{-2+3i}$

8．$w=r(\cos\theta+i\sin\theta)$ を掛けることは，原点のまわりに θ 回転して，さらに r 倍の拡大をすることを表します．そこで，$1-i$ を極形式に直します．

解　$\beta=(1-i)\alpha=\sqrt{2}\left(\dfrac{1}{\sqrt{2}}-\dfrac{1}{\sqrt{2}}i\right)\alpha$

$=\sqrt{2}\left\{\cos\left(-\dfrac{\pi}{4}\right)+i\sin\left(-\dfrac{\pi}{4}\right)\right\}\alpha$

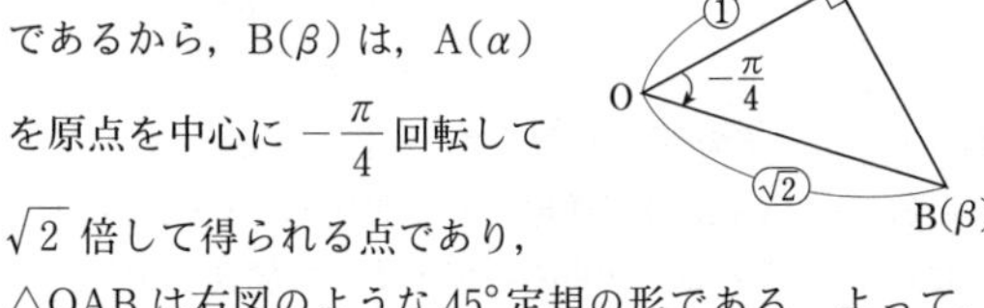

であるから，B(β) は，A(α) を原点を中心に $-\dfrac{\pi}{4}$ 回転して $\sqrt{2}$ 倍して得られる点であり，

△OAB は右図のような 45° 定規の形である．よって，△OAB は，**∠A が直角の直角二等辺三角形**である．

9．複素数の差をベクトルと見ます．A(z_1)，B(z_2)，C(z_3) のとき，$\overrightarrow{\mathrm{AC}}$（対応する複素数は z_3-z_1）が $\overrightarrow{\mathrm{AB}}$（対応する複素数は z_2-z_1）を，θ 回転して r 倍したものであれば，$\dfrac{z_3-z_1}{z_2-z_1}=r(\cos\theta+i\sin\theta)$ となります．

3 辺の長さの比から，△ABC は 60° 定規の形です．

解　AB : BC : CA $=1:\sqrt{3}:2$ のとき，右図のようになり，

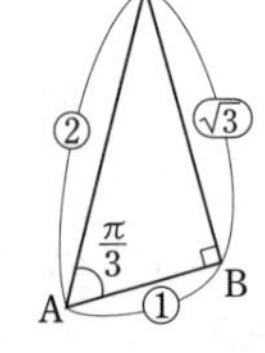

$\overrightarrow{\mathrm{AB}}$ を $\dfrac{\pi}{3}$ または $-\dfrac{\pi}{3}$ 回転して 2 倍したものが $\overrightarrow{\mathrm{AC}}$ である．

したがって，

$$\frac{z_3-z_1}{z_2-z_1}=2\left\{\cos\left(\pm\frac{\pi}{3}\right)+i\sin\left(\pm\frac{\pi}{3}\right)\right\}=\boldsymbol{1\pm\sqrt{3}\,i}$$

10．A を中心に B を θ 回転させて得られる点 C は，$\overrightarrow{\mathrm{AB}}$ を θ 回転させると $\overrightarrow{\mathrm{AC}}$ になるとしてとらえます．

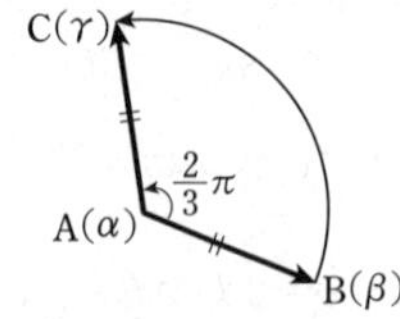

解　A(α)，B(β)，C(γ) とすると，$\overrightarrow{\mathrm{AB}}$ を $\dfrac{2}{3}\pi$ 回転

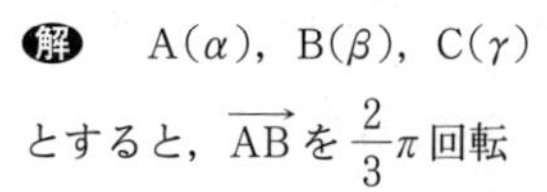

させると $\overrightarrow{\mathrm{AC}}$ になるから，

$$\gamma-\alpha=(\beta-\alpha)\left(\cos\frac{2}{3}\pi+i\sin\frac{2}{3}\pi\right)$$

$$\therefore\ \ \gamma=\alpha+(\beta-\alpha)\left(-\frac{1}{2}+\frac{\sqrt{3}}{2}i\right)$$

［$\alpha=3+i$，$\beta=5-3i$ を代入して］

$$=3+i+(2-4i)\left(-\frac{1}{2}+\frac{\sqrt{3}}{2}i\right)$$

$$=3+i-1+2\sqrt{3}+(\sqrt{3}+2)i=\boldsymbol{2+2\sqrt{3}+(\sqrt{3}+3)i}$$

11．ア…w の偏角は，w を複素数平面上に図示したり，極形式に直したりしてとらえることができます．

イ…アの答えを θ とすると，R は P を O のまわりに 2θ 回転したものです．

解　$z_1=1+2i$，$z_2=-1+3i$

図 1

ア　求める偏角を θ とする．

$$\frac{z_2}{z_1}=\frac{-1+3i}{1+2i}=\frac{(-1+3i)(1-2i)}{(1+2i)(1-2i)}$$

$$=\frac{5+5i}{5}=1+i$$

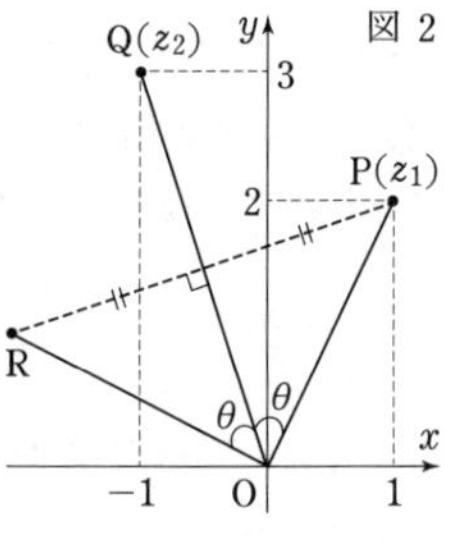

θ は $1+i$ の偏角で，$1+i$ は図 1 のような点を表すから，$\theta=\boldsymbol{\dfrac{\pi}{4}}$

イ　R は P を O のまわりに $2\theta=\dfrac{\pi}{2}$ 回転したものであるから，R を表す複素数は，

$$z_1\left(\cos\frac{\pi}{2}+i\sin\frac{\pi}{2}\right)=(1+2i)i=\boldsymbol{-2+i}$$

12．点 β を中心とする半径 r の円は，$|z-\beta|=r$ と表せますが，この左辺を 2 乗すると

$$|z-\beta|^2=(z-\beta)(\overline{z-\beta})=(z-\beta)(\bar{z}-\bar{\beta})$$
$$=z\bar{z}-\bar{\beta}z-\beta\bar{z}+\beta\bar{\beta}$$

となります．これを反対向きに使うことで，本問の与式は，$|\ \ |^2$ を使った形に直せます．

解　$z\bar{z}+\alpha z+\bar{\alpha}\bar{z}+c=0$ ……①　のとき，

$(z+\bar{\alpha})(\bar{z}+\alpha)-\bar{\alpha}\alpha+c=0$

$\therefore\ \ (z+\bar{\alpha})(\overline{z+\bar{\alpha}})=\bar{\alpha}\alpha-c$

$\therefore\ \ |z+\bar{\alpha}|^2=|\alpha|^2-c\qquad\therefore\ \ |z+\bar{\alpha}|=\sqrt{|\alpha|^2-c}$

これが，中心 $1+2i$，半径 3 の円の方程式であるとき，

$-\bar{\alpha}=1+2i$，$\sqrt{|\alpha|^2-c}=3$

$\therefore\ \ \bar{\alpha}=-1-2i$，$\boldsymbol{\alpha=-1+2i}$，$|\alpha|^2=5$，$\sqrt{5-c}=3$

$\therefore\ \ 5-c=9\quad\therefore\ \ \boldsymbol{c=-4}$

⇨**注**　$|z-(1+2i)|^2=3^2$ の左辺を展開し整理して，①と比較してもよいでしょう．

13. 両辺を2乗しましょう．$z=x+yi$（x，y は実数）とおくと，計算量が少し増えたりする場合もありますが，バーが出てこないメリットがあります．なお，図形的に容易に解くこともできます（☞別解）．

解　$z=x+yi$（x，y は実数）とおく．

$|z-1|=|z+i|$ …① のとき，$|x-1+yi|=|x+(y+1)i|$

両辺を2乗して，

$$(x-1)^2+y^2=x^2+(y+1)^2$$

$$\therefore\ x^2-2x+1+y^2=x^2+y^2+2y+1$$

$$\therefore\ y=-x$$

よって，図の太直線が答え．

別解　A(1)，B($-i$) とすると，①のとき，点 z は A，B から等距離にあるので，点 z は AB の垂直二等分線上にある．よって，図の太直線が答え．

14. 前問と同様に‘成分’表示して2乗しましょう．

解　$z=x+yi$（x，y は実数）とおく．

$|z-i|=2|z+i|$ ……① のとき，

$|x+(y-1)i|=2|x+(y+1)i|$

両辺を2乗して，

$$x^2+(y-1)^2=4\{x^2+(y+1)^2\}$$

$$\therefore\ x^2+y^2-2y+1=4(x^2+y^2+2y+1)$$

$$\therefore\ 3x^2+3y^2+10y+3=0$$

$$\therefore\ x^2+y^2+\frac{10}{3}y+1=0\quad \therefore\ x^2+\left(y+\frac{5}{3}\right)^2=\left(\frac{5}{3}\right)^2-1$$

$$\therefore\ x^2+\left(y+\frac{5}{3}\right)^2=\left(\frac{4}{3}\right)^2$$

よって，**中心 $-\frac{5}{3}i$，半径 $\frac{4}{3}$ の円**である．

➡注　①により，$|z-i|:|z-(-i)|=2:1$

よって点 z は，点 A(i) と点 B($-i$) からの距離の比が 2：1 であるアポロニウスの円 C を描きます．

AB を 2：1 に内分する点 z_1 と外分する点 z_2 はそれぞれ

$$z_1=\frac{1\cdot i+2(-i)}{2+1}=-\frac{i}{3},\quad z_2=\frac{-1\cdot i+2(-i)}{2-1}=-3i$$

です．よって，C は，線分 z_1z_2 を直径とする円です．

15. 複素数の問題では，“図形”が前面に現れていなくても，図形的に解けることが少なくありません．

$|z-2i|=2$ は点 $2i$ を中心とする半径2の円を表し，$|z-2\sqrt{3}|$ は点 z と点 $2\sqrt{3}$ の距離を表します．

円がらみの距離の最大・最小では，円の中心を補助にします．

解　$|z-2i|=2$ は，点 A($2i$) を中心とする半径2の円 C を表す．P(z)，B($2\sqrt{3}$) とおくと，$|z-2\sqrt{3}|=\text{BP}$ である．これが最大となるのは，P が BA の延長と円 C の交点（図の D）に一致するときであり，最小となるのは P が線分 BA と円 C の交点（図の E）に一致するときである．△OAB は 60° 定規の形であり，

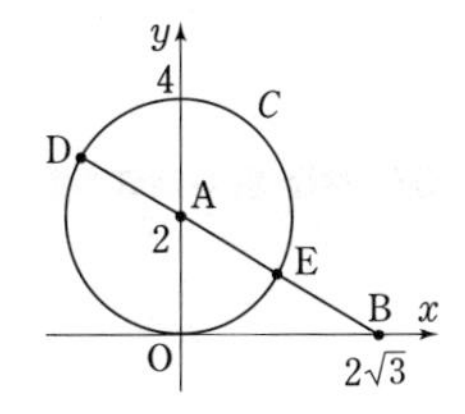

BA=4 に注意すると，求める最大値と最小値は，

最大値=BA+(円 C の半径)=4+2=**6**

最小値=BA−(円 C の半径)=4−2=**2**

また，$\overrightarrow{\text{AD}}=\frac{1}{2}\overrightarrow{\text{BA}}$ であり，$\overrightarrow{\text{BA}}$ を表す複素数は $-2\sqrt{3}+2i$ であるから，$\overrightarrow{\text{AD}}$ を表す複素数は $-\sqrt{3}+i$ である．よって，D，E を表す複素数は，

$\overrightarrow{\text{OD}}=\overrightarrow{\text{OA}}+\overrightarrow{\text{AD}}$，$\overrightarrow{\text{OE}}=\overrightarrow{\text{OA}}-\overrightarrow{\text{AD}}$ と考えて，それぞれ

$2i+(-\sqrt{3}+i)=\boldsymbol{-\sqrt{3}+3i}$，$2i-(-\sqrt{3}+i)=\boldsymbol{\sqrt{3}+i}$

これらが，最大値，最小値を与える z の値である．

➡注　計算で求めるなら，円 C 上の点 z を媒介変数表示します．$z=2i+2(\cos\theta+i\sin\theta)$（$0\leqq\theta<2\pi$）と表せ，このとき，

$$z-2\sqrt{3}=2\{(\cos\theta-\sqrt{3})+(\sin\theta+1)i\}$$

$$\therefore\ |z-2\sqrt{3}|^2=4\{(\cos\theta-\sqrt{3})^2+(\sin\theta+1)^2\}$$
$$=4\{5-2(\sqrt{3}\cos\theta-\sin\theta)\}$$
$$=4\left\{5-4\cos\left(\theta+\frac{\pi}{6}\right)\right\}$$

これは，$\theta=\frac{5}{6}\pi$ のとき最大，$\theta=\frac{11}{6}\pi$ のとき最小となる．（以下省略）

16. w の満たす関係式を求めればよいのです．z を w で表して，z が満たす関係式に代入すると求めたい関係式が得られます．

解　$w=\frac{1}{z+1}$（$z\neq-1$）のとき，z を w で表す．

$w\neq0$ であり，$z+1=\frac{1}{w}$ により，$z=\frac{1}{w}-1=\frac{1-w}{w}$

これを，$|z|=1$ に代入して，$\left|\frac{1-w}{w}\right|=1$

$$\therefore\ |w-1|=|w|$$

（13番の別解と同様にして）

O(0)，A(1) とすると，点 w は，O，A から等距離にあるから，点 w は OA の垂直二等分線上にある．よって図の太直線（$w\neq0$ を満たす）が答え．

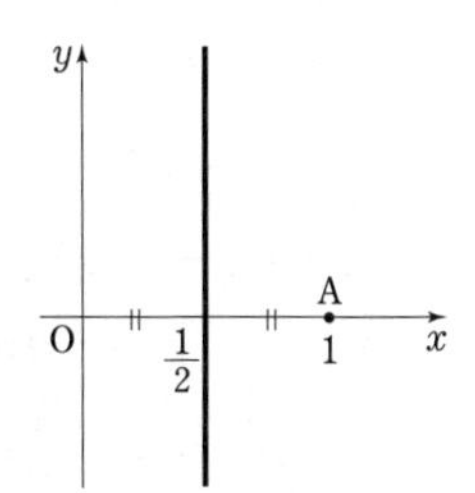

演習 7 セット2

複素数平面

1. 複素数 z は，$3(z^2+\bar{z}^2)+2z\bar{z}=8$ を満たすとする．このような $z=x+yi$（x，y は実数，i は虚数単位）について，x，y の関係式を導き，複素数 $w=z-9$ の絶対値 $|w|$ の最小値を求めよ．　（室蘭工大）

2. 複素数平面上で $\dfrac{(1-i)(z+1)}{z}$ が実数であるように $z=x+iy$ が動くとき，z の表す点の集合はどんな図形をえがくか．ここで $i^2=-1$ である．

（鳥取大・教）

3. 複素数 α，β，γ が $\alpha+\beta+\gamma=0$，$|\alpha|=|\beta|=|\gamma|=1$ を満たすとき，$|\alpha-\beta|^2+|\alpha-\gamma|^2=$□

（工学院大）

4. $|\alpha|=|\beta|$ のとき，$\gamma=\dfrac{\alpha+\beta z_1}{\bar{\beta}+\bar{\alpha}z_1}-\dfrac{\alpha+\beta z_2}{\bar{\beta}+\bar{\alpha}z_2}$ を計算せよ．ただし，$\bar{\beta}+\bar{\alpha}z_1\neq0$，$\bar{\beta}+\bar{\alpha}z_2\neq0$ とする．

（広島県立大－後）

5. 複素数 $z=2\left(\cos\dfrac{11}{12}\pi+i\sin\dfrac{11}{12}\pi\right)$ のとき，z^2，z^{-3} および $\left|z-\dfrac{1}{z}\right|^2$ を求めよ．ただし，i は虚数単位とする．　（岩手大・工）

6. $z=\dfrac{1-\sqrt{-3}}{2}$ のとき，z^3 と z^{2015} の値を求めよ．

（岡山理科大）

7. $\left(\dfrac{1+\sqrt{3}\,i}{\sqrt{3}+i}\right)^{26}$ を求めよ．ただし，i は虚数単位とする．　（岩手大・工－後）

8.（1）　虚数単位 i と実数 θ について

$(\cos\theta+i\sin\theta)^2=\cos$［ア］$\theta+i\sin$［イ］$\theta$

が成り立つ．

（2）　$z=\cos\theta+i\sin\theta$（$0\leqq\theta<2\pi$）は $z^2=\dfrac{1+\sqrt{3}\,i}{2}$ を満たしている．このとき，

$z^2=\cos$［ア］$\theta+i\sin$［イ］θ，

$\dfrac{1+\sqrt{3}\,i}{2}=\cos\dfrac{\pi}{［ウ］}+i\sin\dfrac{\pi}{［エ］}$ であるから，

$\cos$［ア］$\theta=\cos\dfrac{\pi}{［ウ］}$，$\sin$［イ］$\theta=\sin\dfrac{\pi}{［エ］}$

である．よって，$\theta=$□，□であり，

$z=$□，□である．　（金沢工大）

9. 複素数 $z=r(\cos\theta+i\sin\theta)$（$r>0$，$0\leqq\theta<2\pi$）とするとき，$z^3=-27i$ を解け．　（02　静岡理工科大）

10. 複素数平面上の 3 点 $\alpha=1+2i$，$\beta=3+i$，$\gamma=-1+ai$（a は実数）について，α，β，γ が一直線上にあるような γ を求めよ．　（崇城大・工）

11. 複素数平面上の 4 点 A$(1+2i)$，B$(3+i)$，C$(4+2i)$，D(z) を頂点とする四辺形 ABCD が平行四辺形となるような z を求めよ．　（北海道工大）

12. A，B，C は複素数平面上の三角形の頂点で，それぞれ複素数 α，β，γ を表すとする．この 3 数が関係式 $\dfrac{\gamma-\alpha}{\beta-\alpha}=\sqrt{3}-i$ をみたすとき，$\dfrac{\mathrm{AB}}{\mathrm{AC}}=$□，$\angle\mathrm{BAC}=$□である．　（大阪電通大）

13. 複素数 $\alpha=-1+2\sqrt{2}\,i$，$\beta=2+\sqrt{2}\,i$ を複素数平面上で考える．α を中心として反時計回りに β を 60° 回転して得られる複素数を求めよ．　（日大・理工）

14. z を複素数とすると方程式 $|z-2|=2|z+1|$ は複素数平面上で円を表す．この円の中心は $z=$□，半径は□である．　（北海道工大）

15. 複素数平面上で $|z-3i|\leqq1$ を満たす複素数 z について $|z-i+1|$ の最大値は□である．

（徳島文理大・薬）

16. 複素数 z が $|z-(2+i)|=1$ を満たすとき，複素数 $w=1-iz$ を表す点 Q は，複素数平面上でどのような図形上にあるか．　（北海道東海大・芸術工）

◎問題の難易と目標時間（記号については☞ p.2）

5 分もかからず解いてほしい問題は無印です．

1…A＊　2…A○　3…A○　4…A○　5…A＊
6…A○　7…A○　8…A○　9…A＊　10…A
11…A　12…A　13…A○　14…A＊　15…B○
16…A○

解　　説

1．$\alpha=a+bi$（a，b は実数）に対して，$\overline{\alpha}=a-bi$，$|\alpha|=\sqrt{a^2+b^2}$，$\alpha\overline{\alpha}=|\alpha|^2=a^2+b^2$ です．

解　$3(z^2+\overline{z}^2)+2z\overline{z}$

$=3\{(x+yi)^2+(x-yi)^2\}+2(x^2+y^2)$

$=3(2x^2-2y^2)+2(x^2+y^2)=8x^2-4y^2$

これが 8 に等しいとき，$\boldsymbol{2x^2-y^2=2}$ ……………①

次に，$w=z-9=x-9+yi$ の絶対値について，

$|w|^2=(x-9)^2+y^2$ ……………②

①により，$y^2=2x^2-2\geqq0$　　$\therefore$　$|x|\geqq1$ ………③

①を用いて y^2 を消去すると，②は，

$|w|^2=(x-9)^2+2x^2-2=3x^2-18x+79$

$=3(x-3)^2+52$

③とから，$x=3$ のとき $|w|$ の最小値は $\sqrt{52}=\boldsymbol{2\sqrt{13}}$

⇨**注**　②から，$|w|$ は点（9，0）と双曲線①上の点（x，y）の距離を表し，その最小値を求めたことになります．

2．題意の分数を x，y で表すと，この分数が実数である条件は，虚部$=0$ としてとらえられます．本問の場合，まず分母を実数化しておくのがよいでしょう．

解　分母・分子に $\overline{z}$ を掛けて，

$$\frac{(1-i)(z+1)}{z}=\frac{(1-i)(z+1)\overline{z}}{z\overline{z}}=\frac{(1-i)(|z|^2+\overline{z})}{|z|^2}$$

これが実数であるのは，分子が実数のときである．

（分子）$=(1-i)(x^2+y^2+x-yi)$

の虚部 $-y-(x^2+y^2+x)$ が 0 であるから，

$$x^2+y^2+x+y=0\qquad\therefore\quad\left(x+\frac{1}{2}\right)^2+\left(y+\frac{1}{2}\right)^2=\frac{1}{2}$$

分母$\neq0$ により，$z\neq0$ なので，点 z は**点 $-\dfrac{1}{2}-\dfrac{1}{2}i$ を中心とする半径 $\dfrac{1}{\sqrt{2}}$ の円の原点**

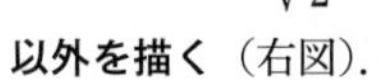

以外を描く（右図）．

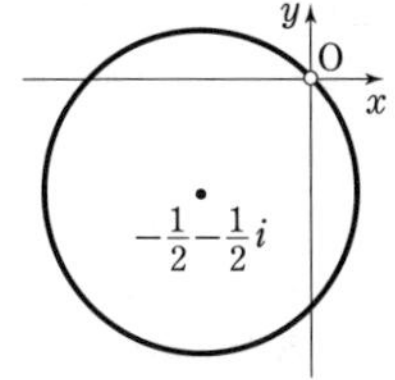

⇨**注**　w が実数である条件は，$\overline{w}=w$ ととらえることもできますが，条件を複素数平面上に図示するケースでは，上のように x，y を使う方法で十分でしょう．

3．虚数の $|\ \ |^2$ の計算で，うっかり $|w|^2=w^2$ などとしないように．$|w|^2=w\overline{w}$ です．

$\overline{\alpha+\beta}=\overline{\alpha}+\overline{\beta}$，$\overline{\alpha\beta}=\overline{\alpha}\,\overline{\beta}$（バーは分配できる）

$|\alpha\beta|=|\alpha||\beta|$，$|\overline{\alpha}|=|\alpha|$，$z\overline{z}=|z|^2$

をきちんと押さえておきましょう．

解　$|\alpha-\beta|^2+|\alpha-\gamma|^2$

$=(\alpha-\beta)(\overline{\alpha-\beta})+(\alpha-\gamma)(\overline{\alpha-\gamma})$

$=(\alpha-\beta)(\overline{\alpha}-\overline{\beta})+(\alpha-\gamma)(\overline{\alpha}-\overline{\gamma})$

$=\alpha\overline{\alpha}-\alpha\overline{\beta}-\beta\overline{\alpha}+\beta\overline{\beta}+\alpha\overline{\alpha}-\alpha\overline{\gamma}-\gamma\overline{\alpha}+\gamma\overline{\gamma}$

$=2|\alpha|^2+|\beta|^2+|\gamma|^2-\alpha(\overline{\beta}+\overline{\gamma})-\overline{\alpha}(\beta+\gamma)$ ……①

$\alpha+\beta+\gamma=0$ により，$\beta+\gamma=-\alpha$，$\overline{\beta}+\overline{\gamma}=-\overline{\alpha}$

であり，$|\alpha|=|\beta|=|\gamma|=1$ とから，

①$=4-\alpha(-\overline{\alpha})-\overline{\alpha}(-\alpha)=4+2|\alpha|^2=\boldsymbol{6}$

➡**注**　$|\alpha|=|\beta|=|\gamma|=1$ により，3 点 A(α)，B(β)，C(γ) は原点 O を中心とする半径 1 の円上にあり，さらに $\alpha+\beta+\gamma=0$ から，△ABC の重心は O です．したがって，△ABC は一辺の長さが $\sqrt{3}$ の正三角形であり，求める値は，$\mathrm{AB}^2+\mathrm{AC}^2=3+3=6$ となります．

4．通分し，前問と同様に計算しましょう．なお，☞注．

解　$\gamma=\dfrac{\alpha+\beta z_1}{\overline{\beta}+\overline{\alpha}z_1}-\dfrac{\alpha+\beta z_2}{\overline{\beta}+\overline{\alpha}z_2}$

$$=\frac{(\alpha+\beta z_1)(\overline{\beta}+\overline{\alpha}z_2)-(\overline{\beta}+\overline{\alpha}z_1)(\alpha+\beta z_2)}{(\overline{\beta}+\overline{\alpha}z_1)(\overline{\beta}+\overline{\alpha}z_2)}$$

この分子は，$\alpha\overline{\beta}+\alpha\overline{\alpha}z_2+\beta\overline{\beta}z_1+\beta\overline{\alpha}z_1z_2$

$-(\overline{\beta}\alpha+\overline{\beta}\beta z_2+\overline{\alpha}\alpha z_1+\overline{\alpha}\beta z_1z_2)$

$=(|\alpha|^2-|\beta|^2)z_2+(|\beta|^2-|\alpha|^2)z_1=0$　（$\because$　$|\alpha|=|\beta|$）

したがって，$\gamma=\boldsymbol{0}$

⇨**注**　$|\alpha|=|\beta|$ のとき，$\alpha\overline{\alpha}=\beta\overline{\beta}$ であり，$\overline{\beta}$ を消去すると，$\dfrac{\alpha+\beta z_1}{\overline{\beta}+\overline{\alpha}z_1}=\dfrac{\alpha+\beta z_1}{\dfrac{\alpha\overline{\alpha}}{\beta}+\overline{\alpha}z_1}=\dfrac{\alpha+\beta z_1}{\dfrac{\overline{\alpha}}{\beta}(\alpha+\beta z_1)}=\dfrac{\beta}{\overline{\alpha}}$

5．$(\cos\theta+i\sin\theta)^n=\cos n\theta+i\sin n\theta$（ド・モアブルの定理）を使います．

解　$z=2\left(\cos\dfrac{11}{12}\pi+i\sin\dfrac{11}{12}\pi\right)$ のとき，

$\boldsymbol{z^2}=2^2\left(\cos\dfrac{11}{12}\pi+i\sin\dfrac{11}{12}\pi\right)^2=4\left(\cos\dfrac{11}{6}\pi+i\sin\dfrac{11}{6}\pi\right)$

$=4\left(\dfrac{\sqrt{3}}{2}-\dfrac{1}{2}i\right)=\boldsymbol{2\sqrt{3}-2i}$

$\boldsymbol{z^{-3}}=2^{-3}\left(\cos\dfrac{11}{12}\pi+i\sin\dfrac{11}{12}\pi\right)^{-3}$

$=\dfrac{1}{8}\left\{\cos\left(-\dfrac{11}{4}\pi\right)+i\sin\left(-\dfrac{11}{4}\pi\right)\right\}$

$=\dfrac{1}{8}\left\{\cos\left(-\dfrac{3}{4}\pi\right)+i\sin\left(-\dfrac{3}{4}\pi\right)\right\}=\boldsymbol{-\dfrac{\sqrt{2}}{16}-\dfrac{\sqrt{2}}{16}i}$

また，$\left|z-\dfrac{1}{z}\right|^2=\left(z-\dfrac{1}{z}\right)\left(\overline{z}-\dfrac{1}{\overline{z}}\right)=z\overline{z}-\dfrac{z}{\overline{z}}-\dfrac{\overline{z}}{z}+\dfrac{1}{z\overline{z}}$

$=|z|^2-\dfrac{z^2+\overline{z}^2}{\overline{z}z}+\dfrac{1}{|z|^2}=|z|^2-\dfrac{z^2+\overline{z}^2}{|z|^2}+\dfrac{1}{|z|^2}$ ……①

$|z|=2$，$\overline{z}^2=\overline{z^2}=2\sqrt{3}+2i$ であるから，

①$=4-\dfrac{2\sqrt{3}\cdot2}{4}+\dfrac{1}{4}=\boldsymbol{\dfrac{17}{4}-\sqrt{3}}$

6. z を極形式に直してド・モアブルの定理を使います．z^{2015} の計算では，z^3 の結果を活用しましょう．

解 $z=\dfrac{1-\sqrt{-3}}{2}=\cos\left(-\dfrac{\pi}{3}\right)+i\sin\left(-\dfrac{\pi}{3}\right)$ であるから，

$$\boldsymbol{z^3}=\left\{\cos\left(-\frac{\pi}{3}\right)+i\sin\left(-\frac{\pi}{3}\right)\right\}^3$$
$$=\cos(-\pi)+i\sin(-\pi)=\boldsymbol{-1}$$
$$\boldsymbol{z^{2015}}=z^{3\times671+2}=(z^3)^{671}\cdot z^2=-z^2$$
$$=-\left\{\cos\left(-\frac{2\pi}{3}\right)+i\sin\left(-\frac{2\pi}{3}\right)\right\}$$
$$=-\left(-\frac{1}{2}-\frac{\sqrt{3}}{2}i\right)=\boldsymbol{\frac{1}{2}+\frac{\sqrt{3}}{2}i}$$

7. 分母・分子を極形式に直してド・モアブルの定理を使いましょう（☞注1）．

解 $1+\sqrt{3}i=2\left(\dfrac{1}{2}+\dfrac{\sqrt{3}}{2}i\right)=2\left(\cos\dfrac{\pi}{3}+i\sin\dfrac{\pi}{3}\right)$

$\sqrt{3}+i=2\left(\dfrac{\sqrt{3}}{2}+\dfrac{1}{2}i\right)=2\left(\cos\dfrac{\pi}{6}+i\sin\dfrac{\pi}{6}\right)$

であるから，

$$\frac{1+\sqrt{3}i}{\sqrt{3}+i}=\frac{2\left(\cos\frac{\pi}{3}+i\sin\frac{\pi}{3}\right)}{2\left(\cos\frac{\pi}{6}+i\sin\frac{\pi}{6}\right)}$$
$$=\cos\left(\frac{\pi}{3}-\frac{\pi}{6}\right)+i\sin\left(\frac{\pi}{3}-\frac{\pi}{6}\right)=\cos\frac{\pi}{6}+i\sin\frac{\pi}{6}$$
$$\left(\frac{1+\sqrt{3}i}{\sqrt{3}+i}\right)^{26}=\left(\cos\frac{\pi}{6}+i\sin\frac{\pi}{6}\right)^{26}$$
$$=\cos\frac{13\pi}{3}+i\sin\frac{13\pi}{3}=\cos\frac{\pi}{3}+i\sin\frac{\pi}{3}=\boldsymbol{\frac{1}{2}+\frac{\sqrt{3}}{2}i}$$

➩**注1** 分母，分子とも極形式が有名角（60°や30°）を使って表せることに着目しました．先に分母を実数化してもよいでしょう．

➩**注2** 極形式の2数の掛け算，割り算は次のようにとらえられます： w に $\cos\theta+i\sin\theta$ を掛けることは，点 w を原点を中心に θ 回転することであり，割ることは $-\theta$ 回転することです．これを使って，wz や w/z の極形式がどのようになるか分かります．

8. $z^n=a+bi$ の形の方程式を解こうという趣旨の問題で，誘導に従うと解けるようになっています．

解 （1） $(\cos\theta+i\sin\theta)^2=\boldsymbol{\cos2\theta+i\sin2\theta}$

（2） $\dfrac{1+\sqrt{3}i}{2}=\cos\dfrac{\pi}{3}+i\sin\dfrac{\pi}{3}$ ……① であるから，

$z=\cos\theta+i\sin\theta$ が $z^2=$① を満たすとき，（1）とから，

$$\cos2\theta=\cos\frac{\pi}{3},\ \sin2\theta=\sin\frac{\pi}{3}$$

$0\leqq2\theta<4\pi$ から，$2\theta=\dfrac{\pi}{3}$，$\dfrac{\pi}{3}+2\pi$ $\quad\therefore\ \boldsymbol{\theta=\dfrac{\pi}{6},\ \dfrac{7\pi}{6}}$

$$\therefore\ \boldsymbol{z=\frac{\sqrt{3}}{2}+\frac{1}{2}i,\ -\frac{\sqrt{3}}{2}-\frac{1}{2}i}$$

9. 前問と同様に z を極形式で表し，ド・モアブルの定理を使って解きます．

解 $z=r(\cos\theta+i\sin\theta)$ $(r>0,\ 0\leqq\theta<2\pi)$ とおくと， $z^3=r^3(\cos3\theta+i\sin3\theta)$

これが $-27i=27\left(\cos\dfrac{3\pi}{2}+i\sin\dfrac{3\pi}{2}\right)$ に等しいから，大きさと偏角を比較すると，$0\leqq3\theta<6\pi$ に注意して，

$$r^3=27\text{ かつ }3\theta=\frac{3\pi}{2},\ \frac{3\pi}{2}+2\pi,\ \frac{3\pi}{2}+4\pi$$
$$\therefore\ r=3\text{ かつ }\theta=\frac{\pi}{2},\ \frac{7\pi}{6},\ \frac{11\pi}{6}$$
$$\therefore\ \boldsymbol{z=3i,\ -\frac{3}{2}(\sqrt{3}+i),\ \frac{3}{2}(\sqrt{3}-i)}$$

10. 複素数平面上の点は，xy 平面上の点と見ることができます．

解 A(α)，B(β)，C(γ)とし，これらをA(1，2)，B(3，1)，C(-1，a)という xy 平面上の点と見る．

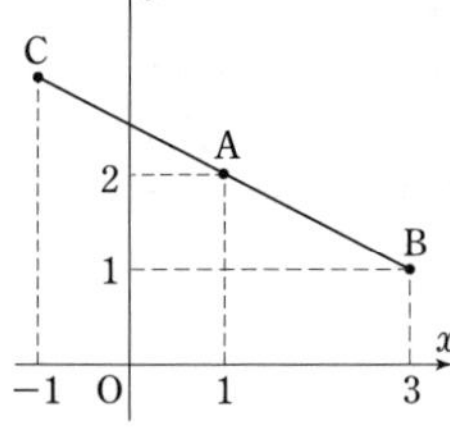

直線AB，ACの傾きが一致するから，

$$\frac{1-2}{3-1}=\frac{a-2}{(-1)-1}$$
$$\therefore\ a=3\qquad\therefore\ \boldsymbol{\gamma=-1+3i}$$

11. 複素数は点と見るだけでなく，ベクトルと見ることもできます．A(α)，B(β)とするとき，例えば $\alpha+\beta$ は「点Aから $\overrightarrow{\mathrm{OB}}$ だけ平行移動した点」ととらえることができます．また，$\overrightarrow{\mathrm{AB}}=\overrightarrow{\mathrm{OB}}-\overrightarrow{\mathrm{OA}}$ に対応する複素数は $\beta-\alpha$ です．尚，四辺形ABCDなので，4点の並び順は右図のようになります．

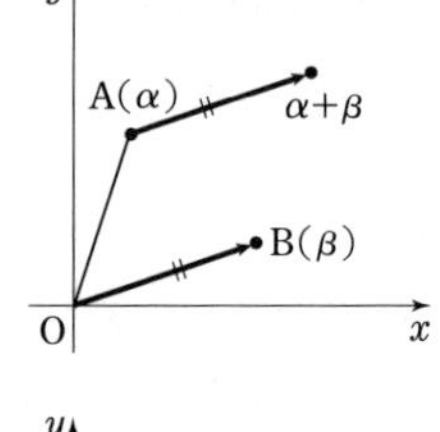

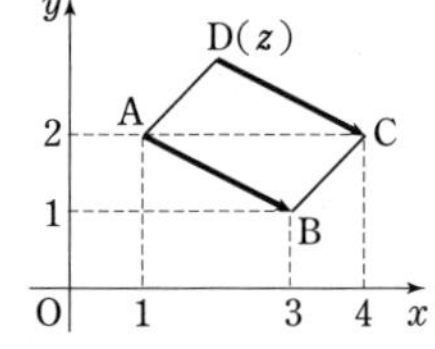

解 $\overrightarrow{\mathrm{AB}}=\overrightarrow{\mathrm{DC}}$ により，

$$(3+i)-(1+2i)$$
$$=(4+2i)-z$$
$$\therefore\ \boldsymbol{z=2+3i}$$

12. 複素数の差をベクトルと見ます．A(α)，B(β)，C(γ)とすると，$\overrightarrow{\mathrm{AB}}$（対応する複素数は $\beta-\alpha$）と $\overrightarrow{\mathrm{AC}}$（対応する複素数は $\gamma-\alpha$）の関係は，$\dfrac{\gamma-\alpha}{\beta-\alpha}$ を極形式で

表すことでとらえることができます．

解　$\sqrt{3}-i$を極形式で表して，

$$\frac{\gamma-\alpha}{\beta-\alpha}=2\left(\frac{\sqrt{3}}{2}-\frac{1}{2}i\right)=2\left\{\cos\left(-\frac{\pi}{6}\right)+i\sin\left(-\frac{\pi}{6}\right)\right\}$$

$$\therefore\quad \gamma-\alpha=(\beta-\alpha)\times 2\left\{\cos\left(-\frac{\pi}{6}\right)+i\sin\left(-\frac{\pi}{6}\right)\right\}$$

これは，$\overrightarrow{\mathrm{AB}}$を$-\frac{\pi}{6}$回転して2倍したものが$\overrightarrow{\mathrm{AC}}$であることを意味するから，

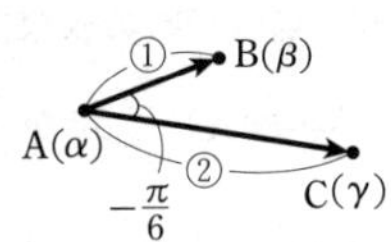

$$\frac{\mathbf{AB}}{\mathbf{AC}}=\frac{\mathbf{1}}{\mathbf{2}},\ \angle\mathbf{BAC}=\frac{\boldsymbol{\pi}}{\mathbf{6}}$$

13．Aを中心にBをθ回転させて得られる点Cは，$\overrightarrow{\mathrm{AB}}$を$\theta$回転させると$\overrightarrow{\mathrm{AC}}$になるとしてとらえます．

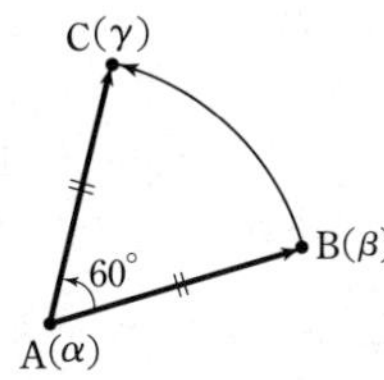

解　求める複素数をγとし，A(α)，B(β)，C(γ)とすると，$\overrightarrow{\mathrm{AB}}$を$60°$回転させると$\overrightarrow{\mathrm{AC}}$になるから，

$$\gamma-\alpha=(\beta-\alpha)(\cos 60°+i\sin 60°)$$

$$\therefore\quad \gamma=\alpha+(\beta-\alpha)\left(\frac{1}{2}+\frac{\sqrt{3}}{2}i\right)$$

$$=-1+2\sqrt{2}i+(3-\sqrt{2}i)\left(\frac{1}{2}+\frac{\sqrt{3}}{2}i\right)$$

$$=\frac{\mathbf{1+\sqrt{6}}}{\mathbf{2}}+\frac{\mathbf{3\sqrt{2}+3\sqrt{3}}}{\mathbf{2}}\boldsymbol{i}$$

14．両辺を2乗しましょう．$z=x+yi$（x，yは実数）とおくと，計算量が少し増えたりする場合もありますが，バーが出てこないメリットがあります．

解　$z=x+yi$（x，yは実数）とおく．

$|z-2|=2|z+1|$ …① のとき，$|x-2+yi|=2|x+1+yi|$

両辺を2乗して，

$$(x-2)^2+y^2=4\{(x+1)^2+y^2\}$$

$$\therefore\quad 3x^2+12x+3y^2=0\qquad\therefore\quad x^2+4x+y^2=0$$

$$\therefore\quad (x+2)^2+y^2=2^2$$

よって，この円の中心は，$\boldsymbol{z=-2}$，**半径は2**である．

別解　①のとき，$|z-2|^2=4|z+1|^2$

$$(z-2)\overline{(z-2)}=4(z+1)\overline{(z+1)}$$

$$\therefore\quad (z-2)(\bar{z}-2)=4(z+1)(\bar{z}+1)$$

$$\therefore\quad z\bar{z}-2z-2\bar{z}+4=4z\bar{z}+4z+4\bar{z}+4$$

$$\therefore\quad z\bar{z}+2z+2\bar{z}=0\qquad\therefore\quad (z+2)(\bar{z}+2)=2^2$$

$$\therefore\quad |z+2|^2=2^2\qquad\therefore\quad |z+2|=2$$

⇨**注**　①により，$|z-2|:|z-(-1)|=2:1$

よって点zは，点A(2)と点B(-1)からの距離の比が$2:1$であるアポロニウスの円を描きます．

ABを$2:1$に内分する点z_1と外分する点z_2は

$$z_1=\frac{1\cdot 2+2\cdot(-1)}{2+1}=0,\ z_2=\frac{-1\cdot 2+2\cdot(-1)}{2-1}=-4$$
です．よって，点zは線分z_1z_2を直径とする円を描きます．

15．複素数の問題では，“図形”が前面に現れていなくても，図形的に解けることが少なくありません．

円がらみの距離の最大・最小では，円の中心を補助にします．

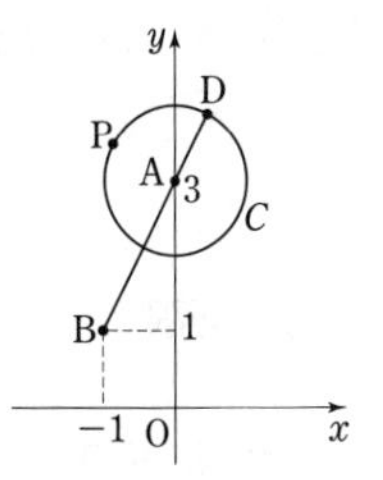

解　$|z-3i|\leqq 1$は，点A$(3i)$を中心とする半径1の円Cの周および内部を表す．

P(z)，B$(-1+i)$とおくと，

$$|z-i+1|=\mathrm{BP}$$

であり，これが最大となるのは，PがBAの延長と円Cの交点（図のD）に一致するときである．このとき，

$$\mathrm{BP}=\mathrm{BA}+(\text{円}C\text{の半径})=\sqrt{1^2+2^2}+1=\boldsymbol{\sqrt{5}+1}$$

16．本問の$z\to w$の変換は図形的にとらえられます．zに複素数の定数$\alpha=r(\cos\theta+i\sin\theta)$を掛けることは点$z$を原点を中心に$\theta$回転して，さらに$r$倍の拡大をして得られる点に移すことを意味します．複素数の定数βを足すことは，B(β)として，点zを$\overrightarrow{\mathrm{OB}}$だけ平行移動することを意味します．

解　$z\to w$の変換を図形的にとらえる．

z ⇨ $-iz$ ⇨ $-iz+1$（$=w$）と考える．

$-i=\cos(-90°)+i\sin(-90°)$に注意すると，点$w$は点$z$を$-90°$回転し，さらに$+1$平行移動したもの．

したがって，下図のように変換される．

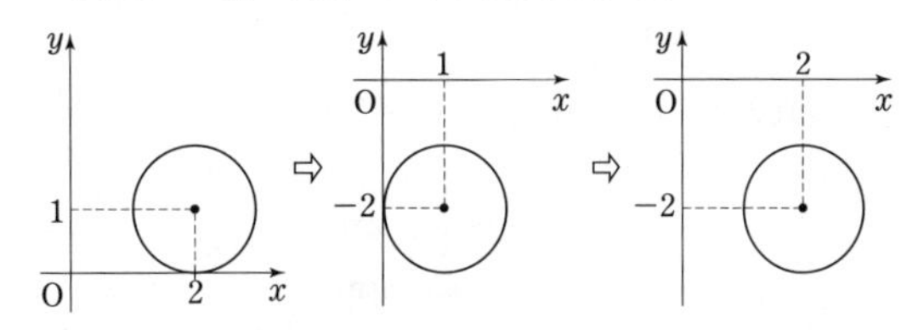

点Q(w)は**点$\boldsymbol{2-2i}$を中心とする半径1の円**を描く．

別解（wの満たす関係式を求めると考える．それにはzをwで表して（表せる場合），zの満たす関係式に代入すればよい．機械的に解けるメリットがあります）

$$w=1-iz\text{のとき，}\qquad z=\frac{w-1}{-i}$$

これを，$|z-(2+i)|=1$に代入して，

$$\left|\frac{w-1}{-i}-(2+i)\right|=1$$

$$\therefore\quad |w-1-(-2i+1)|=1$$

$$\therefore\quad |w-(2-2i)|=1$$

定理・公式など（精選集）

本書の問題を解いていく際，公式がうろ覚えで確認したい，というときのためなどに，定理や公式などを用意しました．網羅するのではなく，本書の問題を解く上で確認したくなる可能性の高いものなどに絞りました．各自，必要に応じて教科書などをご参照下さい．

§1．極限

☆　数列の極限

1　演算と極限

数列 $\{a_n\}$，$\{b_n\}$ が収束して，

$$\lim_{n\to\infty} a_n=\alpha,\ \lim_{n\to\infty} b_n=\beta$$

ならば，

$$\lim_{n\to\infty}(pa_n+qb_n)=p\alpha+q\beta \quad (p,\ q \text{ は定数})$$

$$\lim_{n\to\infty} a_n b_n=\alpha\beta$$

$$\lim_{n\to\infty}\frac{a_n}{b_n}=\frac{\alpha}{\beta} \quad (\text{ただし，}\beta\neq 0)$$

2　はさみうちの原理

つねに $a_n \leqq x_n \leqq b_n$ が成り立ち（<でも OK），

$$\lim_{n\to\infty} a_n=\alpha,\ \lim_{n\to\infty} b_n=\alpha$$

ならば，数列 $\{x_n\}$ も収束して

$$\lim_{n\to\infty} x_n=\alpha$$

3　等比数列 $\{r^n\}$ の極限

数列 $\{r^n\}$ の極限は，

$r>1$ のとき，　∞ に発散
$r=1$ のとき，　1 に収束
$-1<r<1$ のとき，0 に収束
$r=-1$ のとき，　± 1 を振動
$r<-1$ のとき，　$\pm\infty$ を振動

4　無限級数の和

無限級数 $\sum_{n=1}^{\infty} a_n$ において，部分和 $S_n=\sum_{k=1}^{n} a_k$ の作る数列 $\{S_n\}$ が S に収束するとき，無限級数 $\sum_{n=1}^{\infty} a_n$ は収束するといい，S をこの無限級数の和という．このとき，$\sum_{n=1}^{\infty} a_n=S$ と表す．$\left(\sum_{n=1}^{\infty} a_n=\lim_{n\to\infty}\sum_{k=1}^{n} a_k=S\right)$

5　無限級数の収束性と $\{a_n\}$ の極限値

無限級数 $\sum_{n=1}^{\infty} a_n$ が収束するならば，$\lim_{n\to\infty} a_n=0$

［証明］　$\sum_{n=1}^{\infty} a_n=\beta$ とすると，

$$a_n=\sum_{k=1}^{n} a_k-\sum_{k=1}^{n-1} a_k \to \beta-\beta=0 \ (n\to\infty) /\!/$$

なお，上の定理の逆は成立しない．（反例は，$a_n=\sqrt{n}-\sqrt{n-1}$．このとき，

$$a_n=\frac{1}{\sqrt{n}+\sqrt{n-1}}\to 0 \ (n\to\infty)$$

であるが，

$\sum_{k=1}^{n} a_k=\sum_{k=1}^{n}(\sqrt{k}-\sqrt{k-1})=\sqrt{n}\to\infty \ (n\to\infty)$ である）

6　無限等比級数

無限等比級数 $\sum_{n=1}^{\infty} ar^{n-1}$ は，$a=0$ または $-1<r<1$ の場合に限り収束し，その和 S は

$a=0$ のとき $S=0$

$-1<r<1$ のとき $S=\dfrac{a}{1-r}$ $\left(=\dfrac{\text{初項}}{1-\text{公比}}\right)$

☆関数の極限

1　三角関数の極限

- $\displaystyle\lim_{x\to 0}\frac{\sin x}{x}=1$

これから導かれる公式として，

- $\displaystyle\lim_{x\to 0}\frac{\tan x}{x}=1$
- $\displaystyle\lim_{x\to 0}\frac{1-\cos x}{x^2}=\frac{1}{2}$

2　e に関する極限値

- $\displaystyle\lim_{n\to\infty}\left(1+\frac{1}{n}\right)^n=e$
- $\displaystyle\lim_{x\to\infty}\left(1+\frac{1}{x}\right)^x=e$
- $\displaystyle\lim_{x\to-\infty}\left(1+\frac{1}{x}\right)^x=e$
- $\displaystyle\lim_{h\to 0}(1+h)^{\frac{1}{h}}=e$
- $\displaystyle\lim_{h\to 0}\frac{\log(1+h)}{h}=1$
- $\displaystyle\lim_{h\to 0}\frac{e^h-1}{h}=1$

§2. 微分法

1 微分係数

関数$f(x)$に対して，極限値

$$\lim_{x\to a}\frac{f(x)-f(a)}{x-a}\ \left(=\lim_{h\to 0}\frac{f(a+h)-f(a)}{h}\right)$$

が存在するとき（つまり，この極限が有限の値に収束するとき），これを$f(x)$の$x=a$における微分係数といい，$f'(a)$と書く．また，このとき，$f(x)$は$x=a$で微分可能であるという．

2 微分法の公式

・積の微分法

$$\{f(x)g(x)\}'=f'(x)g(x)+f(x)g'(x)$$

・商の微分法

$$\left\{\frac{f(x)}{g(x)}\right\}'=\frac{f'(x)g(x)-f(x)g'(x)}{\{g(x)\}^2}$$

・合成関数の微分法

$$\{f(g(x))\}'=f'(g(x))g'(x)$$

3 基本的な関数の導関数

・$(x^\alpha)'=\alpha x^{\alpha-1}$ （αは定数）

・$(\sin x)'=\cos x$

・$(\cos x)'=-\sin x$

・$(e^x)'=e^x$

・$(\log x)'=\dfrac{1}{x}$

これから導かれる公式として，

・$(\sqrt{x})'=\dfrac{1}{2\sqrt{x}}$

・$\left(\dfrac{1}{x^n}\right)'=-\dfrac{n}{x^{n+1}}$

・$(\tan x)'=\dfrac{1}{\cos^2 x}$ $(=1+\tan^2 x)$

・$(a^x)'=a^x\log a$ （aは$a>0$，$a\neq 1$を満たす定数）

・$(\log|x|)'=\dfrac{1}{x}$

4 平均値の定理

関数$f(x)$が$a\leqq x\leqq b$で連続，$a<x<b$で微分可能ならば，

$$\frac{f(b)-f(a)}{b-a}=f'(c),\quad a<c<b$$

を満たすcが少なくとも1つ存在する．

5 速度・加速度

座標平面上の動点Pの時刻tにおける座標$(x,\ y)$がtの関数（x，yとも第2次導関数をもつとする）であるとき，点Pの時刻tにおける速度$\vec{v}$，速さ$|\vec{v}|$，加速度$\vec{\alpha}$，加速度の大きさ$|\vec{\alpha}|$は，

$$\vec{v}=\left(\frac{dx}{dt},\ \frac{dy}{dt}\right),\quad |\vec{v}|=\sqrt{\left(\frac{dx}{dt}\right)^2+\left(\frac{dy}{dt}\right)^2}$$

$$\vec{\alpha}=\left(\frac{d^2x}{dt^2},\ \frac{d^2y}{dt^2}\right),\quad |\vec{\alpha}|=\sqrt{\left(\frac{d^2x}{dt^2}\right)^2+\left(\frac{d^2y}{dt^2}\right)^2}$$

である．

§3. 積分法（数式）

ここでは，C は積分定数とします．

1 基本的な関数の不定積分

- $\int x^\alpha dx=\frac{1}{\alpha+1}x^{\alpha+1}+C$ （α は $\alpha\neq-1$ を満たす定数）
- $\int \frac{1}{x}dx=\log|x|+C$
- $\int \sin x dx=-\cos x+C$
- $\int \cos x dx=\sin x+C$
- $\int \frac{1}{\cos^2 x}dx=\tan x+C$
- $\int \frac{1}{\sin^2 x}dx=-\frac{1}{\tan x}+C$
- $\int e^x dx=e^x+C$
- $\int a^x dx=\frac{a^x}{\log a}+C$ （a は $a>0$，$a\neq1$ を満たす定数）
- $\int \log x dx=x\log x-x+C$

2 不定積分がすぐに分かる形

- $\int f'(ax+b)dx=\frac{1}{a}f(ax+b)+C$
- $\int \{f(x)\}^\alpha f'(x)dx=\frac{1}{\alpha+1}\{f(x)\}^{\alpha+1}+C$
（α は $\alpha\neq-1$ を満たす定数）
- $\int \frac{f'(x)}{f(x)}dx=\log|f(x)|+C$

⇨注　1と2の各公式は，右辺を微分することで，確かめることができる．

3 部分積分法

$$\int f(x)g'(x)dx=f(x)g(x)-\int f'(x)g(x)dx$$

4 微分と積分の関係

a を定数，$f(t)$ は x を含まない式とするとき，

$$\frac{d}{dx}\int_a^x f(t)dt=f(x)$$

5 定積分と不等式

$a\leqq x\leqq b$ （$a<b$） で，$f(x)\leqq g(x)$ ならば，

$$\int_a^b f(x)dx\leqq\int_a^b g(x)dx$$

等号は，$a\leqq x\leqq b$ でつねに $f(x)=g(x)$ であるときに限って成立する．

6 区分求積法

$$\lim_{n\to\infty}\frac{1}{n}\sum_{k=1}^{n}f\left(\frac{k}{n}\right)=\int_0^1 f(x)dx$$

⇨注　上の公式で，$\sum_{k=1}^{n}$ は $\sum_{k=0}^{n}$ や $\sum_{k=1}^{n-1}$ でも右辺は同じである．

§4. 面積・体積・弧長

1　面積

右図の網目部（$a \leqq x \leqq b$（$a<b$）において，2 曲線 $y=f(x)$，$y=g(x)$ にはさまれた図形）の面積 S は，

$$S=\int_a^b |f(x)-g(x)|\,dx$$

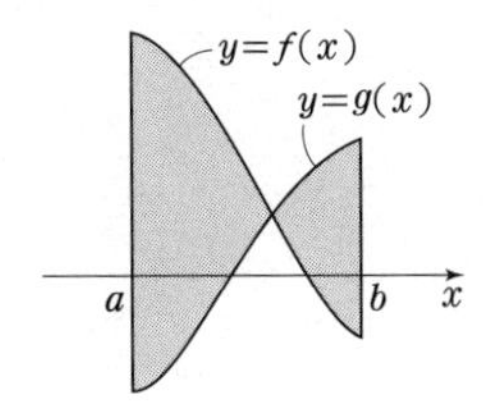

2　回転体の体積

右図の網目部（$a \leqq x \leqq b$（$a<b$）において，曲線 $y=f(x)$ と x 軸ではさまれた図形）を x 軸のまわりに回転して得られる立体の体積 V は，

$$V=\int_a^b \pi\{f(x)\}^2 dx$$

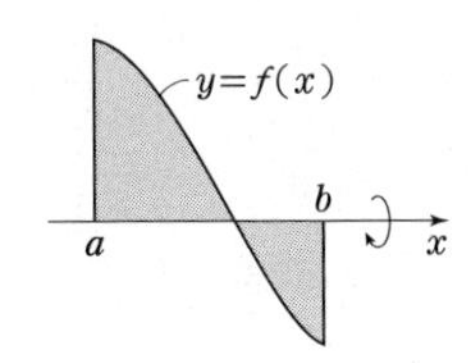

3　弧長

● 関数型

曲線 $y=f(x)$ の $a \leqq x \leqq b$ の部分の長さ（弧長）は，

$$\int_a^b \sqrt{1+\left(\frac{dy}{dx}\right)^2}\,dx$$

$$=\int_a^b \sqrt{1+\{f'(x)\}^2}\,dx$$

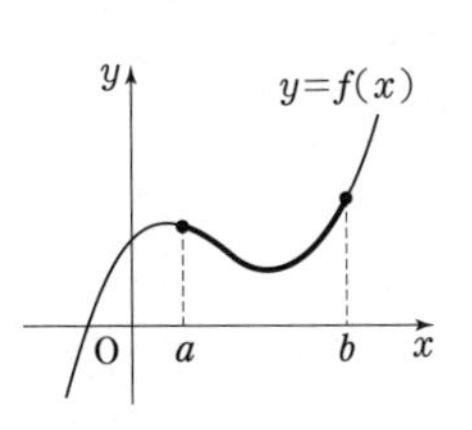

● パラメータ（媒介変数）表示型

曲線 C 上の点 $(x,\ y)$ が

$x=f(t)$，$y=g(t)$

とパラメータ表示されているとき，C の $t=a$ から $t=b$（$a<b$）の部分の長さは，

$$\int_a^b \sqrt{\left(\frac{dx}{dt}\right)^2+\left(\frac{dy}{dt}\right)^2}\,dt$$

$$=\int_a^b \sqrt{\{f'(t)\}^2+\{g'(t)\}^2}\,dt$$

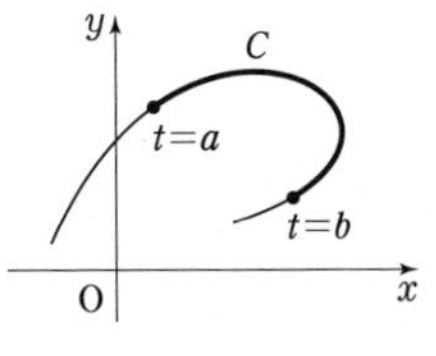

◎　三角関数を積分する際によく使う三角関数の公式

☆ 2 倍角の公式から得られる公式

- $\sin^2\theta=\dfrac{1-\cos 2\theta}{2}$
- $\cos^2\theta=\dfrac{1+\cos 2\theta}{2}$
- $\sin\theta\cos\theta=\dfrac{\sin 2\theta}{2}$

☆積 → 和の公式

- $\sin\alpha\cos\beta=\dfrac{1}{2}\{\sin(\alpha+\beta)+\sin(\alpha-\beta)\}$
- $\cos\alpha\sin\beta=\dfrac{1}{2}\{\sin(\alpha+\beta)-\sin(\alpha-\beta)\}$
- $\cos\alpha\cos\beta=\dfrac{1}{2}\{\cos(\alpha+\beta)+\cos(\alpha-\beta)\}$
- $\sin\alpha\sin\beta=-\dfrac{1}{2}\{\cos(\alpha+\beta)-\cos(\alpha-\beta)\}$

§5. ベクトル

1 直線上の点の表現

点 X が直線 AB 上にあるとき，次のように表せる．

$$\overrightarrow{OX}=s\overrightarrow{OA}+t\overrightarrow{OB},\quad s+t=1$$

2 内分点の公式

点 X が線分 AB を $m:n$ に内分する点であるとき，

$$\overrightarrow{OX}=\frac{n\overrightarrow{OA}+m\overrightarrow{OB}}{m+n}$$

3 △ABC の重心 G の表現

△ABC の重心を G とするとき，

$$\overrightarrow{OG}=\frac{\overrightarrow{OA}+\overrightarrow{OB}+\overrightarrow{OC}}{3}$$

4 平面上の点の表現

点 X が平面 ABC 上にあるとき，次のように表せる．

$$\overrightarrow{OX}=s\overrightarrow{OA}+t\overrightarrow{OB}+u\overrightarrow{OC},\quad s+t+u=1$$

5 内積と成分表示

・$\vec{a}=\begin{pmatrix}a_1\\a_2\end{pmatrix}$，$\vec{b}=\begin{pmatrix}b_1\\b_2\end{pmatrix}$……① のとき，

$$\vec{a}\cdot\vec{b}=a_1b_1+a_2b_2$$

・$\vec{a}=\begin{pmatrix}a_1\\a_2\\a_3\end{pmatrix}$，$\vec{b}=\begin{pmatrix}b_1\\b_2\\b_3\end{pmatrix}$ のとき，

$$\vec{a}\cdot\vec{b}=a_1b_1+a_2b_2+a_3b_3$$

⇨注 $\vec{a}$，$\vec{b}$ のなす角を θ とすると，

$$\vec{a}\cdot\vec{b}=|\vec{a}||\vec{b}|\cos\theta$$

6 垂直条件，平行条件

①で，$\vec{a}\neq\vec{0}$，$\vec{b}\neq\vec{0}$ とする．

$\vec{a}\perp\vec{b}\iff\vec{a}\cdot\vec{b}=0\iff a_1b_1+a_2b_2=0$

$\vec{a}\parallel\vec{b}\iff a_1:a_2=b_1:b_2\iff a_1b_2-a_2b_1=0$

7 三角形の面積

右図の三角形の面積は，

$$S=\frac{1}{2}\sqrt{|\vec{a}|^2|\vec{b}|^2-(\vec{a}\cdot\vec{b})^2}$$

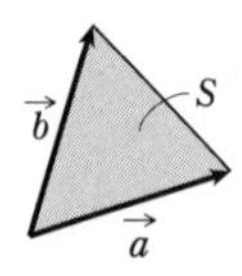

⇨注 ①のとき，

$$S=\frac{1}{2}|a_1b_2-a_2b_1|$$

§6. 平面上の曲線――2次曲線，極座標

1 平行移動の公式

曲線 $f(x,\ y)=0$ を x 軸方向に a，y 軸方向に b だけ平行移動した曲線の方程式は

［$x \Rightarrow x-a$，$y \Rightarrow y-b$ として］

$$f(x-a,\ y-b)=0$$

⇨注　x 軸に関する対称移動なら，$f(x,\ -y)=0$
　　y 軸に関する対称移動なら，$f(-x,\ y)=0$
　　原点に関する対称移動なら，$f(-x,\ -y)=0$

2 放物線

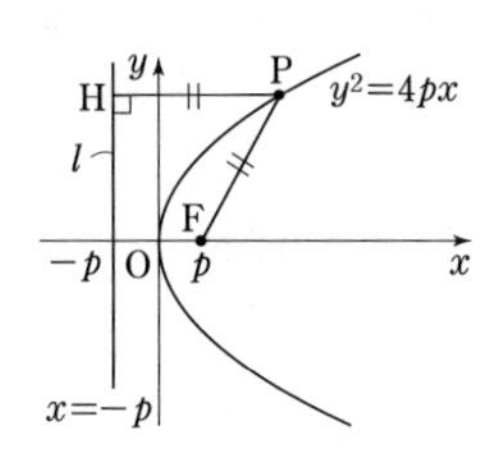

$y^2=4px$（$p \neq 0$）のとき

焦点 $F(p,\ 0)$

準線 $l : x=-p$

右図で，$PF=PH$

（P は曲線上の任意の点）

3 楕円

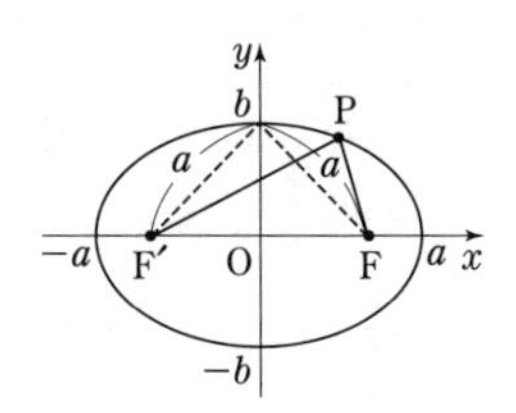

$$\frac{x^2}{a^2}+\frac{y^2}{b^2}=1\ (a>b>0)$$

のとき

焦点 $F(\sqrt{a^2-b^2},\ 0)$

$F'(-\sqrt{a^2-b^2},\ 0)$

右図で，$PF+PF'=2a$

$P(x_1,\ y_1)$ での接線の方程式は，$\dfrac{x_1x}{a^2}+\dfrac{y_1y}{b^2}=1$

この楕円上の点は，$(a\cos\theta,\ b\sin\theta)$ と媒介変数表示できる．

4 双曲線

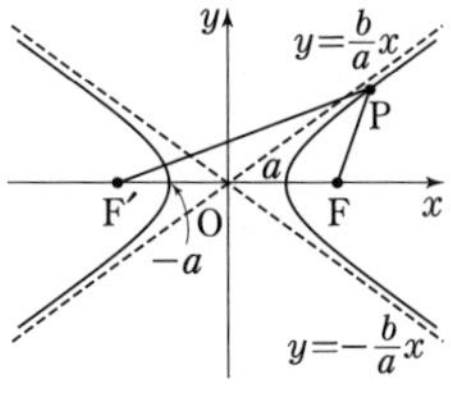

$$\frac{x^2}{a^2}-\frac{y^2}{b^2}=1$$

（$a>0$，$b>0$）のとき

焦点 $F(\sqrt{a^2+b^2},\ 0)$

$F'(-\sqrt{a^2+b^2},\ 0)$

右図で，$|PF-PF'|=2a$

漸近線の方程式は，$y=\dfrac{b}{a}x$ と $y=-\dfrac{b}{a}x$

$P(x_1,\ y_1)$ での接線の方程式は，$\dfrac{x_1x}{a^2}-\dfrac{y_1y}{b^2}=1$

5 極座標

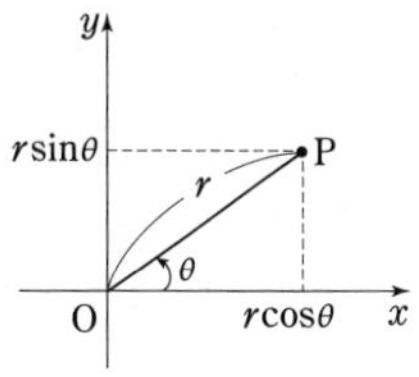

原点 O を極，x 軸の正の部分を始線とする極座標を考える．右図の点 P の極座標は $(r,\ \theta)$ である．r，θ と x，y の関係は，

$x=r\cos\theta$，$y=r\sin\theta$

である．θ を偏角という．

C を平面上の曲線とし，C 上の点 P の極座標を $(r,\ \theta)$ とする．C 上の点 P の極座標が，$r=f(\theta)$（あるいは $F(r,\ \theta)=0$）という関係式を満たすとき，これを C の極方程式という．

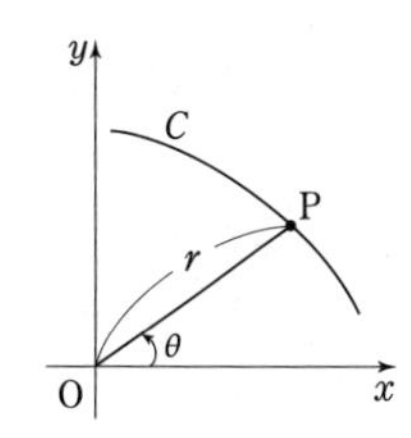

極方程式の場合は，$r<0$ の場合も考え，

$$x=r\cos\theta$$
$$=(-r)\cos(\theta+\pi)$$
$$y=r\sin\theta$$
$$=(-r)\sin(\theta+\pi)$$

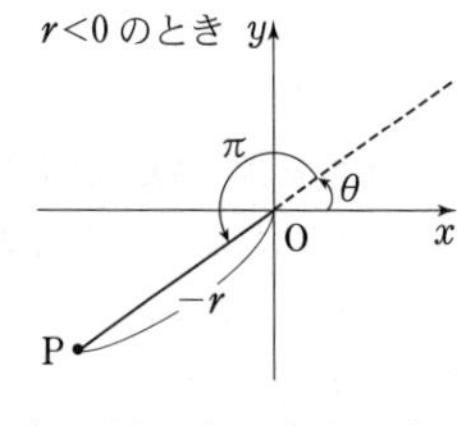

と見て，$(r,\ \theta)$ と $(-r,\ \theta+\pi)$ が同じ点を表すと考えることが多い．

§7. 複素数平面

1 共役複素数

複素数

$z=a+bi$

（a, b は実数）

に対して，

a を実部，b を虚部

という．

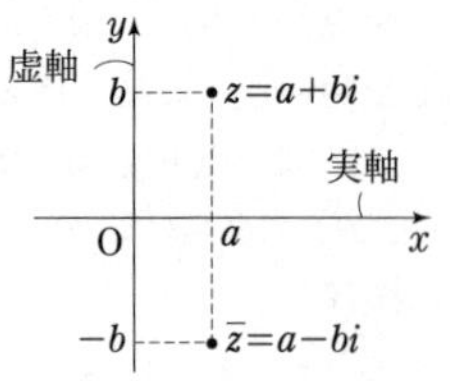

$z=a+bi$ に対して，$a-bi$ を z の共役複素数といい，$\overline{z}$ と書く．

共役複素数について，

$$\overline{z+w}=\overline{z}+\overline{w}$$
$$\overline{z-w}=\overline{z}-\overline{w}$$
$$\overline{zw}=\overline{z}\,\overline{w}$$
$$\overline{\left(\frac{z}{w}\right)}=\frac{\overline{z}}{\overline{w}}$$

が成り立つ．

2 実数条件，純虚数条件

共役複素数を用いて表すと，

z が実数 $\Longleftrightarrow z=\overline{z}$

z が純虚数 $\Longleftrightarrow z+\overline{z}=0$, $z\neq 0$

3 絶対値

$z=a+bi$（a, b は実数）のとき，

$$|z|=\sqrt{a^2+b^2}$$

また，

$$|z|^2=z\overline{z}$$
$$|zw|=|z|\,|w|$$
$$\left|\frac{z}{w}\right|=\frac{|z|}{|w|}$$

が成り立つ．

4 極形式

右図の点Pを表す複素数 z は，

$z=r(\cos\theta+i\sin\theta)$

（$r>0$）

と表すことができ，これを複素数 z の極形式という．

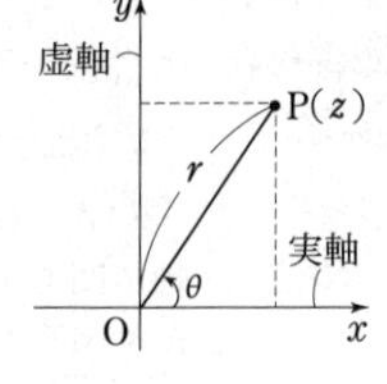

$r=|z|$ であり，θ を偏角といい，$\arg z$ と表す．

➩注　偏角は1つに定まるわけではなく，例えば $\arg(-i)$ は $\frac{3}{2}\pi$ でも $-\frac{\pi}{2}$ でもよい．

5 偏角の公式

$$\arg(zw)=\arg z+\arg w \quad \cdots\cdots①$$
$$\arg\left(\frac{z}{w}\right)=\arg z-\arg w \quad \cdots\cdots②$$

➩注　偏角は1つに定まらないから，①は「左辺の偏角の1つは右辺で与えられる」と読む．②も同様．

➩注　偏角 θ は，$0\leqq\theta<2\pi$ の範囲では唯一に定まるが，偏角をこの範囲に限定すると①や②の等式が成り立たなくなることに注意しよう（例えば，①で，$\arg z=\frac{3}{2}\pi$, $\arg w=\frac{2}{3}\pi$ のときを考えると，右辺は，$\frac{13}{6}\pi$ $\left(=2\pi+\frac{\pi}{6}\right)$ となり 2π をこえてしまう）．

6 ド・モアブルの定理

n が整数のとき，

$$(\cos\theta+i\sin\theta)^n=\cos n\theta+i\sin n\theta$$

が成り立つ．

あとがき

数Ⅲの微積分では，例えば「次の定積分を求めよ」という，計算問題でも一筋縄ではいかないものが出てきます．いわゆる計算問題でも，十分に演習している必要があるのです．

そこで，本書では，入試問題を解く上で必須の計算練習などが行える ような問題を豊富に取り上げました．とくに積分計算では，他分野より多くのページ数を割きました．

また，基本事項のチェックと理解にふさわしい入試の基本レベルの問題を精選しました．

本書で足固めをして，「1対1シリーズ」にステップアップしてください．（坪田）

▶本書の質問があれば，「東京出版・大数Q係」宛（住所は下記）にお寄せください．

原則として封書（宛名を書いた，切手付の返信用封筒を同封のこと）を使用し，**1通につき1件**でお送りください（電話番号，学年を明記して，できたら在学（出身）校・志望校も書いてください）．

なお，ただ漠然と‘この解説が分かりません’という質問では適切な回答ができませんので，‘この部分が分かりません’とか‘私はこう考えたがこれでよいのか’というように具体的にポイントをしぼって質問するようにしてください（以上の約束が守られていないものにはお答えできないことがありますので注意してください）．

大学への数学
数学ⅢCの入試基礎／講義と演習 増補版

令和 6 年1月30日　第1刷発行

編　者　東京出版編集部
発行者　黒 木 憲 太 郎
発行所　**東 京 出 版**
〒150-0012　東京都渋谷区広尾 3-12-7
電　話 (03)-3407-3387
振　替　00160-7-5286
URL　https://www.tokyo-s.jp/

整版所　錦美堂整版
印刷所　光陽メディア
製本所　技秀堂
落丁・乱丁の場合はご連絡下さい．送料弊社負担にてお取替えいたします．

ISBN　978-4-88742-278-0